普通高等教育"十二五"规划教材
大学高等数学类规划教材
丛书主编　王立冬

微　积　分

（上　册）

主　编　王立冬　张　友
副主编　齐淑华　王书臣

科学出版社
北　京

内 容 简 介

　　本书由数学教师结合多年的教学实践经验编写而成. 本书编写过程中遵循教育教学的规律, 对数学思想的讲解力求简单易懂, 注重培养学生的思维方式和独立思考问题的能力. 每节后都配有相应的习题, 习题的选配尽量典型多样, 难度上层次分明, 使学生能够掌握数学方法并运用所学知识解决实际问题的能力. 书中还对重要数学概念配备英文词汇, 并对微积分的发展做出突出贡献的部分数学家作了简要介绍, 使学生能够了解微积分的起源, 吸引学生的学习兴趣.

　　全书分上、下两册出版, 本书为上册. 上册的主要内容包括: 微积分研究的对象——函数, 导数与微分, 微分中值定理与导数的应用, 不定积分, 定积分及其应用等内容. 全书把微积分和相关经济学知识有机结合, 内容的深度广度与经济类、管理类各个专业的微积分教学要求相符合. 本书可供普通高等院校经济类、管理类、理工少学时各个专业以及相关专业学生使用, 也可以供学生自学使用.

图书在版编目(CIP)数据

微积分(上册)/王立冬, 张友主编. —北京: 科学出版社, 2014.8

普通高等教育"十二五"规划教材·大学高等数学类规划教材

ISBN 978-7-03-041527-1

Ⅰ. ①微…　Ⅱ. ①王…　②张…　Ⅲ. ①微积分-高等学校-教材

Ⅳ. ①O172

中国版本图书馆 CIP 数据核字 (2014) 第 174185 号

责任编辑: 张中兴　周金权 / 责任校对: 张凤琴
责任印制: 白　洋 / 封面设计: 迷底书装

科学出版社 出版
北京东黄城根北街 16 号
邮政编码: 100717
http://www.sciencep.com

三河市骏杰印刷有限公司印刷
科学出版社发行　各地新华书店经销

*

2014 年 8 月第　一　版　开本: 720×1000 1/16
2016 年 8 月第三次印刷　印张: 17
字数: 342 000
定价: 35.00 元
(如有印装质量问题, 我社负责调换)

"大学高等数学类规划教材"题词

高等数学诸分支知识及技巧，是通往现代科技诸领域的钥匙和通用语言.

徐利治

总　序

21世纪我国高等教育迎来了精英化教育向大众化教育转型的时代,我国高等教育的发展也开始呈现出多层次发展与多样性共存的特点,这正是现在科学技术与文化教育发展趋势的客观要求.

在新的发展形势之下,大连民族学院的数学教师们也一直在思考如何适应目前的教育形势,也一直在积极探寻教育改革的新方法,致力于为全校各个专业的学生们编写一套适应新形势的数学教材,经过十几年的努力,以丰富的教学经验做支持,学院的教师们几经修改编写出高等数学、线性代数、概率论与数理统计这三门课程的讲义,并且在课程建设上也取得了很好的成果,高等数学被评为省级精品课程,线性代数、概率论与数理统计被评为校级精品课程.

在讲义的基础上,经过改进和修订编写了这套大学高等数学类规划教材,这套教材不以精英教育为目标,为大众化教育提供了层次分明写作翔实的课程支持,其根本宗旨是要适应新的教育形势,满足高等院校大众化数学教育的基本要求,渗透数学素质教育的精神.

简要来说这套教材特点有以下三点:

(1) 尽可能地从教学实践经验和知识直观背景出发,提出数学问题,便于学生了解数学知识的本源和背景,体会数学思想之美.

(2) 在教材内容的安排与表述方式上,力求深入浅出,易教易学,简明使用,注重讲清楚数学的基本概念,适度的淡化理论证明,并适当反映出数学所蕴涵的文化素养给读者以数学美的熏陶.

(3) 在例题和习题的选取和安排上,本着理论联系实践的原则,多数选自生活实践和具体应用.

凡是具有生命力的教材,总是能不断地适应客观教学要求,听取读者的意见和建议进行更新和改进. 这套丛书自然也不例外,我为该书作序,诚挚希望该套教材的使用者和读者们提出相应的建议和意见,并及时与丛书主编进行沟通改进,争取出版一套适合当今大众化教育形势的精品教材.

徐利治

2009年8月于大连

前　言

　　微积分是高等院校为非数学专业本科生开设的一门重要基础课程. 根据不同专业的需要,该课程开设的内容和深度均有所不同. 从内容和深度要求来看,理工类专业要求较高,其次是经济管理类专业,最后是其他文科类专业. 但数学教育本质上是一种素质教育,学习数学的目的,不仅仅在于学到一些数学概念、公式和结论,更重要的是了解数学的思想方法和精神实质. 在这些方面,理工类、经管类和其他文科类专业要求掌握的应该是一样的. 本书是依据高等学校本科微积分课程教学基本要求专为经管类本科生编写的. 在编写中我们努力体现下述特色:

　　1. 遵循经管类专业教育的教学规律,考虑经管类教育的特色,以"必需"、"够用"为主要写作指导思想,加强素质培养.

　　2. 贯彻"掌握概念、强化应用"的教学原则. 掌握概念要落实到使学生能用数学思想,强化应用要落实到使学生能运用所学的数学方法解决实际问题.

　　3. 在教学内容上注意对学生抽象概括能力,逻辑推理能力,将复杂问题归纳为简单规则和步骤的能力的培养.

　　4. 力求将数学思维方法与数学学习相结合,使学生能够认识、理解、运用数学思想方法,提高数学学习效果,增强学生的思维品质.

　　5. 对例题的选配力求典型多样,难度上层次分明,注意解题方法的总结.

　　6. 为了配合双语教学,给出了一些重要词汇的英语翻译.

　　参加本书编写、研究、讨论工作的老师有王立冬、张友、齐淑华、王书臣、楚振艳、董莹、刘恒、刘力军、牛大田、李阳、周晓阳、曲程远、刘延涛、丁淑妍、葛仁东、孙雪莲、张誉铎等.

　　由于水平有限,书中的错误在所难免,敬请批评指正.

编　者

2014 年 6 月

目　　录

第1章

微积分研究的对象——函数

The researching object of calculus—function

微积分研究的主要对象是函数. 研究函数通常有两种方法: 一种方法是代数方法和几何方法的综合. 用这种方法常常只能研究函数的简单性质, 有的做起来很复杂. 初等数学中就是用这种方法来研究函数的单调性、奇偶性、周期性的. 另一种方法就是微积分的方法, 或者说是极限的方法. 用这种方法能够研究函数的许多深刻性质, 并且做起来相对简单. 微积分就是用极限的方法研究函数的一门学科.

1.1 函 数

为了准确而深刻地理解函数概念, 集合知识是不可缺少的. 本章将简要地介绍集合的一些基本概念, 在此基础上重点介绍函数概念.

1.1.1 集合

1. 集合的概念

集合这一概念描述如下: 一个集合是由确定的一些对象汇集的总体. 组成集合的这些对象被称为集合的元素. 通常用大写字母 A,B,C 等表示集合, 用小写字母 a,b,c 等表示集合的元素.

x 是集合 E 的元素这件事记为: $x \in E$(读作: x 属于 E);

y 不是集合 E 的元素这件事记为: $y \notin E$(读作: y 不属于 E).

如果集合 E 的任何元素都是集合 F 的元素, 那么就称 E 是 F 的子集合, 简称为子集, 记为

$$E \subset F \text{(读作 } E \text{ 包含于 } F\text{)},$$

或者

$$F \supset E \text{(读作 } F \text{ 包含 } E\text{)}.$$

如果集合 E 的任何元素都是集合 F 的元素,并且集合 F 的任何元素也都是集合 E 的元素(即 $E \subset F$ 并且 $F \subset E$),那么称集合 E 与集合 F 相等,记为

$$E = F.$$

为了方便起见,我们引入一个不含任何元素的集合——空集合 $\varnothing$. 我们还约定:空集合 $\varnothing$ 是任何集合 E 的子集,即

$$\varnothing \subset E.$$

2. 集合的表示方法

我们常用下面的方法来表示集合. 一种是列举法,即将集合的元素一一列举出来,写在一个花括号内. 例如,所有正整数组成的集合可以表示为 $\mathbf{N} = \{1, 2, \cdots, n, \cdots\}$. 另一种表示方法是指明集合元素所具有的性质,即将具有性质 $p(x)$ 的元素 x 所组成的集合 A 记作

$$A = \{x \mid x \text{ 具有性质 } p(x)\}.$$

例如,正整数集 $\mathbf{N}$ 也可表示成

$$\mathbf{N} = \{n \mid n = 1, 2, 3, \cdots\};$$

所有实数的集合可表示成

$$\mathbf{R} = \{x \mid x \text{ 为实数}\}.$$

又如

$$A = \{(x, y) \mid x^2 + y^2 = 1, x, y \text{ 为实数}\}$$

表示 xOy 平面单位圆周上点的集合.

全体自然数的集合,全体整数的集合,全体有理数的集合,全体实数的集合和全体复数的集合都是最常遇到的集合,我们约定分别用粗体字母 $\mathbf{N}, \mathbf{Z}, \mathbf{Q}, \mathbf{R}$ 和 $\mathbf{C}$ 来表示这些集合,即

$\mathbf{N}$ 表示全体自然数的集合;

$\mathbf{Z}$ 表示全体整数的集合;

$\mathbf{Q}$ 表示全体有理数的集合;

$\mathbf{R}$ 表示全体实数的集合;

$\mathbf{C}$ 表示全体复数的集合.

我们还把非负整数、非负有理数和非负实数的集合分别记为 $\mathbf{Z}_+, \mathbf{Q}_+$ 和 $\mathbf{R}_+$,显然有

$$\mathbf{N} \subset \mathbf{Z} \subset \mathbf{Q} \subset \mathbf{R} \subset \mathbf{C}$$

和

$$\mathbf{N} \subset \mathbf{Z}_+ \subset \mathbf{Q}_+ \subset \mathbf{R}_+.$$

3. 特殊的集合——区间

在本课程中经常遇到以下形式的实数集的子集——区间. 为了书写简练, 将各种区间的符号、名称、定义列表如下(表 1-1, 其中 $a, b \in \mathbf{R}$ 且 $a < b$).

表 1-1　区间

符　号	名　称		定　义
(a, b)	有限区间	开区间	$\{x \mid a < x < b\}$
$[a, b]$		闭区间	$\{x \mid a \leqslant x \leqslant b\}$
$(a, b]$		半开半闭区间	$\{x \mid a < x \leqslant b\}$
$[a, b)$		半开半闭区间	$\{x \mid a \leqslant x < b\}$
$(a, +\infty)$	无限区间	开区间	$\{x \mid a < x\}$
$[a, +\infty)$		闭区间	$\{x \mid a \leqslant x\}$
$(-\infty, a)$		开区间	$\{x \mid x < a\}$
$(-\infty, a]$		闭区间	$\{x \mid x \leqslant a\}$

4. 特殊的区间——邻域

设 $a \in \mathbf{R}, \delta > 0$. 数集 $\{x \mid |x - a| < \delta\}$ 表示为 $U(a, \delta)$,
即

$$U(a, \delta) = \{x \mid |x - a| < \delta\} = (a - \delta, a + \delta),$$

称为 a 的 δ 邻域. 当不需要注明邻域的半径 δ 时, 常把它表示为 $U(a)$, 简称 a 的**邻域**.

数集 $\{x \mid 0 < |x - a| < \delta\}$ 表示为 $\overset{\circ}{U}(a, \delta)$, 即

$$\overset{\circ}{U}(a, \delta) = \{x \mid 0 < |x - a| < \delta\} = (a - \delta, a + \delta) - \{a\},$$

也就是在 a 的 δ 邻域 $U(a, \delta)$ 中去掉 a, 称为 a 的 δ **去心邻域**. 当不需要注明邻域半径 δ 时, 常将它表示为 $\overset{\circ}{U}(a)$, 简称 a 的去心邻域.

1.1.2　函数的概念

在一个自然现象或技术过程中, 常常有几个量同时变化, 它们的变化并非彼此无关, 而是互相联系着, 这是物质世界的一个普遍规律. 17 世纪初, 数学首先从对运动(如天文、航海问题等)的研究中引出了函数这个基本概念. 在那以后的二百多年里, 这个概念在几乎所有的科学研究工作中占据了中心位置.

　　例 1　球的半径 r 与该球的体积 V 互相联系着: $\forall\, r \in [0, \infty)$ 都对应一个球的体积 V. 已知 r 与 V 的对应关系是

$$V = \frac{4}{3}\pi r^3,$$

其中 π 是圆周率,是常数.

例 2　在标准大气压下,温度 T 与水的体积 V 互相联系着.实测如表 1-2 所示,对数集 $\{0,2,4,6,8,10,12,14\}$ 中每个温度 T 都对应一个体积 V,已知 T 与 V 的对应关系用表 1-2 来表示.

表 1-2　实测数据

温度/℃	0	2	4	6	8	10	12	14
体积/cm³	100	99.990	99.987	99.990	99.998	100.012	100.032	100.057

上述两个实例,分属于不同的学科,实际意义完全不同.但是,从数学角度看,它们有一个共同的特征:都有一个数集和一个对应关系,对于数集中任意数 x,按照对应关系都对应 **R** 中唯一一个数.于是有如下的函数概念.

定义 1　设 A 是非空数集.若存在对应关系 f,对 A 中任意数 $x(\forall x \in A)$,按照对应关系 f,对应唯一一个 $y \in \mathbf{R}$,则称 f 是定义在 A 上的**函数**,表示为

$$f : A \to \mathbf{R},$$

数 x 对应的数 y 称为 x 的**函数值**,表示为 $y = f(x)$. x 称为**自变量**,y 称为**因变量**. 数集 A 称为函数 f 的定义域,函数值的集合 $f(A) = \{f(x) \mid x \in A\}$ 称为函数 f 的值域.

根据函数定义不难看到,上述四例皆为函数的实例.

关于函数概念的几点说明.

(1) 用符号"$f : A \to \mathbf{R}$"表示 f 是定义在数集 A 上的函数,十分清楚、明确.在本书中,为方便起见,我们约定,将"f 是定义在数集 A 上的函数"用符号"$y = f(x), x \in A$"表示.当不需要指明函数 f 的定义域时,又可简写为"$y = f(x)$",有时甚至笼统地说"$f(x)$ 是 x 的函数(值)".

(2) 根据函数定义,虽然函数都存在定义域,但常常并不明确指出函数 $y = f(x)$ 的定义域,这时认为函数的定义域是自明的,即定义域是使函数 $y = f(x)$ 有意义的实数 x 的集合 $A = \{x \mid f(x) \in \mathbf{R}\}$.例如,函数 $f(x) = \sqrt{1-x^2}$,没有指出它的定义域,那么它的定义域就是使函数 $f(x) = \sqrt{1-x^2}$ 有意义的实数 x 的集合,即闭区间

$$[-1, 1] = \{x \mid \sqrt{1-x^2} \in \mathbf{R}\}.$$

具有具体实际意义的函数,它的定义域要受实际意义的约束.例如,上述例 1,

半径为 r 的球的体积 $v=\dfrac{4}{3}\pi r^3$ 这个函数，从抽象的函数意义来说，r 可取任意实数；从它的实际意义来说，半径 r 不能取负数，因此它的定义域是区间 $[0,\infty)$．

（3）函数定义指出：$\forall x\in A$，按照对应关系 f，对应唯一一个 $y\in \mathbf{R}$，这样的对应就是所谓的单值对应．反之，一个 $y\in f(A)$ 就不一定只有一个 $x\in A$，使 $y=f(x)$．例如函数 $y=\sin x$．$\forall x\in \mathbf{R}$，对应唯一一个 $y=\sin x\in \mathbf{R}$，反之，对 $y=1$，都有无限多个 $x=2k\pi+\dfrac{\pi}{2}\in \mathbf{R}$，$k\in \mathbf{N}$，按照对应关系 $y=\sin x$，x 都对应 1. 即

$$\sin\left(2k\pi+\frac{\pi}{2}\right)=1,k\in \mathbf{N}.$$

（4）在函数 $y=f(x)$ 的定义中，要求对应于 x 值的 y 值是唯一确定的，这种函数也称为**单值函数**．如果取消唯一这个要求，即对应于 x 值，可以有两个以上确定的 y 值与之对应，那么函数 $y=f(x)$ 称为**多值函数**．例如，函数 $y=\pm\sqrt{r^2-x^2}$ 是多（双）值函数．

为了讨论的方便起见，我们总设法避免函数的多值性．在一定条件下，多值函数可以分裂为若干单值支．例如，双值函数 $y=\pm\sqrt{r^2-x^2}$ 就可以分成两个单值支：一支是不小于零的 $y=+\sqrt{r^2-x^2}$，另一支是不大于零的 $y=-\sqrt{r^2-x^2}$．方程 $x^2+y^2=r^2$ 的图形是中心在原点、半径为 r 的圆周，这同时也就是双值函数 $y=\pm\sqrt{r^2-x^2}$ 的图形．两个单值支就相当于把整个圆周分为上下两个半圆周．所以只要把各个分支弄清楚，由各个分支合起来的多值函数也就了如指掌．今后如果没有特别声明，我们所讨论的函数都限于单值函数．

再看几个函数的例子．

例 3　$\forall x\in \mathbf{R}$，对应的 y 是不超过 x 的最大整数．显然，$\forall x\in \mathbf{R}$，都对应唯一一个 y．这是一个函数（如图 1-1）表示为 $y=[x]$，即 $[2.5]=2$，$[3]=3$，$[0]=0$，$[-\pi]=-4$．

例 4　有一些函数具有"分段"的表达式，例如

（1）符号函数 $H(t)=\begin{cases}-1,& t<0,\\ 0,& t=0,\\ 1,& t>0.\end{cases}$（图 1-2）

（2）$y=|x|=\begin{cases}x,& x\geqslant0,\\ -x,& x<0;\end{cases}$（图 1-3）　　（3）$y=\begin{cases}x+1,& x<0,\\ 0,& x=0,\\ x-1,& x>0.\end{cases}$（图 1-4）

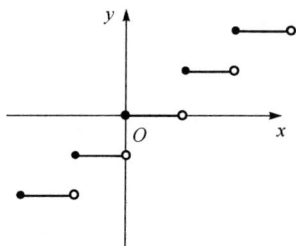

图 1-1

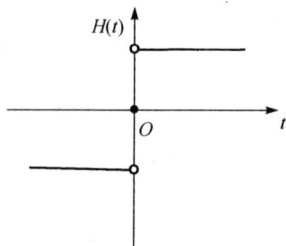

图 1-2

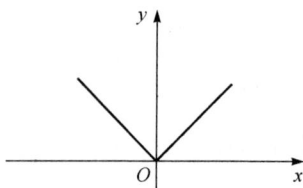

图 1-3

图 1-4

1.1.3   函数的基本性质

1. 有界性

定义 2   设函数 $f(x)$ 在数集 A 有定义,若函数值的集合
$$f(A) = \{f(x) \mid x \in A\}$$
有界,即 $\exists M > 0, \forall x \in A$,有 $|f(x)| \leqslant M$,则称函数 $f(x)$ 在 A **有界**(图 1-5),否则称 $f(x)$ 在 A **无界**.

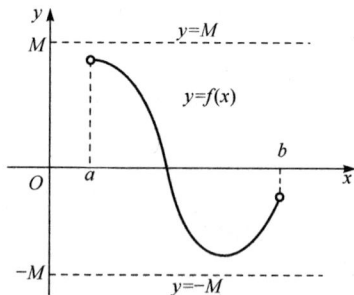

图 1-5

例如,函数 $y = \sin x$ 在 $(-\infty, +\infty)$ 内是有界的,因为对 $\forall x \in \mathbf{R}$,都有 $|\sin x| \leqslant 1$.

函数 $y=\dfrac{1}{x}$ 在 $(0,2)$ 上是无界的,在 $[1,\infty)$ 上是有界的.

2. 单调性

定义 3　设函数 $f(x)$ 在数集 A 有定义,若 $\forall x_1,x_2\in A$ 且 $x_1<x_2$,有
$$f(x_1)<f(x_2)\ (f(x_1)>f(x_2)),$$
则称函数 $f(x)$ 在 A **严格单调增加**(**严格单调减少**)(见图 1-6 与图 1-7).上述不等式改为
$$f(x_1)\leqslant f(x_2)\ (f(x_1)\geqslant f(x_2)),$$
则称函数 $f(x)$ 在 A **单调增加**(**单调减少**).

例如,(1)函数 $y=x^3$ 在 $(-\infty,+\infty)$ 内是严格增加的.

(2) 函数 $y=2x^2+1$ 在 $(-\infty,0)$ 内是严格减少的,在 $[0,+\infty)$ 内是严格增加的.因此,在 $(-\infty,+\infty)$ 内, $y=2x^2+1$ 不是单调函数.

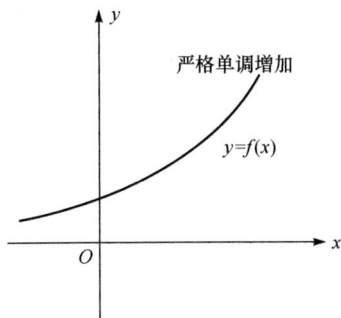 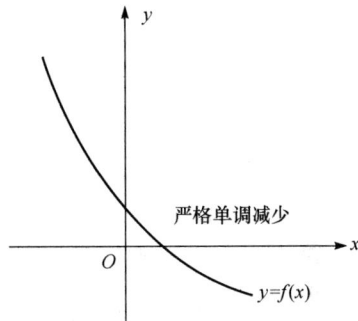

图 1-6　　　　　　　　　　　　　图 1-7

3. 奇偶性

定义 4　设函数 $f(x)$ 定义在数集 A,若 $\forall x\in A$,有 $-x\in A$,且
$$f(-x)=-f(x)(f(-x)=f(x)),$$
则称函数 $f(x)$ 是**奇函数**(**偶函数**).

如果点 (x_0,y_0) 在奇函数 $y=f(x)$ 的图像上,即 $y_0=f(x_0)$,则
$$f(-x_0)=-f(x_0)=-y_0,$$
即 $(-x_0,-y_0)$ 也在奇函数 $y=f(x)$ 的图像上.于是奇函数的图像关于原点对称(图 1-8(a)).

同理可知,偶函数的图像关于 y 轴对称(图 1-8(b)).

例如,函数 $y=x^4-2x^2$, $y=\sqrt{1-x^2}$, $y=\dfrac{\sin x}{x}$ 等皆为偶函数;函数 $y=\dfrac{1}{x}$, $y=x^3$, $y=x^2\sin x$ 皆为奇函数.

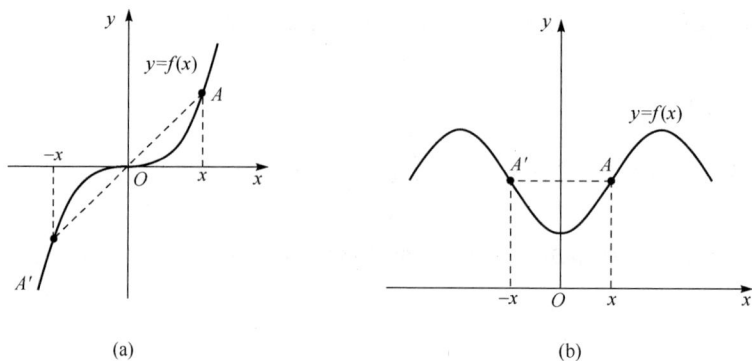

(a)

(b)

图 1-8

4. 周期性

定义 5 设函数 $f(x)$ 定义在数集 A,若 $\exists l > 0, \forall x \in A$,有 $x \pm l \in A$,且
$$f(x \pm l) = f(x),$$
则称函数 $f(x)$ 是**周期函数**,l 称为函数 $f(x)$ 的一个**周期**.

若 l 是函数 $f(x)$ 的周期,则 $2l$ 也是它的周期. 不难用归纳法证明,若 l 是函数 $f(x)$ 的周期,则 $nl(n \in \mathbf{N})$ 也是它的周期. 若函数 $f(x)$ 有最小的正周期,通常将这个最小正周期称为函数 $f(x)$ 的**基本周期**,简称为**周期**.

例如,$y = \sin x$ 就是周期函数,周期为 2π. 再如,常函数 $y = 1$ 也是周期函数,任意正的实数都是它的周期.

📖 习题 1.1

1. 用区间表示下列不等式的解:

(1) $x^2 \leqslant 9$;   (2) $|x-1| > 1$;   (3) $(x-1)(x+2) < 0$.

2. 求下列函数的定义域:

(1) $y = \sin \sqrt{4-x^2}$;

(2) $y = \dfrac{1}{x^2-4x+3} + \sqrt{x+2}$;

(3) $y = \arccos \ln \dfrac{x}{10}$;

(4) $y = \tan(x+1)$;

(5) $y = \dfrac{4}{3x} \ln(x+1)$;

(6) $y = \sqrt{5-x} + \lg(x-1)$.

3. 设 $f(x)$ 的定义域是 $[0,1]$,问

(1) $f(x^2)$,(2) $f(\sin x)$,(3) $f(x+a)$,(4) $f(x+a)+f(x-a)(a>0)$

的定义域各是什么?

4. 设 $f(x)=\begin{cases}2^x, & -1<x<0, \\ 2, & 0\leqslant x<1, \\ x-1, & 1\leqslant x\leqslant 3,\end{cases}$ 求 $f(3),f(2),f(0),f\left(\dfrac{1}{2}\right),f\left(-\dfrac{1}{2}\right)$.

5. 设 $f(x)=\begin{cases}2x+1, & x\geqslant 0, \\ x^2+4, & x<0,\end{cases}$ 求 $f(x-1)+f(x+1)$.

6. 已知 $f(x)$ 是二次多项式,且 $f(x+1)-f(x)=8x+3$,求 $f(x)$.

7. 判定下列函数的奇偶性:

(1) $f(x)=\dfrac{1-x^2}{\cos x}$;　　　　　　(2) $f(x)=(x^2+x)\sin x$;

(3) $f(x)=\begin{cases}1-\mathrm{e}^{-x}, & x\leqslant 0, \\ \mathrm{e}^x-1, & x>0;\end{cases}$　　　(4) $f(x)=\ln(x+\sqrt{1+x^2})$.

8. 设 $f(x)$ 为奇函数,$g(x)$ 为偶函数,试证:$f[f(x)]$ 为奇函数,$g[f(x)]$ 为偶函数.

9. 证明函数 $y=\dfrac{x}{x^2+1}$ 在 $(-\infty,+\infty)$ 上是有界的.

10. 证明函数 $y=\dfrac{1}{x^2}$ 在 $(0,1)$ 上是无界的.

11. 证明下列函数在指定区间内的单调性:

(1) $y=x^2,(-1,0)$;(2) $y=\sin x,\left(-\dfrac{\pi}{2},\dfrac{\pi}{2}\right)$;(3) $y=\dfrac{x}{1+x},(-1,+\infty)$.

12. 1998 年在上海乘大众出租车的第一个 5km(包括以内)路程要付费 14.40 元,续后的每 1km(包括 1km 以内)需要付费 1.40 元,试把付费金额 C 元表达成距离 $x$km 的函数,其中 $0<x<10$.

13. 求下列函数的反函数:

(1) $y=\dfrac{1-x}{1+x}$;　(2) $y=2\sin 3x$;　(3) $y=\dfrac{2^x}{2^x+1}$.

14. 设下面所考虑的函数都是定义在对称区间 $(-L,L)$ 内的,证明

(1) 两个偶函数的和是偶函数,两个奇函数的和是奇函数.

(2) 两个偶函数的乘积是偶函数,两个奇函数的乘积是偶函数,偶函数与奇函数的乘积是奇函数.

15. 定义在 **R** 上的函数 $y=f(x)$ 满足 $f(0)\neq 0$,当 $x>0$ 时,$f(x)>1$,且对任意 $a,b\in\mathbf{R},f(a+b)=f(a)f(b)$.

(1) 求 $f(0)$;

(2) 求证:对任意 $x\in\mathbf{R}$,有 $f(x)>0$;

(3) 求证:$f(x)$ 在 **R** 上是增函数.

16. 判断函数 $f(x)=x\sin x$ 在 **R** 上是否有界? 说明理由.

1.2 初 等 函 数

1.2.1 复合函数

由两个或两个以上的函数用所谓"中间变量"传递的方法能产生新的函数. 例如,函数

$$z = \ln y \quad \text{与} \quad y = x - 1,$$

由"中间变量" y 的传递生成新函数

$$z = \ln(x-1),$$

在这里, z 是 y 的函数, y 又是 x 的函数,于是通过中间变量 y 的传递得到 z 是 x 的函数. 为了使函数 $z = \ln y$ 有意义,必须要求 $y > 0$,为使 $y = x - 1 > 0$,必须要求 $x > 1$. 于是对函数 $z = \ln(x-1)$ 来说,必须要求 $x > 1$.

定义 1 设函数 $z = f(y)$ 定义在数集 B,函数 $y = \varphi(x)$ 定义在数集 A, G 是 A 中使 $y = \varphi(x) \in B$ 的 x 的非空子集,即

$$G = \{x \mid x \in A, \quad \varphi(x) \in B\} \neq \varnothing$$

$\forall x \in G$,按照对应关系 φ,对应唯一一个 $y \in B$,再按照对应关系 f,对应唯一一个 z,即 $\forall x \in G$ 对应唯一一个 z,于是在 G 上定义了一个函数,表为 $f \circ \varphi$,称为函数 $y = \varphi(x)$ 与 $z = f(y)$ 的**复合函数**,即

$$(f \circ \varphi)(x) = f[\varphi(x)], \quad x \in G,$$

y 称为中间变量. 今后经常将函数 $y = \varphi(x)$ 与 $z = f(y)$ 的复合函数表示为

$$z = f[\varphi(x)], \quad x \in G.$$

例如,函数 $z = \sqrt{y}$ 的定义域是区间 $[0, +\infty)$,函数 $y = (x-1)(2-x)$ 的定义域是 **R**. 为使其生成复合函数,必须要求

$$y = (x-1)(2-x) \geqslant 0,$$

即 $1 \leqslant x \leqslant 2$,于是, $\forall x \in [1,2]$,函数 $y = (x-1)(2-x)$ 与 $z = \sqrt{y}$ 生成了复合函数

$$z = \sqrt{(x-1)(2-x)}.$$

以上是两个函数生成的复合函数. 不难将复合函数的概念推广到有限个函数生成的复合函数. 例如,三个函数

$$u = \sqrt{z}, \quad z = \ln y, \quad y = 2x + 3,$$

生成的复合函数是

$$u = \sqrt{\ln(2x+3)}, \quad x \in [-1, +\infty).$$

我们不仅能够将若干个简单的函数生成为复合函数,而且还要善于将复合函数"分解"为若干个简单的函数. 例如,函数

$$y=\tan^5\sqrt[3]{\lg\arcsin x}$$

是由五个简单函数 $y=u^5, u=\tan v, v=\sqrt[3]{w}, w=\lg t, t=\arcsin x$ 所生成的复合函数.

1.2.2　反函数

在高中数学中已经学习了反函数,如对数函数是指数函数的反函数,反三角函数是三角函数的反函数. 鉴于反函数的重要性,我们复习反函数的概念及其图像.

在圆的面积公式(函数)

$$S=\pi r^2$$

中,半径 r 是自变量,面积 S 是因变量,即对任意半径 $r\in[0,+\infty)$,对应唯一一个面积 S. 这个函数还有一个性质:对任意面积 $S\in[0,+\infty)$,按此对应关系,也对应唯一一个半径 r,即

$$r=\sqrt{\frac{S}{\pi}}.$$

函数 $r=\sqrt{\dfrac{S}{\pi}}$ 就是函数 $S=\pi r^2$ 的反函数.

在函数定义中,已知函数 $y=f(x)$,对任意 $x\in X$,按照对应关系 f,**R** 中有唯一一个 y 相对应,但对任意一个 $y\in f(X)$,不一定仅有唯一一个 $x\in X$,使 $f(x)=y$. 即一个函数不一定存在反函数.

定义 2　设函数 $y=f(x), x\in X$. 若对任意 $y\in f(X)$,有唯一一个 $x\in X$ 与之对应,使 $f(x)=y$,则在 $f(X)$ 上定义了一个函数,记为

$$x=f^{-1}(y), \quad y\in f(X),$$

称为函数 $y=f(x)$ 的**反函数**.

$y=f(x)$ 与 $x=f^{-1}(y)$ 互为反函数.

反函数的实质在于它所表示的对应规律,用什么字母来表示反函数中的自变量与因变量是无关紧要的. 习惯上仍把自变量记作 x,因变量记作 y,则函数 $y=f(x)$ 的反函数 $x=f^{-1}(y)$ 写作 $y=f^{-1}(x)$.

$y=f^{-1}(x)$ 的图形与 $y=f(x)$ 的图形关于直线 $y=x$ 对称(图 1-9).

$x=f^{-1}(y)$ 记作 $y=f^{-1}(x)$ 并不影响函数的对应规律,如表 1-3 中举例所示.

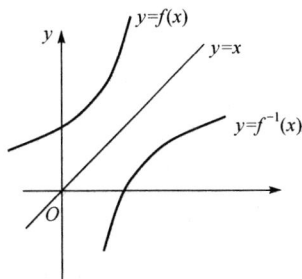

图 1-9

表 1-3　反函数

函数	反函数	反函数
$y=2x+1$	$x=\dfrac{y-1}{2}$	$y=\dfrac{x-1}{2}$
$y=a^x$	$x=\log_a y$	$y=\log_a x$
$y=x^3$	$x=\sqrt[3]{y}$	$y=\sqrt[3]{x}$

由函数严格单调的定义不难证明以下定理.

定理 1　若函数 $y=f(x)$ 在某区间 X 上严格增加（严格减少），则函数 $y=f(x)$ 存在反函数，且反函数 $x=f^{-1}(y)$ 在 $f(X)$ 上也严格增加（严格减少）.

证明从略，作为练习.

注 1　定理的条件"函数是严格单调"中"严格"两字不可忽略. 如 $y=[x]$ 具有单调性，但因为它不是严格单调的函数，它不存在反函数.

注 2　函数是严格单调的仅是存在反函数的充分条件，如函数

$$y=\begin{cases} -x+1, & -1\leqslant x<0, \\ x, & 0\leqslant x\leqslant 1 \end{cases}$$

在区间 $[-1,1]$ 上不是单调函数，但它存在反函数

$$x=f^{-1}(y)=\begin{cases} y, & 0\leqslant y\leqslant 1, \\ 1-y, & 1<y\leqslant 2. \end{cases}$$

1.2.3　基本初等函数

以下 6 种函数称为基本初等函数.

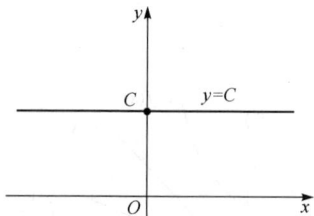

1. 常值函数

常值函数 $y=C$，其中 C 为常数. 其定义域为 $(-\infty,+\infty)$. 其对应规则是对于任何 $x\in(-\infty,+\infty)$，x 所对应的函数值 y 恒等于常数 C. 其函数图形为平行于 x 轴的直线（图 1-10）.

图 1-10

2. 幂函数

幂函数 $y=x^a$（a 为任意常数）的定义域和值域因 a 的不同而不同，但在 $(0,+\infty)$ 内都有定义，且图形经过点 $(1,1)$. 图 1-11 给出了常见的几个幂函数的图形.

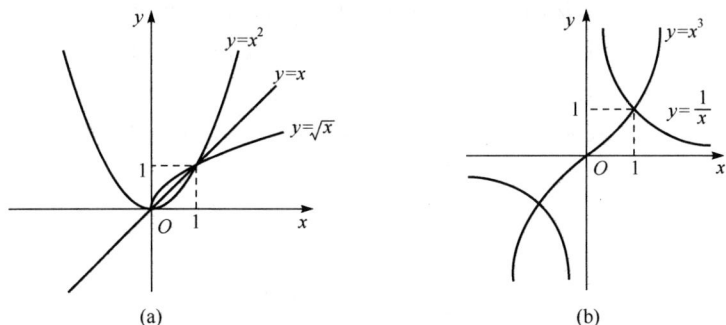

图 1-11

3. 指数函数

指数函数 $y=a^x(a>0,a\neq1)$ 的定义域为 $(-\infty,+\infty)$，值域为 $(0,+\infty)$，图形都经过点 $(0,1)$．当 $a>1$ 时，$y=a^x$ 单调增加；当 $0<a<1$ 时，$y=a^x$ 单调减少．指数函数的图形均在 x 轴上方，如图 1-12 所示．

4. 对数函数

对数函数 $y=\log_a x(a>0,a\neq1)$ 是指数函数 $y=a^x$ 的反函数．由直接函数与反函数的关系知，对数函数的定义域为 $(0,+\infty)$，值域为 $(-\infty,+\infty)$，图形经过点 $(1,0)$，当 $a>1$ 时，$y=\log_a x$ 单调增加；当 $0<a<1$ 时，$y=\log_a x$ 单调减少．对数函数的图形在 y 轴的右方，如图 1-13 所示．

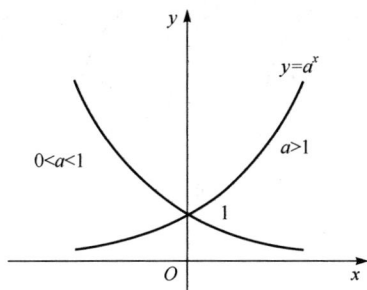

图 1-12

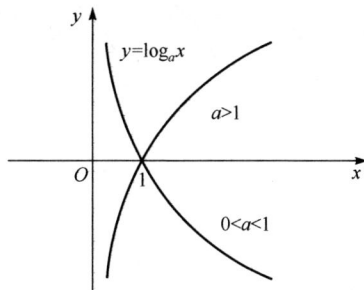

图 1-13

当 $a=\mathrm{e}$ 时，$y=\log_e x$ 简记为 $y=\ln x$，它是常见的对数函数，称为**自然对数**．其中 $\mathrm{e}=2.71828\cdots$，为无理数．

5. 三角函数

三角函数有

正弦函数 $y=\sin x$；　余弦函数 $y=\cos x$；

正切函数 $y=\tan x$；　余切函数 $y=\cot x$；

正割函数 $y=\sec x$；　余割函数 $y=\csc x$.

$\sin x$ 和 $\cos x$ 的定义域为 $(-\infty,+\infty)$，值域为 $[-1,1]$. 都以 2π 为周期，$\sin x$ 是奇函数，$\cos x$ 是偶函数，如图 1-14 所示.

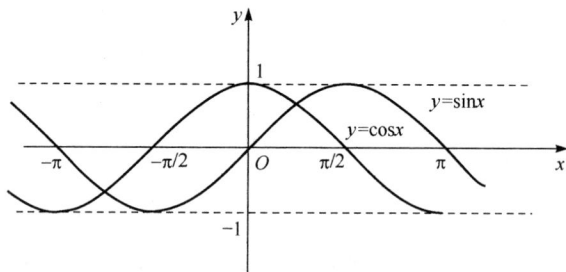

图 1-14

$\tan x$ 的定义域是 $x\neq kx+\dfrac{\pi}{2}$ 的实数，$\cot x$ 的定义域是 $x\neq kx$ 的实数（k 为整数）. 它们都以 π 为周期，且都是奇函数，如图 1-15 所示.

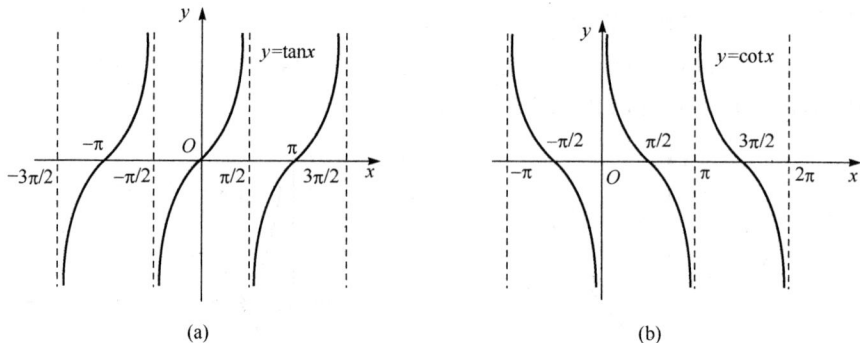

(a)　　　　　　　　　(b)

图 1-15

6. 反三角函数

反三角函数是各三角函数在其特定的单调区间上的反函数.

（1）反正弦函数 $y=\arcsin x$ 是正弦函数 $y=\sin x$ 在区间 $\left[-\dfrac{\pi}{2},\dfrac{\pi}{2}\right]$ 上的反函数. 其定义域为 $[-1,1]$，值域为 $\left[-\dfrac{\pi}{2},\dfrac{\pi}{2}\right]$，如 1-16(a) 所示.

（2）反余弦函数 $y=\arccos x$ 是余弦函数 $y=\cos x$ 在区间 $[0,\pi]$ 上的反函数.

其定义域为 $[-1,1]$，值域为 $[0,\pi]$，如图 1-16(b) 所示.

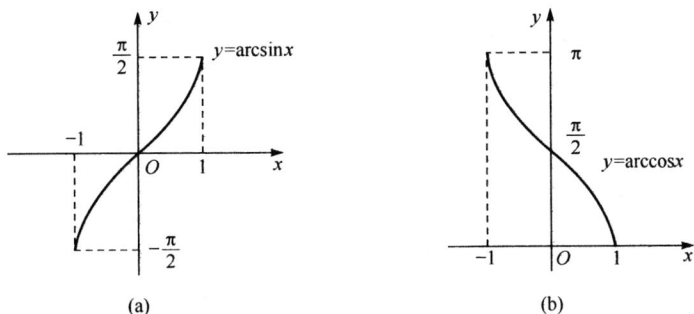

图 1-16

（3）反正切函数 $y=\arctan x$ 是正切函数 $y=\tan x$ 在区间 $\left(-\dfrac{\pi}{2},\dfrac{\pi}{2}\right)$ 内的反函

数. 其定义域为 $(-\infty,+\infty)$，值域为 $\left(-\dfrac{\pi}{2},\dfrac{\pi}{2}\right)$，如图 1-17(a) 所示.

（4）反余切函数 $y=\operatorname{arccot}x$ 是余切函数 $y=\cot x$ 在区间 $(0,\pi)$ 内的反函数，其
定义域为 $(-\infty,+\infty)$，值域为 $(0,\pi)$，如图 1-17(b) 所示.

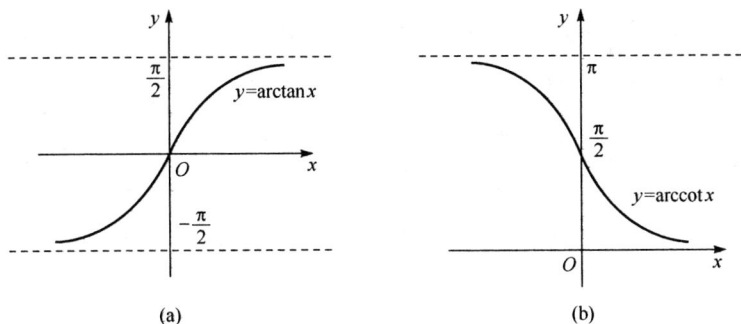

图 1-17

1.2.4　初等函数

由基本初等函数经有限次四则运算和复合运算得到并且能用一个式子表示的
函数，称为**初等函数**.

例如，$y=3x^2+\sin 4x$，$y=\ln(x+\sqrt{1+x^2})$，$y=\arctan 2x^3+\sqrt{\lg(x+1)}+$
$\dfrac{\sin x}{x^2+1}$ 都是初等函数. 分段函数是按照定义域的不同子集用不同表达式来表示对
应关系的，有些分段函数也可以不分段而表示出来，分段只是为了更加明确函数关

系而已.

例如,绝对值函数也可以表示成 $y=|x|=\sqrt{x^2}$;函数 $f(x)=\begin{cases}1, & x<a, \\ 0, & x>a,\end{cases}$ 也

可表示成 $f(x)=\dfrac{1}{2}\left[1-\dfrac{\sqrt{(x-a)^2}}{x-a}\right]$. 这两个函数也是初等函数.

📖 习题 1.2

1. 下列初等函数是由哪些基本初等函数复合而成的?

(1) $y=\sqrt[3]{\arcsin a^x}$;(2) $y=\sin^3\ln x$;(3) $y=a^{\tan x^2}$;(4) $y=\ln[\ln^2(\ln^3 x)]$.

2. 指出下列函数是怎样复合而成的:

(1) $y=(1+x)^{20}$; (2) $y=2^{\sin^2 x}$.

3. 设 $f(x)=\begin{cases}1, & |x|<1, \\ 0, & |x|=1, \\ -1, & |x|>1,\end{cases} g(x)=\mathrm{e}^x$,求 $f[g(x)]$.

4. 已知函数 $f(x)=\begin{cases}1, |x|\leqslant 1, \\ 0, |x|>1,\end{cases}$ 则 $f[f(x)]=$_____.

5. 写出下面图 1 和图 2 所示函数的解析表达式.

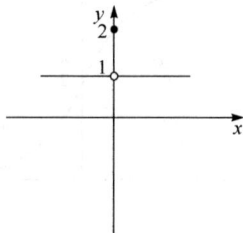
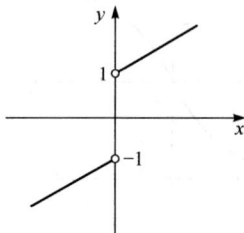

图 1   图 2

1.3 常用经济函数

1.3.1 需求函数

在经济学中,购买者(消费者)对商品的需求这一概念的涵义是购买者既有购买商品的愿望,又有购买商品的能力. 也就是说,只有购买者同时具备了购买商品的欲望和支付能力两个条件,才称得上需求. 影响需求的因素很多,如人口、收入、财产、该商品的价格、其他相关产品的价格以及消费者的偏好等. 在所考虑的时间

范围内,如果把除该商品价格以外的上述因素都看作是不变的因素,则可把该商品价格 P 看作是自变量,需求量看作是因变量,即需求量 D 可视为该商品价格 P 的函数,称为**需求函数**,记作

$$D = f(P).$$

需求函数的图形称为**需求曲线**.需求函数一般是价格的递减函数.需求曲线通常是一条从左向右下方倾斜的曲线.即价格上涨,需求量则逐步减少;价格下降,需求量则逐步增大.引起商品价格和需求量反方向变化的原因在于:一是收入效应,亦即当价格上升或下降时,都会影响到个人的实际收入,从而影响购买力.例如,价格下降时,意味着购买者的实际收入增加,从而增加对该种商品的购买量;一些在原价格上无力购买的人,此时成为新的购买者,也使购买量增加.二是替代效应,一些商品之间在使用上存在着彼此可以替代的关系.当某种商品价格变化高于其他商品价格变化时,购买者就可能改变购买计划,以价格变得相对低的商品去替代价格变得较高的商品.例如,由于肉价格上涨幅度大了,人们就可能多购买些涨价幅度较小的鱼来代替部分肉的消费.但是,也有例外情况,需求曲线出现从左向右上升.例如,古画、文物等珍品价格越高,越被人们认为珍贵,对它们的需求量就越大.

最常用的需求函数类型为线性函数

$$D = \frac{a-P}{b} \quad (a>0, b>0).$$

线性函数的斜率为 $-\frac{1}{b}<0$. 当 $P=0$ 时,$D=\frac{a}{b}$,表示当价格为零时,购买者对该商品的需求量为 $\frac{a}{b}$,$\frac{a}{b}$ 也称为市场对该商品的饱和需求量. 当 $P=a$ 时,$D=0$,表示当价格上涨到 a 时,已没有人购买该商品(图 1-18).

若需求函数为 $D=\frac{a}{P+c}-b$ $(a>0, b>0, c>0)$. 此时,若 $P=0$,则 $D=\frac{a}{c}-b$,表示该商品的饱和需求量为 $\frac{a}{c}-b$,当价格上升到 $P=\frac{a}{b}-c$ 时,商品的需求量下降为 0. 但若免费赠送,并且给购买者以一定的如运输费用等方面的补贴(表现为负价格),鼓励购买,则当 P 下降接近于 $-c$ 时,由需求曲线可见,该商品的需求量将无限增大(图 1-19).

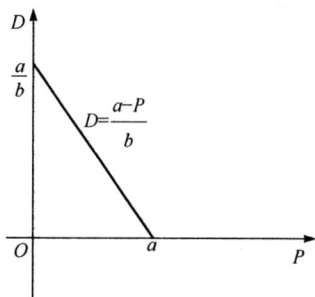

图 1-18

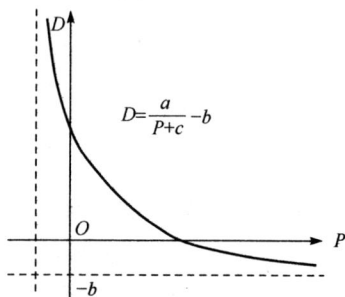

图 1-19

习惯上,不少经济分析的著作喜欢把需求函数写成反函数形式 $P=\varphi^{-1}(D)$, 但从经济意义上分析时,仍应将 P 作为自变量,把 D 作为因变量. 例如前面介绍的两个需求函数的反函数分别为

$$P=a-bD, \quad P=\frac{a}{D+b}-c.$$

常见的需求函数还有如下一些形式:

(1) $D=\dfrac{a-P^2}{b}$ $(a>0, b>0)$. 需求曲线如图 1-20,其反函数为 $P=\sqrt{a-bD}$.

(2) $D=\dfrac{a-\sqrt{P}}{b}$ $(a>0, b>0)$. 需求曲线如图 1-21 所示,其反函数为 $P=(a-bD)^2$.

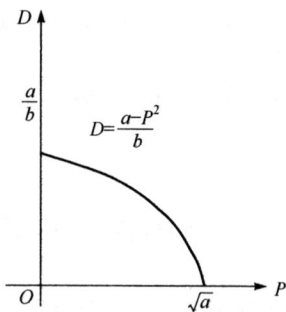

图 1-20

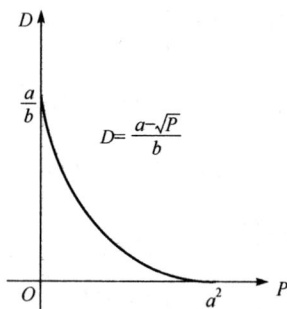

图 1-21

(3) $D=\sqrt{\dfrac{a-P}{b}}$. 需求曲线如图 1-22 所示,其反函数为 $P=a-bD^2$.

(4) $D=ae^{-bP}$ $(a>0, b>0)$. 需求曲线如图 1-23 所示,其反函数为

$$P=\frac{2.303}{b}\lg\frac{a}{D}.$$

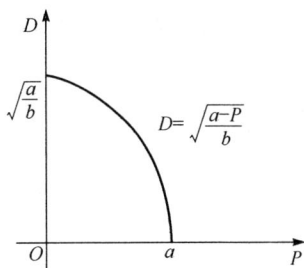

图 1-22

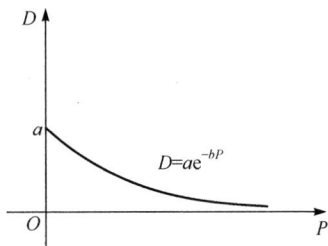

图 1-23

对于具体问题,可根据实际资料确定需求函数类型及其中的参数.

1.3.2　供给函数

供给是与需求相对的概念,需求是就购买而言的,供给是就生产而言. 供给是指生产者在某一时刻内,在各种可能的价格水平上,对某种商品愿意并能够出售的数量. 这就是说作为供给必须具备两个条件:一是有出售商品的愿望;二是有供应商品的能力,二者缺一便不能构成供给,供给不仅与生产中投入的成本及技术状况有关,而且与生产者对其他商品和劳务价格的预测等因素有关. 供给函数是讨论在其他因素不变的条件下供应商品的价格与相应供给量的关系,即把供应商品的价格 P 作为自变量,而把相应的供给量 Q 作为因变量. 供给函数一般表示为 $Q=q(P)$,即价格为 P 时,生产者愿意提供的商品量.

供给函数的图形称为供给曲线,它与需求曲线相反,一般是一条从左向右上方倾斜的曲线,即当商品价格上升时,供给量就会上升. 当价格下降时,供给量随之下降. 就是说,供给量随价格变动而发生同方向变动. 但也有例外情况. 例如,珍贵文物和古董等价格上升后,人们就会把存货拿出来出售,从而供给量增加,而当价格上升到一定限度后,人们会以为它们可能是更贵重,就会不再提供到市场出售,因而价格上升,供给量反而减少. 此时供给曲线可能呈现不是从左向右上方倾斜的形状.

常用的供给函数有如下几种类型.

(1) 线性供给函数:$Q=-d+cP(c>0,d>0)$ 供给曲线如图 1-24 所示. 其反函数为 $P=\dfrac{1}{c}Q+\dfrac{d}{c}(c>0,d>0)$. 由上式可见,$\dfrac{d}{c}$ 为价格的最低限,只有当价格大于 $\dfrac{d}{c}$ 时,生产者才会供应商品.

(2) $Q=\dfrac{aP-b}{cP+d}(a>0,b>0,c>0,d>0)$. 供给曲线如图 1-25 所示. 由此式可

知,该商品的最低价格为 $P=\dfrac{b}{a}$,而当价格上涨时,该商品有一饱和供给量 $\dfrac{a}{c}$.

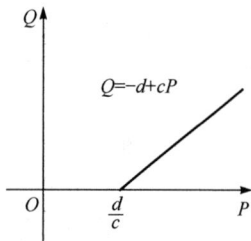

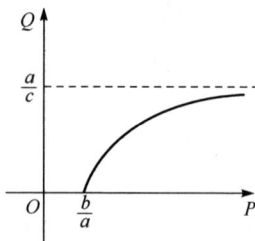

图 1-24   图 1-25

供给函数形式很多,它与市场组织、市场状况及成本函数有密切关系,这里不一一列举.

1.3.3   总收益函数

设某种产品的价格为 P,相应的需求量为 D,则销售该产品的总收益 R 为 DP. 又若需求函数为 $D=f(P)$,其反函数为 $P=g(D)$,则
$$R=DP=Dg(D).$$
如果取 $P=a-bD$,则可得总收益函数为
$$R=(a-bD)D=aD-bD^2=\frac{a^2}{4b}-\left(\sqrt{b}D-\frac{a}{2\sqrt{b}}\right)^2.$$

由上式可知,当 $D=\dfrac{a}{2b}$ 时,所得总收益最大,其最大收益为 $R_{\max}=\dfrac{a^2}{4b}$.

习题 1.3

1. 设销售商品的总收入是销售量 x 的二次函数,已知 $x=0.2,4$ 时,总收入分别是 $0,6,8$,试确定总收入函数 $TR(x)$.

2. 设某厂生产某种产品 1000 吨,定价为 130 元/吨,当一次售出 700 吨以内时,按原价出售;若一次成交超过 700 吨时,超过 700 吨的部分按原价的 9 折出售,试将总收入表示成销售量的函数.

3. 已知需求函数为 $P=10-\dfrac{Q}{5}$,成本函数为 $C=50+2Q,P,Q$ 分别表示价格和销售量. 写出利润 L 与销售量 Q 的关系,并求平均利润.

4. 已知需求函数 Q_d 和供给函数 Q_s 分别为 $Q_d = \dfrac{100}{3} - \dfrac{2}{3}P, Q_s = 20 + 10P$, 求相应的市场均衡价格.

1.4　研究微积分的工具——极限

1.4.1　数列的极限

定义在自然数集 **N** 上的函数

$$f: \mathbf{N} \rightarrow \mathbf{R},$$

相当于用自然数编号的一串数

$$x_1 = f(1), x_2 = f(2), \cdots, x_n = f(n), \cdots.$$

这样的一个函数, 或者说这样用自然数编号的一串实数, 称之为一个**实数序列**, 简称**数列**. 例如:

(1) $\dfrac{1}{2}, \dfrac{2}{3}, \dfrac{3}{4}, \cdots, \dfrac{n}{n+1}, \cdots$;

(2) $1, 3, 5, \cdots, 2n-1, \cdots$;

(3) $1, 0, 1, \cdots, \dfrac{1-(-1)^n}{2}, \cdots$;

(4) $1, \dfrac{1}{2}, \dfrac{1}{3}, \cdots, \dfrac{1}{n}, \cdots$;

(5) $1, -\dfrac{1}{2}, \dfrac{1}{3}, -\dfrac{1}{4}, \cdots, (-1)^{n-1}\dfrac{1}{n}, \cdots$;

(6) $a, a, a, \cdots, a, \cdots$

都是数列. 一般地, 数列写为

$$x_1, x_2, \cdots, x_n, \cdots.$$

数列中的每一个数称为数列的项. 第 n 项 x_n 称为数列的**一般项**或**通项**, 以 $\{x_n\}$ 简记数列.

对于一个给定的数列 $\{x_n\}$, 重要的不是去研究它的每一个项如何, 而是要知道, 当 n 无限增大时(记作 $n \rightarrow \infty$), 它的项的变化趋势. 就以上 6 个数列来看:

数列(1)的各项的值随 n 增大而增大, 越来越与 1 接近;

数列(2)的各项, 随 n 的增大, 各项的值越变越大, 而且无限增大;

数列(3)的各项的值交互取得 0 与 1 两数, 而不是越来越与某一数接近;

数列(4)的各项的值随 n 增大越来越与 0 接近;

数列(5)的各项的值在数 0 两边跳跃, 越来越与 0 接近;

数列(6)的各项的值都相同.

当 $n \to \infty$ 时，给定数列的项 x_n 无限接近某个常数 A，则数列 $\{x_n\}$ 称为收敛数列，常数 A 称为 $n \to \infty$ 时数列的极限. 例如，数列(1)，(4)，(5)，(6)就是收敛数列，它们的极限分别为 $1, 0, 0, a$. 为了进一步理解无限接近的意义，我们来考察数列(5)，我们看到

(1) n 为奇数时，x_n 为正数；n 为偶数时，x_n 为负数；当 n 越来越大时，x_n 的绝对值越来越小.

在数轴上，点 x_n 的位置交互在原点两侧，它与原点的距离随 n 增大而越近.

(2) 取 0 点的 ε 邻域：

1）取 $\varepsilon = 2$，数列中一切项 x_n 全部在半径为 2 的邻域内.

2）取 $\varepsilon = 0.1$，数列中除开始的 10 项外，自第 11 项 x_{11} 起的一切项

$$x_{11}, x_{12}, \cdots, x_n, \cdots$$

全在半径为 0.1 的邻域内.

3）如取 $\varepsilon = 0.0001$，只有开始的 10000 项在半径为 0.0001 的邻域外，自 10001 项起，后面的一切项

$$x_{10001}, x_{10002}, \cdots, x_n, \cdots$$

都在这个邻域内，如此推下去，逐渐缩小区间长度，即不论 ε 是如何小的数，我们总可以找到一个整数 N，使数列中除开始的 N 项以外，自 $N+1$ 项起，后面的一切项

$$x_{N+1}, x_{N+2}, x_{N+3}, \cdots$$

都在 0 的 ε 邻域内.

4）因点 0 的 ε 邻域内的点与原点的距离都小于 ε，故上述结果表明：对于任意小的正数 ε，可有足够大的正整数 N，使数列中自第 $N+1$ 项 x_{N+1} 起，后面的一切项对应的点与原点的距离永远小于 ε. 但点 x_n 与原点的距离为 $|x_n - 0|$，所以上面关于数列

$$\{x_n\} = \left\{ (-1)^{n-1} \frac{1}{n} \right\}.$$

又可叙述为：对于任意小的正数 ε，总可以找到一个正整数 N，使当一切 $n > N$ 时，不等式 $|x_n - 0| < \varepsilon$ 成立，这样的一个数 0 称为数列 $\{x_n\} = \left\{ (-1)^{n-1} \frac{1}{n} \right\}$ 当 n 无限增大时的极限.

一般地，有下列定义.

定义 1 设 $\{x_n\}$ 是一个数列，a 是常数. 若对于任意的正数 ε，总存在一个正整数 N，使得当 $n > N$ 时，不等式

$$|x_n - a| < \varepsilon$$

恒成立，则称常数 a 为数列 $\{x_n\}$ 当 $n \to \infty$ 时的**极限**，记为

$$\lim_{n \to \infty} x_n = a \quad \text{或} \quad x_n \to a \ (n \to \infty).$$

这时称数列是**收敛**的. 否则称数列是**发散**的.

已知不等式

$$|x_n-a|<\varepsilon \Leftrightarrow a-\varepsilon<x_n<a+\varepsilon.$$

于是, 数列 x_n 的极限是 a 的几何意义是: 任意一个以 a 为中心以 ε 为半径的邻域 $U(a,\varepsilon)$ 或开区间 $(a-\varepsilon,a+\varepsilon)$, 数列 x_n 中总存在一项 x_N, 在此项后面的所有项 $x_{N+1},x_{N+2},\cdots$ (即除了前 N 项以外), 它们在数轴上对应的点, 都位于邻域 $U(a,\varepsilon)$ 或区间 $(a-\varepsilon,a+\varepsilon)$ 之中, 至多能有 N 个点位于此邻域或区间之外 (图 1-26). 因为 $\varepsilon>0$ 可以任意小, 所以数列中各项所对应的点 x_n 都无限集聚在点 a 附近.

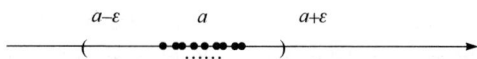

图 1-26

定义中的正整数 N 与任意给定的正数 ε 有关, 当 ε 减少时, 一般地, N 将会相应地增大.

例 1　证明数列 $\left\{\dfrac{n}{n+1}\right\}$ 的极限是 1.

证明　任意给定 $\varepsilon>0$, 要使

$$\left|\frac{n}{n+1}-1\right|=\frac{1}{n+1}<\varepsilon,$$

只要

$$n>\frac{1}{\varepsilon}-1.$$

取 $N=\left[\dfrac{1}{\varepsilon}-1\right]$, 则当 $n>N$ 时, 必有

$$\left|\frac{n}{n+1}-1\right|<\varepsilon,$$

即

$$\lim_{n\to\infty}\frac{n}{n+1}=1.$$

例 2　用数列极限的 "ε-N" 定义来检验: 当 $|q|<1$ 时, 有

$$\lim_{n\to\infty}q^n=0.$$

证明　$\forall \varepsilon>0$, 要使 $|q^n|=|q|^n<\varepsilon$ 成立, 只需

$$n\ln|q|<\ln\varepsilon,$$

由于 $|q|<1$, 故 $\ln|q|<0$, 以负数 $\ln|q|$ 除上面不等式的两边, 有

$$n>\frac{\ln\varepsilon}{\ln|q|}.$$

就是说，要使 $|q^n| < \varepsilon$，n 必须大于 $\dfrac{\ln\varepsilon}{\ln|q|}$，根据以上分析，取 $N = \left[\dfrac{\ln\varepsilon}{\ln|q|}\right]$，则当 $n >$ N 时，必有

$$|q^n| < \varepsilon,$$

即 $\lim\limits_{n \to \infty} q^n = 0(|q| < 1)$.

1.4.2　单调有界原理

定义 2　如果数列 $\{x_n\}$ 满足条件

$$x_n \leqslant x_{n+1} \quad (x_n \geqslant x_{n+1}), n \in \mathbf{N},$$

则称数列 $\{x_n\}$ 是**单调增加**的（**单调减少**的）. 单调增加和单调减少的数列统称为**单调数列**.

单调有界原理　单调有界数列必有极限.

例 3　设 $x_n = \left(1 + \dfrac{1}{n}\right)^n$，证明数列 $\{x_n\}$ 收敛.

证明　（1）先证数列是单调增加的.

$$x_n = \left(1 + \frac{1}{n}\right)^n$$

$$= 1 + \frac{n}{1!} \cdot \frac{1}{n} + \frac{n(n-1)}{2!} \cdot \frac{1}{n^2} + \frac{n(n-1)(n-2)}{3!} \cdot \frac{1}{n^3} + \cdots + \frac{n(n-1)\cdots(n-n+1)}{n!} \frac{1}{n^n}$$

$$= 1 + \frac{1}{1!} + \frac{1}{2!}\left(1 - \frac{1}{n}\right) + \frac{1}{3!}\left(1 - \frac{1}{n}\right)\left(1 - \frac{2}{n}\right) + \cdots$$

$$+ \frac{1}{n!}\left(1 - \frac{1}{n}\right)\left(1 - \frac{2}{n}\right)\cdots\left(1 - \frac{n-1}{n}\right),$$

$$x_{n+1} = \left(1 + \frac{1}{n+1}\right)^{n+1} = 1 + \frac{1}{1!} + \frac{1}{2!}\left(1 - \frac{1}{n+1}\right) + \frac{1}{3!}\left(1 - \frac{1}{n+1}\right)\left(1 - \frac{2}{n+1}\right) + \cdots$$

$$+ \frac{1}{n!}\left(1 - \frac{1}{n+1}\right)\left(1 - \frac{2}{n+1}\right)\cdots\left(1 - \frac{n-1}{n+1}\right)$$

$$+ \frac{1}{(n+1)!}\left(1 - \frac{1}{n+1}\right)\left(1 - \frac{2}{n+1}\right)\cdots\left(1 - \frac{n}{n+1}\right).$$

在这两个展开式中，除前两项相同外，后者的每个项都大于前者的相应项，且后者最后还多了一个数值为正的项，因此有

$$x_n < x_{n+1}.$$

（2）再证数列有上界.

因 $1 - \dfrac{1}{n}, 1 - \dfrac{2}{n}, \cdots, 1 - \dfrac{n-1}{n}$ 都小于 1，故

$$x_n < 1 + \frac{1}{1!} + \frac{1}{2!} + \cdots + \frac{1}{n!} < 1 + 1 + \frac{1}{2} + \frac{1}{2^2} + \cdots + \frac{1}{2^{n-1}}$$

$$= 1 + \frac{1 - \dfrac{1}{2^n}}{1 - \dfrac{1}{2}} = 3 - \frac{1}{2^{n-1}} < 3.$$

根据单调有界原理,数列 $\{x_n\} = \left\{\left(1 + \dfrac{1}{n}\right)^n\right\}$ 有极限.

以后,记

$$\lim_{n \to \infty}\left(1 + \frac{1}{n}\right)^n = e.$$

e 被称为欧拉(Euler)数. 已被证明:e 是一个无理数,它的值是

$$e = 2.718281828459045\cdots.$$

1.4.3　数列极限的性质

定理 1(唯一性)　若数列收敛,则其极限唯一.

证明　设数列 $\{x_n\}$ 收敛,但极限不唯一:$\lim\limits_{n \to \infty} x_n = a$,$\lim\limits_{n \to \infty} x_n = b$,且 $a \neq b$,不妨设 $a < b$,由极限定义,取 $\varepsilon = \dfrac{b-a}{2}$,则 $\exists N_1 > 0$,当 $n > N_1$ 时,$|x_n - a| < \dfrac{b-a}{2}$,即

$$\frac{3a-b}{2} < x_n < \frac{a+b}{2}, \tag{1-4-1}$$

$\exists N_2 > 0$,当 $n > N_2$ 时,$|x_n - b| < \dfrac{b-a}{2}$,即

$$\frac{a+b}{2} < x_n < \frac{3b-a}{2}, \tag{1-4-2}$$

取 $N = \max\{N_1, N_2\}$,则当 $n > N$ 时,(1-4-1),(1-4-2)两式应同时成立,显然矛盾. 该矛盾证明了收敛数列 $\{x_n\}$ 的极限必唯一.

定义 3　设有数列 $\{x_n\}$,若 $\exists M \in \mathbf{R}, M > 0$,使对一切 $n = 1, 2, \cdots$,有 $|x_n| \leqslant M$,则称数列 $\{x_n\}$ 是**有界**的,否则称它是**无界**的.

对于数列 $\{x_n\}$,若 $\exists M \in \mathbf{R}$,使对 $n = 1, 2, \cdots$,有 $x_n \leqslant M$,则称数列 $\{x_n\}$ 有上界;若 $M \in \mathbf{R}$,使对 $n = 1, 2, \cdots$,有 $x_n \geqslant M$,则称数列 $\{x_n\}$ 有下界.

显然,数列 $\{x_n\}$ 有界的充要条件是 $\{x_n\}$ 既有上界又有下界.

例 4　数列 $\left\{\dfrac{1}{n^2+1}\right\}$ 有界;数列 $\{n^2\}$ 有下界而无上界;数列 $\{-n^2\}$ 有上界而无下界;数列 $\{(-1)^n n - 1\}$ 既无上界又无下界.

定理 2(有界性)　若数列 $\{x_n\}$ 收敛,则数列 $\{x_n\}$ 有界.

证明 设 $\lim\limits_{n\to\infty} x_n = a$，由极限定义，$\forall \varepsilon > 0$，且 $\varepsilon < 1$，$\exists N > 0$，当 $n > N$ 时，$|x_n - a| < \varepsilon < 1$，从而 $|x_n| < 1 + |a|$.

取 $M = \max\{1 + |a|, |x_1|, |x_2|, \cdots, |x_N|\}$，则有 $|x_n| \leqslant M$，对一切 $n = 1, 2, \cdots$，成立，即 $\{x_n\}$ 有界.

定理 2 的逆命题不成立，如数列 $\{(-1)^n\}$ 有界，但它不收敛.

定理 3（保号性） 若 $\lim\limits_{n\to\infty} x_n = a, a > 0$（或 $a < 0$），则 $\exists N > 0$，当 $n > N$ 时，$x_n > 0$（或 $x_n < 0$）.

证明 由极限定义，对 $\varepsilon = \dfrac{a}{2} > 0$，$\exists N > 0$，当 $n > N$ 时，$|x_n - a| < \dfrac{a}{2}$，即 $\dfrac{a}{2} < x_n < \dfrac{3}{2} a$，故当 $n > N$ 时，$x_n > \dfrac{a}{2} > 0$.

类似可证 $a < 0$ 的情形.

推论 设有数列 $\{x_n\}$，$\exists N > 0$，当 $n > N$ 时，$x_n > 0$（或 $x_n < 0$），若 $\lim\limits_{n\to\infty} x_n = a$，则必有 $a \geqslant 0$（或 $a \leqslant 0$）.

在推论中，我们只能推出 $a \geqslant 0$（或 $a \leqslant 0$），而不能由 $x_n > 0$（或 $x_n < 0$）推出其极限（若存在）也大于 0（或小于 0）. 例如，$x_n = \dfrac{1}{n} > 0$，但 $\lim\limits_{n\to\infty} x_n = \lim\limits_{n\to\infty} \dfrac{1}{n} = 0$.

下面给出数列的子列的概念.

定义 4 在数列 $\{x_n\}$ 中保持原有的次序自左向右任意选取无穷多个项构成一个新的数列，称它为 $\{x_n\}$ 的一个**子列**.

在选出的子列中，记第一项为 x_{n_1}，第二项为 x_{n_2}，$\cdots$，第 k 项为 x_{n_k}，$\cdots$，则数列 $\{x_n\}$ 的子列可记为 $\{x_{n_k}\}$. k 表示 x_{n_k} 在子列 $\{x_{n_k}\}$ 中是第 k 项，n_k 表示 x_{n_k} 在原数列 $\{x_n\}$ 中是第 n_k 项. 显然，对每一个 k，有 $n_k \geqslant k$；对任意正整数 h, k，如果 $h \geqslant k$，则 $n_h \geqslant n_k$；若 $n_h \geqslant n_k$，则 $h \geqslant k$.

由于在子列 $\{x_{n_k}\}$ 中的下标是 k 而不是 n_k，所以 $\{x_{n_k}\}$ 收敛于 a 的定义是：$\forall \varepsilon > 0$，$\exists K > 0$，当 $k > K$ 时，有 $|x_{n_k} - a| < \varepsilon$. 这时，记为 $\lim\limits_{k\to +\infty} x_{n_k} = a$.

定理 4 $\lim\limits_{k\to +\infty} x_n = a$ 的充要条件是：$\{x_n\}$ 的任何子列 $\{x_{n_k}\}$ 都收敛，且都以 a 为极限.

证明 先证充分性：由于 $\{x_n\}$ 本身也可看成是它的一个子列，故由条件得证.

下面证明必要性：由 $\lim\limits_{k\to +\infty} x_n = a$，$\forall \varepsilon > 0$，$\exists N > 0$，当 $n > N$ 时，有

$$|x_n - a| < \varepsilon.$$

今取 $K = N$，则当 $k > K$ 时，有 $n_k > n_K = n_N \geqslant N$，于是

$$|x_{n_k} - a| < \varepsilon.$$

故有

$$\lim_{k \to +\infty} x_{n_k} = a.$$

定理 4 用来判别数列 $\{x_n\}$ 发散有时是很方便的. 如果在数列 $\{x_n\}$ 中有一个子列发散, 或者有两个子列不收敛于同一极限值, 则可断言 $\{x_n\}$ 是发散的.

例 5　判别数列 $\left\{x_n = \sin \dfrac{n\pi}{8}, n \in \mathbf{N}\right\}$ 的收敛性.

解　在 $\{x_n\}$ 中选取两个子列:

$$\left\{\sin \frac{8k\pi}{8}, k \in \mathbf{N}\right\}, \quad 即 \left\{\sin \frac{8\pi}{8}, \sin \frac{16\pi}{8}, \cdots, \sin \frac{8k\pi}{8}, \cdots\right\};$$

$$\left\{\sin \frac{(16k+4)\pi}{8}, k \in \mathbf{N}\right\}, \quad 即 \left\{\sin \frac{20\pi}{8}, \cdots, \sin \frac{(16k+4)\pi}{8}, \cdots\right\}.$$

显然, 第一个子列收敛于 0, 而第二个子列收敛于 1, 因此原数列 $\left\{\sin \dfrac{n\pi}{8}\right\}$ 发散.

习题 1.4

1. 下列各数列是否收敛, 若收敛, 试指出其收敛于何值:

(1) $\{2^n\}$;　　(2) $\left\{\dfrac{1}{n}\right\}$;　　(3) $\{(-1)^{n+1}\}$;　　(4) $\left\{\dfrac{n-1}{n}\right\}$;

(5) $x_n = \dfrac{1}{3^n}$;　(6) $x_n = 2 + \dfrac{1}{n^2}$;　(7) $x_n = (-1)^n n$;　(8) $x_n = \dfrac{1 + (-1)^n}{1000}$.

2. 是非题. 若非, 请举例说明.

(1) 设在常数 a 的无论怎样小的 ε 邻域内存在着 $\{x_n\}$ 的无穷多点, 则 $\{x_n\}$ 的极限为 a.　　　　　　　　　　　　　　　　　　　　　　(　　)

(2) 若 $\lim_{n\to\infty} x_{2n} = a$, $\lim_{n\to\infty} x_{2n-1} = a$, 则 $\lim_{n\to\infty} x_n = a$.　　　　　(　　)

(3) 设 $x_n = 0.11\cdots 1$(n 个 1), 则 $\lim_{n\to\infty} x_n = \dfrac{1}{9}$.　　　　　　(　　)

(4) 若 $\lim_{n\to\infty} x_n$ 存在, 而 $\lim_{n\to\infty} y_n$ 不存在, 则 $\lim_{n\to\infty}(x_n \pm y_n)$ 不存在.　(　　)

(5) 若 $\lim_{n\to\infty} x_n$ 存在, 而 $\lim_{n\to\infty} y_n$ 不存在, 则 $\lim_{n\to\infty}(x_n y_n)$ 不存在.　(　　)

(6) 若 $\lim_{n\to\infty} u_n$, $\lim_{n\to\infty} v_n$ 都存在, 且满足 $u_n < v_n (n=1,2,\cdots)$, 则 $\lim_{n\to\infty} u_n < \lim_{n\to\infty} v_n$.

　　　　　　　　　　　　　　　　　　　　　　　　　　　　(　　)

3. 用数列极限定义证明:

(1) $\lim_{n\to\infty}(\sqrt{n+1} - \sqrt{n}) = 0$;　　(2) $\lim_{n\to\infty}\dfrac{5+2n}{1-3n} = -\dfrac{2}{3}$;　　(3) $\lim_{n\to\infty}\dfrac{n^2-2}{n^2+n+1} = 1$.

4. 如果 $\lim_{n\to\infty} x_n = a$, 证明 $\lim_{n\to\infty}|x_n| = |a|$. 举例说明反之未必成立.

5. 若 $\lim_{n\to\infty} x_n$ 存在, 证明 $\lim_{n\to\infty} n \sin \dfrac{x_n}{n^2} = 0$.

6. 若数列 x_n 有界,又 $\lim\limits_{n\to\infty}y_n=0$,证明 $\lim\limits_{n\to\infty}x_ny_n=0$.

7. 设有两个数列 u_n 与 v_n,已知 $\lim\limits_{n\to\infty}\dfrac{u_n}{v_n}=a\neq0$,又 $\lim\limits_{n\to\infty}u_n=0$,证明 $\lim\limits_{n\to\infty}v_n=0$.

8. 证明数列 $x_n=\dfrac{1}{2+1}+\dfrac{1}{2^2+1}+\cdots+\dfrac{1}{2^n+1}$ 有极限.

9. 设 $0<x_1<2,x_{n+1}=\sqrt{2+x_n}(n=1,2,\cdots)$,证明数列 x_n 有极限,并求出该极限.

10. 求极限 $\lim\limits_{n\to\infty}\dfrac{1-e^{-nx}}{1+e^{-nx}}$.

11. 证明:若 $\lim\limits_{n\to\infty}x_n=A$,则存在正整数 N,当 $n>N$ 时,不等式 $|x_n|>\dfrac{|A|}{2}$ 成立.

12. 证明:数列 $x_n=(-1)^{n+1}$ 是发散的.

1.5 函数的极限

1.5.1 当 $x\to\infty$ 时,函数 $f(x)$ 的极限

定义 1 设函数 $f(x)$ 在区间 $(a,+\infty)$ 有定义,A 是常数. 若 $\forall\varepsilon>0,\exists X>0,\forall x>X$,有
$$|f(x)-A|<\varepsilon,$$
则称函数 $f(x)$ 当 $x\to+\infty$ 时以 A 为极限,表示为
$$\lim\limits_{x\to+\infty}f(x)=A \text{ 或 } f(x)\to A \ (x\to+\infty).$$
函数 $f(x)(x\to+\infty)$ 的极限定义与数列 $\{x_n\}$ 的极限定义很相似. 这是因为它们的自变量的变化趋势相同 $(x\to+\infty$ 与 $n\to+\infty)$.

极限 $\lim\limits_{x\to+\infty}f(x)=A$ 有明显的几何意义. 已知 $|f(x)-A|<\varepsilon\Leftrightarrow A-\varepsilon<f(x)<A+\varepsilon$ 下面将极限 $\lim\limits_{x\to+\infty}f(x)=A$ 定义的分析语言与几何语言对比如表 1-4 所示.

表 1-4 极限 $\lim\limits_{x\to+\infty}f(x)=A$

分析语言	几何语言
$\forall\varepsilon>0,$ $\exists X>0,$ $\forall x>X,$ $|f(x)-A|<\varepsilon.$	在直线 $y=b$ 两侧,以任意两直线 $y=b\pm\varepsilon$ 为边界,宽为 2ε 的带形区域. 在 x 轴上原点右侧总存在一点 X. 对 X 右侧的点 x,即 $\forall x\in(X,+\infty)$. 函数 $y=f(x)$ 的图像位于上述带形区域之内(图 1-27).

当自变量 $|x|$ 无限增大时,还有两种情况:一是 $x\to-\infty$;二是 $x\to\infty$(即 $|x|\to\infty$),函数 $f(x)$ 的极限定义分别是

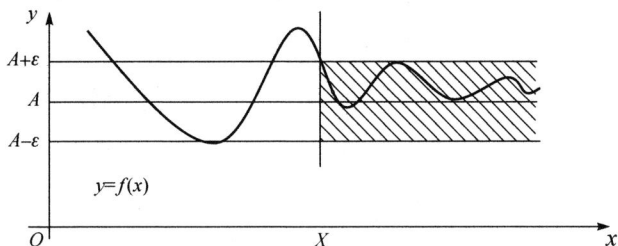

图 1-27

定义 2 设函数 $f(x)$ 在区间 $(-\infty,a)$ 有定义，A 是常数，若对 $\forall\varepsilon>0$，$\exists X>0$，$\forall x<-X$，有

$$|f(x)-A|<\varepsilon,$$

则称函数 $f(x)$ 当 $x\to-\infty$ 时以 A 为极限，表示为

$$\lim_{x\to-\infty}f(x)=A \quad 或 \quad f(x)\to A\ (x\to-\infty).$$

定义 3 设函数 $f(x)$ 在 $\{x\,|\,|x|>a\}$ 有定义，A 是常数，若对 $\forall\varepsilon>0$，$\exists X>0$，$\forall x:|x|>X$，有

$$|f(x)-A|<\varepsilon,$$

则称函数 $f(x)$ 当 $x\to\infty$ 时以 A 为极限，表示为

$$\lim_{x\to\infty}f(x)=A \quad 或 \quad f(x)\to A\ (x\to\infty).$$

上述函数 $f(x)$ 的极限的三个定义 $(x\to+\infty,x\to-\infty,x\to\infty)$ 很相似. 为了明显地看到它们的异同，将函数极限的三个定义对比如下：

$$\lim_{x\to+\infty}f(x)=A\Leftrightarrow\forall\varepsilon>0,\exists X>0,\forall x>X,有\,|f(x)-A|<\varepsilon.$$

$$\lim_{x\to-\infty}f(x)=A\Leftrightarrow\forall\varepsilon>0,\exists X>0,\forall x<-X,有\,|f(x)-A|<\varepsilon.$$

$$\lim_{x\to\infty}f(x)=A\Leftrightarrow\forall\varepsilon>0,\forall X>0,\forall x:|x|>X,有\,|f(x)-A|<\varepsilon.$$

注 定义中 ε 刻画 $f(x)$ 与 A 的接近程度，X 刻画 $|x|$ 充分大的程度；ε 是任意给定的正数，X 是随 ε 而确定的.

例 1 用定义证明 $\lim\limits_{x\to\infty}\dfrac{1}{x}=0$.

证明 $\forall\varepsilon>0$，要使

$$\left|\frac{1}{x}-0\right|=\frac{1}{|x|}<\varepsilon,$$

只要 $|x|>\dfrac{1}{\varepsilon}$ 就可以了. 因此，$\forall\varepsilon>0$，取 $X=\dfrac{1}{\varepsilon}$，则当 $|x|>X$ 时，有

$$\left|\frac{1}{x}-0\right|<\varepsilon,$$

即

$$\lim_{x\to\infty}\frac{1}{x}=0.$$

例 2   证明 $\lim\limits_{x\to+\infty}\dfrac{x-1}{x+1}=1$.

证明   不妨设 $x>-1$,$\forall\varepsilon>0$,要使不等式

$$\left|\frac{x-1}{x+1}-1\right|=\frac{2}{x+1}<\varepsilon$$

成立,解得 $x>\dfrac{2}{\varepsilon}-1$(限定 $0<\varepsilon<2$)取 $X=\dfrac{2}{\varepsilon}-1$,于是

$$\forall\varepsilon>0,\exists X=\frac{2}{\varepsilon}-1>0,\forall x>X,有\left|\frac{x-1}{x+1}-1\right|<\varepsilon.$$

即

$$\lim_{x\to+\infty}\frac{x-1}{x+1}=1.$$

例 3   证明 $\lim\limits_{x\to-\infty}2^x=0$.

证明   (1) $\forall\varepsilon>0$,要使 $|2^x-0|=2^x<\varepsilon$,只要 $x<\dfrac{\ln\varepsilon}{\ln2}$ 就可以了(这里不妨设

$\varepsilon<1$),取 $X=-\dfrac{\ln\varepsilon}{\ln2}$,于是 $\forall\varepsilon>0$,$\exists X=-\dfrac{\ln\varepsilon}{\ln2}$,$\forall x<-X$,有 $|2^x-0|<\varepsilon$,

即

$$\lim_{x\to-\infty}2^x=0.$$

1.5.2   当 $x\to x_0$ 时,函数 $f(x)$ 的极限

例 4   函数 $f(x)=2x+1$. 当 x 趋于 2 时,可以看到它们所对应的函数值就趋于 5(图 1-28).

例 5   函数 $f(x)=\dfrac{x^2-4}{x-2}$. 当 $x\neq2$ 时 $f(x)=x+2$,由此可见,当 x 不等于 2 而趋于 2 时,对应的函数值 $f(x)$ 就趋于 4(图 1-29).

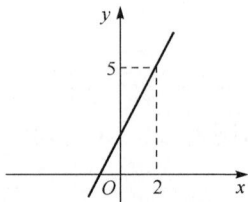

图 1-28

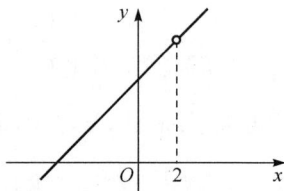

图 1-29

不难看出,上述两个例子和前面 $x \to \infty$ 时的极限存在情形相似,这里是"当 x 趋于 x_0(但不等于 x_0)时,对应的函数值 $f(x)$ 就趋于某一确定的数 A".这两个"趋于"反映了 $f(x)$ 与 A 和 x 与 x_0 无限接近程度之间的关系.

在例 4 中,由于

$$|f(x)-A|=|(2x+1)-5|=|2x-4|=2|x-2|,$$

所以要使 $|f(x)-5|$ 小于任给的正数 ε,只要 $|x-2|<\dfrac{\varepsilon}{2}$ 即可.这里 $\dfrac{\varepsilon}{2}$ 表示 x 与 2 的接近程度,常把它记作 δ,因为它与 ε 有关,所以有时也记作 $\delta(\varepsilon)$.

定义 4(函数极限的 ε-δ 定义)　设函数 $f(x)$ 在 x_0 的某个去心邻域内有定义,A 是常数,若 $\forall \varepsilon>0, \exists \delta>0, \forall x: 0<|x-x_0|<\delta$,有

$$|f(x)-A|<\varepsilon.$$

则称函数 $f(x)$ 当 x 趋于 x_0 时以 A 为极限,表示为

$$\lim_{x \to x_0} f(x)=A \quad 或 \quad f(x) \to A \ (x \to x_0).$$

注　在此极限定义中,"$0<|x-x_0|<\delta$"指出 $x \neq x_0$,这说明函数 $f(x)$ 在 x_0 的极限与函数 $f(x)$ 在 x_0 的情况无关,其中包含两层意思:其一,x_0 可以不属于函数 $f(x)$ 的定义域,其二,x_0 可以属于函数 $f(x)$ 的定义域,但这时函数 $f(x)$ 在 x_0 的极限与 $f(x)$ 在 x_0 的函数值 $f(x_0)$ 没有任何联系,总之,函数 $f(x)$ 在 x_0 的极限仅与函数 $f(x)$ 在 x_0 附近的 x 的函数值有关,而与 $f(x)$ 在 x_0 的情况无关.

例 6　证明 $\lim\limits_{x \to \frac{1}{2}} \dfrac{4x^2-1}{2x-1}=2.$

证明　$\forall \varepsilon>0$,要使不等式

$$\left|\frac{4x^2-1}{2x-1}-2\right|=|2x+1-2|=2\left|x-\frac{1}{2}\right|<\varepsilon$$

成立,只需 $\left|x-\dfrac{1}{2}\right|<\dfrac{\varepsilon}{2}$,取 $\delta=\dfrac{\varepsilon}{2}$,于是 $\forall \varepsilon>0, \exists \delta=\dfrac{\varepsilon}{2}>0$,

$$\forall x: 0<\left|x-\frac{1}{2}\right|<\delta, \quad 有 \left|\frac{4x^2-1}{2x-1}-2\right|<\varepsilon.$$

即

$$\lim_{x \to \frac{1}{2}} \frac{4x^2-1}{2x-1}=2.$$

极限 $\lim\limits_{x \to x_0} f(x)=A$ 的几何意义:ε-δ 定义表明,任意划一条以直线 $y=A$ 为中心线,宽为 2ε 的横带(无论怎样窄),必存在一条以 $x=x_0$ 为中心,宽为 2δ 的直带,使直带内的函数图像全部落在横带内,如图 1-30 所示.

例 7　证明 $\lim\limits_{x \to x_0} c=c$,此处 c 为一常数.

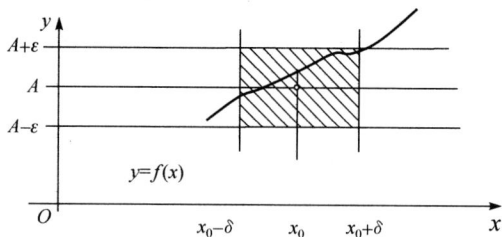

图 1-30

证明 这里 $|f(x)-A|=|c-c|=0$，因此对于任意给定的正数 ε，可任取一正数 δ，当 $0<|x-x_0|<\delta$ 时，能使不等式

$$|f(x)-A|=0<\varepsilon$$

成立. 所以

$$\lim_{x\to x_0}c=c.$$

例 8 证明 $\lim\limits_{x\to x_0}x=x_0$.

证明 这里 $|f(x)-A|=|x-x_0|$，因此对于任意给定的正数 ε，可取正数 $\delta=\varepsilon$，当 $0<|x-x_0|<\delta$ 时，不等式

$$|f(x)-A|=|x-x_0|<\varepsilon$$

成立. 所以

$$\lim_{x\to x_0}x=x_0.$$

1.5.3　左极限和右极限

在上述函数极限的定义中，如果仅讨论自变量 x 从 x_0 的左侧(或右侧)接近 x_0，即 $x\to x_0$ 而又始终保持 $x<x_0$(或 $x>x_0$)的情形，这时如果 $f(x)$ 有极限，该极限称为 **$f(x)$ 在点 x_0 的左极限(或右极限)**.

定义 5 设函数 $f(x)$ 在 x_0 的左邻域(右邻域)有定义，A 是常数. 若 $\forall \varepsilon>0$，$\exists\delta>0$，$\forall x:x_0-\delta<x<x_0$　$(x_0<x<x_0+\delta)$，有

$$|f(x)-A|<\varepsilon,$$

则称 A 是函数 $f(x)$ 在 x_0 的**左极限(右极限)**. 记作

$$\lim_{x\to x_0^-}f(x)=A\quad\text{或}\quad f(x_0-0)=A\quad(\lim_{x\to x_0^+}f(x)=A\quad\text{或}\quad f(x_0+0)=A).$$

由定义立即可以得到以下定理.

定理 1　$\lim\limits_{x\to x_0}f(x)=A\Leftrightarrow\lim\limits_{x\to x_0^-}f(x)=\lim\limits_{x\to x_0^+}f(x)=A.$

例 9　设 $f(x)=\begin{cases}1, & x<0,\\ x, & x\geq 0,\end{cases}$ 研究当 $x\to 0$ 时，$f(x)$ 的极限是否存在.

解　当 $x<0$ 时

$$\lim_{x\to 0^-}f(x)=\lim_{x\to 0^-}1=1,$$

而当 $x>0$ 时，

$$\lim_{x\to 0^+}f(x)=\lim_{x\to 0^+}x=0.$$

左右极限都存在但不相等，所以，由定理 1 可知当 $x\to 0$ 时，$f(x)$ 不存在极限（图 1-31）.

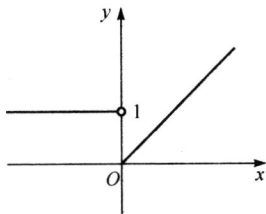

图 1-31

例 10　研究当 $x\to 0$ 时，$f(x)=|x|$ 的极限.

解　$f(x)=|x|=\begin{cases}-x, & x<0,\\ x, & x\geq 0.\end{cases}$

已知 $\lim\limits_{x\to 0^+}f(x)=\lim\limits_{x\to 0^+}x=0$ 可以证明 $\lim\limits_{x\to 0^-}f(x)=\lim\limits_{x\to 0^-}(-x)=0$，所以，由定理 1 可得

$$\lim_{x\to 0}|x|=0.$$

习题 1.5

1. 用"ε-M"或"ε-δ"语言，写出下列各极限的定义：

(1) $\lim\limits_{x\to-\infty}f(x)=2$；　　　(2) $\lim\limits_{x\to\infty}f(x)=-1$；

(3) $\lim\limits_{x\to 2^+}f(x)=1$；　　　(4) $\lim\limits_{x\to-2^-}f(x)=4$.

2. 用极限定义证明：

(1) $\lim\limits_{x\to\infty}\dfrac{x+1}{2x-1}=\dfrac{1}{2}$；　　　(2) $\lim\limits_{x\to 1}(2x-1)=1$；　　　(3) $\lim\limits_{x\to\infty}\dfrac{\sin x}{x}=0$；

(4) $\lim\limits_{x\to+\infty}\left(\dfrac{1}{2}\right)^x=0$；　　　(5) $\lim\limits_{x\to\infty}\dfrac{1-x}{x+1}=-1$.

3. 设 $y=2x-1$，问 δ 等于多少时，有当 $|x-4|<\delta$ 时，$|y-7|<0.1$ 成立？

4. 设 $f(x)=\begin{cases}2x-1, & x<1,\\ 0, & x\geq 1,\end{cases}$ 问 $\lim\limits_{x\to 1}f(x)$ 是否存在？画出 $y=f(x)$ 的图形.

5. 验证 $\lim\limits_{x\to 0}\dfrac{|x|}{x}$ 不存在.

6. 设 $f(x)=\dfrac{1-a^{\frac{1}{x}}}{1+a^{\frac{1}{x}}}(a>0)$，求 $\lim\limits_{x\to 0}f(x)$.

7. 若 $\lim\limits_{x\to x_0}f(x)=A>0$，证明在 x_0 的某一个去心邻域内 $f(x)>0$.

8. 判断极限 $\lim\limits_{x\to\infty}\arctan x$ 是否存在，并说明理由.

1.6 函数极限的性质和运算

1.6.1 函数极限的性质

由 1.5 节给出了两类六种函数极限,即

$$\lim_{x \to +\infty} f(x), \quad \lim_{x \to -\infty} f(x), \quad \lim_{x \to \infty} f(x);$$
$$\lim_{x \to x_0} f(x), \quad \lim_{x \to x_0^-} f(x), \quad \lim_{x \to x_0^+} f(x).$$

每一种函数极限都有类似的性质和四则运算法则. 本节仅就函数极限 $\lim\limits_{x \to x_0} f(x)$ 给出一些收敛定理及其证明, 读者不难对其他五种函数极限以及数列极限写出相应的定理, 并给出证明.

定理 1(唯一性)   若极限 $\lim\limits_{x \to x_0} f(x)$ 存在, 则它的极限值是唯一的.

证明   我们用反证法. 设 $\lim\limits_{x \to x_0} f(x) = a, \lim\limits_{x \to x_0} f(x) = b$, 且 $a \neq b$, 由极限定义,

$$\forall \varepsilon > 0, \text{对} \frac{\varepsilon}{2}, \begin{cases} \exists \delta_1 > 0, \forall x: 0 < |x - x_0| < \delta_1, \text{有} |f(x) - a| < \dfrac{\varepsilon}{2}, \\[2mm] \exists \delta_2 > 0, \forall x: 0 < |x - x_0| < \delta_2, \text{有} |f(x) - b| < \dfrac{\varepsilon}{2}. \end{cases}$$

取 $\delta = \min\{\delta_1, \delta_2\}$, 则当 $0 < |x - x_0| < \delta$ 时,

$$|f(x) - a| < \frac{\varepsilon}{2} \quad \text{与} \quad |f(x) - b| < \frac{\varepsilon}{2}$$

同时成立. 于是当 $0 < |x - x_0| < \delta$ 时, 有

$$|a - b| = |a - f(x) + f(x) - b| \leqslant |a - f(x)| + |f(x) - b| < \varepsilon.$$

因为 ε 是任意的, 得出矛盾, 所以 $a = b$.

定理 2(有界性)   若 $\lim\limits_{x \to x_0} f(x) = a$, 则存在某个 $\delta_0 > 0$ 与 $M > 0$, 当 $0 < |x - x_0| < \delta_0$ 时, 有 $|f(x)| \leqslant M$.

证明   取 $\varepsilon = 1, \exists \delta_0 > 0$, 当 $0 < |x - x_0| < \delta_0$ 时, 有

$$|f(x) - a| < 1,$$

因为

$$|f(x)| - |a| \leqslant |f(x) - a| < 1,$$

从而

$$|f(x)| \leqslant |a| + 1.$$

取 $M = |a| + 1$, 于是 $\exists \delta_0 > 0$, 当 $0 < |x - x_0| < \delta_0$ 时, 有

$$|f(x)| \leqslant M.$$

定理 3(保序性)   若 $\lim\limits_{x \to x_0} f(x) = a, \lim\limits_{x \to x_0} g(x) = b$, 且 $a > b$, 则存在 $\delta > 0$, 使当

$0<|x-x_0|<\delta$ 时,$f(x)>g(x)$.

证明 对 $\varepsilon=\dfrac{a-b}{2}$,$\exists\,\delta_1>0$,当 $0<|x-x_0|<\delta_1$ 时,有

$$|f(x)-a|<\frac{a-b}{2},$$

从而

$$f(x)>a-\frac{a-b}{2}=\frac{a+b}{2}.$$

$\exists\,\delta_2>0$,当 $0<|x-x_0|<\delta_2$ 时,有

$$|g(x)-b|<\frac{a-b}{2}.$$

从而 $g(x)<b+\dfrac{a-b}{2}=\dfrac{a+b}{2}$.

令 $\delta=\min\{\delta_1,\delta_2\}$,则当 $0<|x-x_0|<\delta$ 时,有

$$g(x)<\frac{a+b}{2}<f(x).$$

推论 1(保号性) 若 $\lim\limits_{x\to x_0}f(x)=a$ 且 $a>0$ 或 $(a<0)$,则存在 $\delta>0$,当 $0<|x-x_0|<\delta$ 时,$f(x)>0$ 或 $(f(x)<0)$.

推论 2(保序性) 若 $\lim\limits_{x\to x_0}f(x)=a$,$\lim\limits_{x\to x_0}g(x)=b$,且存在 $\delta>0$,使当 $0<|x-x_0|<\delta$ 时,$f(x)\geqslant g(x)$,则 $a\geqslant b$.

1.6.2 函数极限的四则运算

定理 4 设 $\lim\limits_{x\to x_0}f(x)=a$,$\lim\limits_{x\to x_0}g(x)=b$,则

(1) $\lim\limits_{x\to x_0}[f(x)\pm g(x)]=a\pm b=\lim\limits_{x\to x_0}f(x)\pm\lim\limits_{x\to x_0}g(x)$;

(2) $\lim\limits_{x\to x_0}f(x)\cdot g(x)=ab=\lim\limits_{x\to x_0}f(x)\cdot\lim\limits_{x\to x_0}g(x)$;

(3) 当 $b\neq 0$ 时,$\lim\limits_{x\to x_0}\dfrac{f(x)}{g(x)}=\dfrac{a}{b}=\dfrac{\lim\limits_{x\to x_0}f(x)}{\lim\limits_{x\to x_0}g(x)}$.

证明 只证(2),其余从略.

根据定理 2,由 $\lim\limits_{x\to x_0}f(x)=a$,存在 $\delta_0>0$,当 $0<|x-x_0|<\delta_0$ 时,$|f(x)|\leqslant M$.

$$\forall\,\varepsilon>0,\begin{cases}\exists\,\delta_1>0,\forall\,x\colon 0<|x-x_0|<\delta_1,\text{有 }|f(x)-a|<\varepsilon,\\[2mm]\exists\,\delta_2>0,\forall\,x\colon 0<|x-x_0|<\delta_2,\text{有 }|g(x)-b|<\varepsilon.\end{cases}$$

取 $\delta=\min\{\delta_0,\delta_1,\delta_2\}$,则当 $0<|x-x_0|<\delta$ 时,有

$$|f(x)g(x)-ab|=|f(x)g(x)-f(x)b+f(x)b-ab|$$

$$\leqslant |f(x)| \cdot |g(x)-b| + |b| \|f(x)-a| < M\varepsilon + |b|\varepsilon$$
$$= (M+|b|)\varepsilon,$$

即

$$\lim_{x\to x_0} f(x) \cdot g(x) = ab = \lim_{x\to x_0} f(x) \cdot \lim_{x\to x_0} g(x).$$

注 1　定理的(1)、(2)可推广到有限多个函数的和或积的情形;

注 2　作为(2)的特殊情形,有

$$\lim_{x\to x_0} cf(x) = c \lim_{x\to x_0} f(x), \quad \lim_{x\to x_0} [f(x)]^n = [\lim_{x\to x_0} f(x)]^n.$$

例 1　求 $\lim\limits_{x\to 1}(2x-1)$.

解　$\lim\limits_{x\to 1}(2x-1) = \lim\limits_{x\to 1} 2x - \lim\limits_{x\to 1} 1 = 2\lim\limits_{x\to 1} x - \lim\limits_{x\to 1} 1 = 2 \cdot 1 - 1 = 1.$

例 2　求 $\lim\limits_{x\to 2}\dfrac{x^2-1}{x^3+3x-1}$.

解　$\lim\limits_{x\to 2}\dfrac{x^2-1}{x^3+3x-1} = \dfrac{\lim\limits_{x\to 2}(x^2-1)}{\lim\limits_{x\to 2}(x^3+3x-1)} = \dfrac{\lim\limits_{x\to 2}x^2 - \lim\limits_{x\to 2}1}{\lim\limits_{x\to 2}x^3 + \lim\limits_{x\to 2}3x - \lim\limits_{x\to 2}1}$

$$= \dfrac{(\lim\limits_{x\to 2}x)^2 - \lim\limits_{x\to 2}1}{(\lim\limits_{x\to 2}x)^3 + 3\lim\limits_{x\to 2}x - \lim\limits_{x\to 2}1} = \dfrac{2^2-1}{2^3+3\cdot 2-1} = \dfrac{3}{13}.$$

从例 1,例 2,可以看出,对于有理整函数(多项式)和有理分式函数(分母不为零),求其极限时,只要把自变量 x 的极限值代入函数就可以了.

设多项式

$$f(x) = a_0 x^n + a_1 x^{n-1} + \cdots + a_n,$$

则

$$\lim_{x\to x_0} f(x) = \lim_{x\to x_0}(a_0 x^n + a_1 x^{n-1} + \cdots + a_n)$$
$$= a_0 \left(\lim_{x\to x_0} x\right)^n + a_1 \left(\lim_{x\to x_0} x\right)^{n-1} + \cdots + a_n$$
$$= a_0 x_0^n + a_1 x_0^{n-1} + \cdots + a_n$$
$$= f(x_0).$$

对于有理分式函数

$$f(x) = \frac{P(x)}{Q(x)},$$

式中 $P(x), Q(x)$ 均为多项式,$Q(x_0) \neq 0$,则

$$\lim_{x\to x_0} f(x) = \lim_{x\to x_0} \frac{P(x)}{Q(x)} = \frac{\lim\limits_{x\to x_0} P(x)}{\lim\limits_{x\to x_0} Q(x)} = \frac{P(x_0)}{Q(x_0)} = f(x_0).$$

若 $Q(x_0) = 0$,上述结论不能用.

例 3　求 $\lim\limits_{x \to 2}\dfrac{2-x}{4-x^2}$.

解　本题分子、分母的极限均为零,但它们有因子 $2-x$.

当 $x \to 2$ 时,$x \neq 2$,$x-2 \neq 0$. 所以

$$\lim_{x \to 2}\frac{2-x}{4-x^2}=\lim_{x \to 2}\frac{2-x}{(2-x)(2+x)}=\lim_{x \to 2}\frac{1}{2+x}=\frac{1}{4}.$$

例 4　求 $\lim\limits_{x \to \infty}\dfrac{3x^3-4x^2+2}{7x^3+5x^2-3}$.

解　分子、分母极限均不存在,用 x^3 除分子、分母,然后求极限

$$\lim_{x \to \infty}\frac{3x^3-4x^2+2}{7x^3+5x^2-3}=\lim_{x \to \infty}\frac{3-\dfrac{4}{x}+\dfrac{2}{x^3}}{7+\dfrac{5}{x}-\dfrac{3}{x^3}}=\frac{3}{7}.$$

例 5　求 $\lim\limits_{x \to \infty}\dfrac{2x^2-1}{3x^4+x^2-2}$.

解　以 x^4 除分子、分母,再求极限

$$\lim_{x \to \infty}\frac{2x^2-1}{3x^4+x^2-2}=\lim_{x \to \infty}\frac{\dfrac{2}{x^2}-\dfrac{1}{x^4}}{3+\dfrac{1}{x^2}-\dfrac{2}{x^4}}=\frac{0}{3}=0.$$

例 6　求 $\lim\limits_{n \to \infty}\dfrac{2n^2-2n+3}{3n^2+1}$.

解　以 n^2 除分子、分母,再求极限

$$\lim_{n \to \infty}\frac{2n^2-2n+3}{3n^2+1}=\lim_{n \to \infty}\frac{2+\dfrac{2}{n}+\dfrac{3}{n^2}}{3+\dfrac{1}{n^2}}=\frac{2}{3}.$$

例 7　求 $\lim\limits_{x \to 4}\dfrac{\sqrt{x}-2}{x-4}$.

解　$\lim\limits_{x \to 4}\dfrac{\sqrt{x}-2}{x-4}=\lim\limits_{x \to 4}\dfrac{(\sqrt{x}-2)(\sqrt{x}+2)}{(x-4)(\sqrt{x}+2)}=\lim\limits_{x \to 4}\dfrac{x-4}{(x-4)(\sqrt{x}+2)}=\lim\limits_{x \to 4}\dfrac{1}{\sqrt{x}+2}=\dfrac{1}{4}.$

1.6.3　复合函数的极限

定理 5　设函数 $y=f(\varphi(x))$ 是由 $y=f(u)$,$u=\varphi(x)$ 复合而成,如果 $\lim\limits_{x \to x_0}\varphi(x)=u_0$,且在 x_0 的一个去心邻域内,$\varphi(x) \neq u_0$,又 $\lim\limits_{u \to u_0}f(u)=A$,则

$$\lim_{x \to x_0} f(\varphi(x)) = A.$$

该定理可运用函数极限的定义直接推出,故略去证明.

例 8 求 $\lim\limits_{x \to 0} e^{\sin x}$.

解 因为 $\lim\limits_{x \to 0} \sin x = 0$, $\lim\limits_{u \to 0} e^u = 1$, 故 $\lim\limits_{x \to 0} e^{\sin x} = 1$.

例 9 求 $\lim\limits_{x \to 1} \sin(\ln x)$.

解 因为 $\lim\limits_{x \to 1} \ln x = 0$, $\lim\limits_{u \to 0} \sin u = 0$, 故 $\lim\limits_{x \to 1} \sin(\ln x) = 0$.

习题 1.6

1. 选择题.

(1) $\lim\limits_{x \to \infty} \dfrac{x^2 + 2x - \sin x}{2x^2 + \sin x}$ 为 (   ).

(A) 不存在   (B) 0   (C) 2   (D) $\dfrac{1}{2}$

(2) 设 $f(x) = \dfrac{e^{\frac{1}{x}} + 1}{2e^{-\frac{1}{x}} + 1}$, 则 $\lim\limits_{x \to 0} f(x)$ 为 (   ).

(A) ∞ (B) 不存在   (C) 0   (D) $\dfrac{1}{2}$

(3) 设 $f(x) = \begin{cases} -x, & x \leqslant 1, \\ 3+x, & x > 1; \end{cases}$ $g(x) = \begin{cases} x^3, & x \leqslant 1, \\ 2x-1, & x > 1. \end{cases}$ 则 $\lim\limits_{x \to 1} f[g(x)]$ 为 (   ).

(A) -1 (B) 1   (C) 4   (D) 不存在

(4) $\lim\limits_{x \to \infty} \dfrac{(1+a)x^4 + bx^3 + 2}{x^3 + x^2 - 1} = -2$, 则 a, b 的值分别为 (   ).

(A) $a = -3, b = 0$ (B) $a = 0, b = -2$ (C) $a = -1, b = 0$ (D) $a = -1, b = -2$

(5) 设 $0 < a < b$, 则 $\lim\limits_{n \to \infty} \sqrt[n]{a^n + b^n} = ($).

(A) 1   (B) 0   (C) a (D) b

2. 求下列各式的极限:

(1) $\lim\limits_{x \to \infty} \dfrac{(3x+1)^{70}(8x-1)^{30}}{(5x+2)^{100}}$;

(2) $\lim\limits_{x \to \infty} \left(\dfrac{x^3}{2x^2 - 1} - \dfrac{x^2}{2x+1} \right)$;

(3) $\lim\limits_{x \to +\infty} \dfrac{\sqrt{x}}{\sqrt{x + \sqrt{x + \sqrt{x}}}}$;

(4) $\lim\limits_{h \to 0} \dfrac{(x+h)^2 - x^2}{h}$;

(5) $\lim\limits_{x \to +\infty} x(\sqrt{x^2 + 1} - x)$;

(6) $\lim\limits_{x \to 1} \dfrac{2x^2 - x - 1}{x - 1}$;

(7) $\lim\limits_{t \to 1} \left(\dfrac{1}{1-t} - \dfrac{2}{1-t^2} \right)$;

(8) $\lim\limits_{n \to \infty} \left(1 + \dfrac{1}{2} + \dfrac{1}{4} + \cdots + \dfrac{1}{2^n} \right)$;

(9) $\lim\limits_{x\to1}\dfrac{\sqrt{x}-1}{x-1}$;

(10) $\lim\limits_{x\to1}\left(\dfrac{1}{1-x}-\dfrac{3}{1-x^3}\right)$;

(11) $\lim\limits_{x\to1}\dfrac{x^2-1}{x^2+2x-3}$;

(12) $\lim\limits_{x\to1}\dfrac{(1-\sqrt{x})(1-\sqrt[3]{x})(1-\sqrt[4]{x})}{(1-x)^3}$.

3. 设 $\lim\limits_{x\to-1}\dfrac{x^3-ax^2-x+4}{x+1}=m$, 试求 a 及 m 的值.

4. 已知 $\lim\limits_{x\to+\infty}(5x-\sqrt{ax^2-bx+c})=2$, 求 a,b 之值.

5. 已知 $f(x)=\begin{cases}\sqrt{x-3}, & x\geqslant3, \\ x+a, & x<3,\end{cases}$ 且 $\lim\limits_{x\to3}f(x)$ 存在, 求 a.

6. 已知 $f(x)=\begin{cases}x-1, & x<0, \\ \dfrac{x^2+3x-1}{x^3+1}, & x\geqslant0,\end{cases}$ 求 $\lim\limits_{x\to0}f(x)$, $\lim\limits_{x\to+\infty}f(x)$, $\lim\limits_{x\to-\infty}f(x)$.

1.7　两个重要极限

本节只就 $x\to x_0$ 情形叙述函数极限存在判别准则.

定理（夹逼准则）　若

(1) 函数 $f(x),g(x),h(x)$ 在点 x_0 的某去心邻域内满足条件:

$$g(x)\leqslant f(x)\leqslant h(x),$$

(2) $\lim\limits_{x\to x_0}g(x)=A$, $\lim\limits_{x\to x_0}h(x)=A$, 则

$$\lim\limits_{x\to x_0}f(x)=A.$$

证明　$\forall\varepsilon>0$,

$\exists\delta_1>0$, 当 $0<|x-x_0|<\delta_1$ 时, 有 $|g(x)-A|<\varepsilon$, 从而 $A-\varepsilon<g(x)$,

$\exists\delta_2>0$, 当 $0<|x-x_0|<\delta_2$ 时, 有 $|h(x)-A|<\varepsilon$, 从而 $h(x)<A+\varepsilon$,

取 $\delta=\min\{\delta_1,\delta_2\}$, 则当 $0<|x-x_0|<\delta$ 时, 有

$$A-\varepsilon<g(x)\leqslant f(x)\leqslant h(x)<A+\varepsilon.$$

所以有

$$\lim\limits_{x\to x_0}f(x)=A.$$

例 1　证明 $\lim\limits_{x\to0}\dfrac{\sin x}{x}=1$(第一个重要极限).

证明　x 改变符号时, 函数值的符号不变, 所以只需对于 x 由正值趋于零时来论证. 即只需证明

$$\lim\limits_{x\to0^+}\dfrac{\sin x}{x}=1.$$

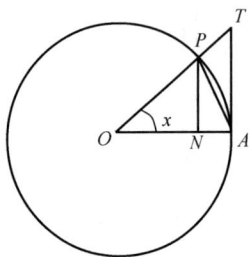

设$\overgroup{AP}$是以点O为圆心，半径为1的圆弧，过A点作圆弧的切线与OP的延长线交于点T，$PN \perp OA$.

设$\angle AOP = x$且$0 < x < \dfrac{\pi}{2}$（图 1-32），比较两面积，显然有$\triangle OAP$的面积$<$扇形$OAP < \triangle OAT$的面积即

$$\frac{1}{2}\sin x < \frac{x}{2} < \frac{1}{2}\tan x.$$

图 1-32　　　以$\dfrac{1}{2}\sin x$除各项得

$$1 < \frac{x}{\sin x} < \frac{1}{\cos x} \quad 或 \quad \cos x < \frac{\sin x}{x} < 1.$$

从而

$$0 < 1 - \frac{\sin x}{x} < 1 - \cos x = 2\sin^2\frac{x}{2} \leqslant 2\left(\frac{x}{2}\right)^2.$$

当$x \to 0$时，$\dfrac{1}{2}x^2 \to 0$，利用夹逼定理，有

$$\lim_{x \to 0}\left(1 - \frac{\sin x}{x}\right) = 0,$$

即$\lim\limits_{x \to 0}\dfrac{\sin x}{x} = 1.$

这是一个十分重要的结果，在理论推导和实际演算中都有很大用处.

例2　求$\lim\limits_{x \to 0}\dfrac{1 - \cos x}{x^2}$.

解　$\lim\limits_{x \to 0}\dfrac{1 - \cos x}{x^2} = \lim\limits_{x \to 0}\dfrac{2\sin^2\dfrac{x}{2}}{x^2} = \dfrac{1}{2}\lim\limits_{x \to 0}\dfrac{\sin^2\dfrac{x}{2}}{\left(\dfrac{x}{2}\right)^2} = \lim\limits_{x \to 0}\dfrac{1}{2}\left(\dfrac{\sin\dfrac{x}{2}}{\dfrac{x}{2}}\right)^2 = \dfrac{1}{2} \cdot 1^2 = \dfrac{1}{2}.$

例3　证明$\lim\limits_{x \to 0}\dfrac{\tan x}{x} = 1$.

证明　$\lim\limits_{x \to 0}\dfrac{\tan x}{x} = \lim\limits_{x \to 0}\dfrac{\sin x}{x} \cdot \dfrac{1}{\cos x} = \lim\limits_{x \to 0}\dfrac{\sin x}{x} \cdot \lim\limits_{x \to 0}\dfrac{1}{\cos x} = 1.$

例4　求$\lim\limits_{x \to 0}\dfrac{\tan x - \sin x}{x^3}$.

解　$\lim\limits_{x \to 0}\dfrac{\tan x - \sin x}{x^3} = \lim\limits_{x \to 0}\dfrac{\sin x(1 - \cos x)}{x^3\cos x} = \lim\limits_{x \to 0}\dfrac{\sin x}{x} \cdot \dfrac{1 - \cos x}{x^2} \cdot \dfrac{1}{\cos x} = \dfrac{1}{2}.$

例5　求$\lim\limits_{x \to \infty}x\sin\dfrac{1}{x}$.

解 令 $u=\dfrac{1}{x}$，则当 $x\to\infty$ 时，$u\to0$，故

$$\lim_{x\to\infty}x\sin\frac{1}{x}=\lim_{u\to0}\frac{\sin u}{u}=1.$$

例 6 证明 $\lim\limits_{x\to\infty}\left(1+\dfrac{1}{x}\right)^{x}=\mathrm{e}$（第二个重要极限）.

证明 在 2.1 节中，我们已证 $\lim\limits_{n\to\infty}\left(1+\dfrac{1}{n}\right)^{n}=\mathrm{e}$.

先讨论 $x\to+\infty$ 的情形.

对任意 $x>1$，总能找到两个相邻的自然数 n 和 $n+1$，使得 x 介于它们之间，即

$$n\leqslant x<n+1 \quad 或 \quad \frac{1}{n+1}<\frac{1}{x}\leqslant\frac{1}{n},$$

因此有

$$1+\frac{1}{n+1}<1+\frac{1}{x}\leqslant1+\frac{1}{n},$$

上述不等式中每项都大于 1，于是

$$\left(1+\frac{1}{n+1}\right)^{n}<\left(1+\frac{1}{x}\right)^{x}<\left(1+\frac{1}{n}\right)^{n+1}.$$

显然，当 $x\to+\infty$ 时，随之也有 $n\to\infty$. 当 $n\to\infty$ 时，不等式两端均趋于 e.

$$\lim_{n\to\infty}\left(1+\frac{1}{n+1}\right)^{n}=\lim_{n\to\infty}\frac{\left(1+\dfrac{1}{n+1}\right)^{n+1}}{1+\dfrac{1}{n+1}}=\frac{\lim\limits_{n\to\infty}\left(1+\dfrac{1}{n+1}\right)^{n+1}}{\lim\limits_{n\to\infty}\left(1+\dfrac{1}{n+1}\right)}=\mathrm{e}.$$

$$\lim_{n\to\infty}\left(1+\frac{1}{n}\right)^{n+1}=\lim_{n\to\infty}\left(1+\frac{1}{n}\right)^{n}\cdot\left(1+\frac{1}{n}\right)=\lim_{n\to\infty}\left(1+\frac{1}{n}\right)^{n}\cdot\lim_{n\to\infty}\left(1+\frac{1}{n}\right)=\mathrm{e}.$$

故当 $x\to+\infty$ 时（随之 n 也趋于无穷），夹在中间的变量 $\left(1+\dfrac{1}{x}\right)^{x}$ 也趋于 e. 即

$$\lim_{x\to+\infty}\left(1+\frac{1}{x}\right)^{x}=\mathrm{e}.$$

再证

$$\lim_{x\to-\infty}\left(1+\frac{1}{x}\right)^{x}=\mathrm{e}.$$

令 $x=-(1+t)$，则当 $x\to-\infty$ 时，有 $t\to+\infty$，因此

$$\lim_{x\to-\infty}\left(1+\frac{1}{x}\right)^{x}=\lim_{t\to+\infty}\left(1-\frac{1}{1+t}\right)^{-(1+t)}=\lim_{t\to+\infty}\left(\frac{t}{1+t}\right)^{-(1+t)}=\lim_{t\to+\infty}\left(\frac{1+t}{t}\right)^{1+t}$$

$$=\lim_{t\to+\infty}\left(1+\frac{1}{t}\right)^{t}\left(1+\frac{1}{t}\right)=\mathrm{e}.$$

综合上面结果便有

$$\lim_{x \to \infty} \left(1 + \frac{1}{x}\right)^{x} = \mathrm{e}.$$

这个极限也可换成另一种形式. 设 $x = \dfrac{1}{\alpha}$，则 $x \to \infty \Leftrightarrow \alpha \to 0$，有

$$\lim_{\alpha \to 0}(1 + \alpha)^{\frac{1}{\alpha}}.$$

例 7　求 $\lim\limits_{x \to \infty} \left(\dfrac{x}{1+x}\right)^{x}$.

解　因为

$$\left(\frac{x}{1+x}\right)^{x} = \frac{1}{\left(1 + \dfrac{1}{x}\right)^{x}},$$

所以

$$\lim_{x \to \infty}\left(\frac{x}{1+x}\right)^{x} = \lim_{x \to \infty}\frac{1}{\left(1 + \dfrac{1}{x}\right)^{x}} = \frac{1}{\lim\limits_{x \to \infty}\left(1 + \dfrac{1}{x}\right)^{x}} = \frac{1}{\mathrm{e}}.$$

例 8　求 $\lim\limits_{x \to \infty} \left(1 + \dfrac{2}{x}\right)^{3x}$.

解　令 $\alpha = \dfrac{2}{x}$，则当 $x \to \infty$ 时 $\alpha \to 0$. 故

$$\lim_{x \to \infty} \left(1 + \frac{2}{x}\right)^{3x} = \lim_{\alpha \to 0}(1+\alpha)^{\frac{6}{\alpha}} = \lim_{\alpha \to 0}\left[(1+\alpha)^{\frac{1}{\alpha}}\right]^{6} = \mathrm{e}^{6}.$$

例 9　求 $\lim\limits_{x \to \infty} \left(\dfrac{x+1}{x+2}\right)^{x}$.

解　$\lim\limits_{x \to \infty} \left(\dfrac{x+1}{x+2}\right)^{x} = \lim\limits_{x \to \infty}\left(1 + \dfrac{-1}{x+2}\right)^{x} = \lim\limits_{x \to \infty}\left(1 + \dfrac{-1}{x+2}\right)^{x+2-2}$

$$= \lim_{x \to \infty}\left(1 + \frac{-1}{x+2}\right)^{x+2} \cdot \lim_{x \to \infty}\left(1 + \frac{-1}{x+2}\right)^{-2} = \mathrm{e}^{-1}.$$

例 10　求 $\lim\limits_{x \to 0} \dfrac{\ln(1+x)}{x}$.

解　$\lim\limits_{x \to 0} \dfrac{\ln(1+x)}{x} = \lim\limits_{x \to 0}\ln(1+x)^{\frac{1}{x}} = \ln \mathrm{e} = 1.$

例 11　求 $\lim\limits_{x \to 0} \dfrac{\mathrm{e}^{x}-1}{x}$.

解　令 $u = \mathrm{e}^{x} - 1$，则 $x = \ln(1+u)$，当 $x \to 0$ 时，$u \to 0$，故

$$\lim_{x \to 0} \frac{e^x - 1}{x} = \lim_{u \to 0} \frac{u}{\ln(1+u)} = \lim_{u \to 0} \frac{1}{\dfrac{\ln(1+u)}{u}} = 1.$$

习题 1.7

1. 计算下列极限：

(1) $\displaystyle\lim_{x \to 0} \frac{\sin \omega x}{x}$；

(2) $\displaystyle\lim_{x \to 0} \frac{\tan 3x}{\tan 5x}$；

(3) $\displaystyle\lim_{x \to 0} x \cot x$；

(4) $\displaystyle\lim_{x \to 0} \frac{1 - \cos 2x}{x \sin x}$；

(5) $\displaystyle\lim_{x \to a} \frac{\sin x - \sin a}{x - a}$；

(6) $\displaystyle\lim_{x \to 0} \frac{\arcsin x}{x}$；

(7) $\displaystyle\lim_{x \to 0} \frac{x - \sin 2x}{x + \sin 2x}$；

(8) $\displaystyle\lim_{x \to 0} \frac{\cos x - \cos 3x}{x^2}$.

2. 计算下列极限：

(1) $\displaystyle\lim_{x \to 0} \ln(1 + 2x)^{\frac{1}{x}}$；

(2) $\displaystyle\lim_{x \to \infty} \left(1 + \frac{1}{x}\right)^{\frac{x}{2}}$；

(3) $\displaystyle\lim_{x \to \infty} \left(\frac{1+x}{x}\right)^{2x}$；

(4) $\displaystyle\lim_{x \to \infty} \left(\frac{2x+3}{2x+1}\right)^{x+1}$；

(5) $\displaystyle\lim_{x \to \infty} \left(\frac{3+x}{2+x}\right)^{2x}$；

(6) $\displaystyle\lim_{x \to \infty} \left(\frac{x^2}{x^2 - 1}\right)^x$.

3. 求下列极限：

(1) $\displaystyle\lim_{n \to \infty} \left(\frac{1}{n + \sqrt{1}} + \frac{1}{n + \sqrt{2}} + \cdots + \frac{1}{n + \sqrt{n}}\right)$；

(2) $\displaystyle\lim_{n \to \infty} n \left(\frac{1}{n^2 + \pi} + \frac{1}{n^2 + 2\pi} + \cdots + \frac{1}{n^2 + n\pi}\right)$；

(3) $\displaystyle\lim_{n \to \infty} \sqrt[n]{\frac{2 + (-1)^n}{2^n}}$；

(4) $\displaystyle\lim_{n \to \infty} (1 + 2^n + 3^n)^{\frac{1}{n}}$；

(5) $\displaystyle\lim_{n \to \infty} \left(\frac{1}{n^2} + \frac{1}{(n+1)^2} + \cdots + \frac{1}{(n+n)^2}\right)$；

(6) $\displaystyle\lim_{n \to \infty} \frac{n!}{n^n}$；

(7) $\displaystyle\lim_{n \to \infty} \sqrt[n]{n}$.

4. 求下列极限：

(1) $\displaystyle\lim_{x \to \infty} x \sin \frac{1}{x}$；

(2) $\displaystyle\lim_{x \to 1} (1 - x) \sec \frac{\pi x}{2}$；

(3) $\displaystyle\lim_{x \to 0} (1 + 3\tan^2 x)^{\cot^2 x}$；

(4) $\displaystyle\lim_{x \to \infty} \left(\frac{x-1}{x+3}\right)^{x+2}$；

(5) $\displaystyle\lim_{x \to \infty} \left(\frac{x^2}{x^2 - 1}\right)^x$；

(6) $\displaystyle\lim_{x \to 0} \frac{\sqrt{1 + \tan x} - \sqrt{1 + \sin x}}{x^3}$；

(7) $\displaystyle\lim_{x \to \infty} x \left[\sin \ln\left(1 + \frac{3}{x}\right) - \sin \ln\left(1 + \frac{1}{x}\right)\right]$；

(8) $\displaystyle\lim_{x \to 0} (\sin x + \cos x)^{\frac{1}{x}}$.

5. 设 $\displaystyle\lim_{x \to \infty} \left(\frac{x + 2a}{x - 1}\right)^x = 8$，求 a.

1.8　无穷小与无穷大

1.8.1　无穷小

定义 1　若 $\lim\limits_{x \to x_0} f(x) = 0$，则称 $f(x)$ 是当 $x \to x_0$ 时的无穷小.

在此定义中，将 $x \to x_0$ 换成 $x \to x_0^+, x \to x_0^-, x \to +\infty, x \to -\infty, x \to \infty$ 以及 $n \to \infty$，可定义不同形式的无穷小. 例如：

当 $x \to 0$ 时，函数 $x^3, \sin x, \tan x$ 都是无穷小.

当 $x \to +\infty$ 时，函数 $\dfrac{1}{x^2}, \left(\dfrac{1}{2}\right)^x, \dfrac{\pi}{2} - \arctan x$ 都是无穷小.

当 $n \to \infty$ 时，数列 $\left\{\dfrac{1}{n}\right\}, \left\{\dfrac{1}{2^n}\right\}, \left\{\dfrac{n}{n^2+1}\right\}$ 都是无穷小.

注　无穷小不是"很小的常数". 除去零外，任何常数，无论它的绝对值怎么小，都不是无穷小. 因此，不要把无穷小量与非常小的数混淆，如 10^{-100} 很小，但它不是无穷小量. 常数 0 是任何极限过程中的无穷小量. 无穷小量与极限过程分不开，不能脱离极限过程说 $f(x)$ 是无穷小量. 如 $\sin x$ 是 $x \to 0$ 时的无穷小量，但因为 $\lim\limits_{x \to \frac{\pi}{2}} \sin x = 1$，所以 $\sin x$ 不是 $x \to \dfrac{\pi}{2}$ 时的无穷小量. 由于 $\lim C = C$（C 等常数），所以任何非零常数都不是无穷小量.

根据极限定义或极限四则运算定理，不难证明无穷小有以下性质.

性质 1　若函数 $f(x)$ 与 $g(x)$（$x \to x_0$）都是无穷小，则函数 $f(x) \pm g(x)$（$x \to x_0$）是无穷小.

进一步有，在某极限过程中，有限多个无穷小量的代数和仍为无穷小量.

性质 2　若函数 $f(x)$（$x \to x_0$）是无穷小，函数 $g(x)$ 在 x_0 的某去心邻域 $\mathring{U}(x_0, \delta)$ 有界，则 $f(x) \cdot g(x)$（$x \to x_0$）是无穷小.

特别地，若 $f(x)$ 与 $g(x)$（$x \to x_0$）都是无穷小，则函数 $f(x) \cdot g(x)$（$x \to x_0$）也是无穷小.

进一步有，在某极限过程中，有限多个无穷小量之积仍为无穷小量.

性质 3（极限与无穷小的关系）　$\lim\limits_{x \to x_0} f(x) = A \Leftrightarrow f(x) = A + \alpha(x)$，其中 $\alpha(x)$（$x \to x_0$）是无穷小.

证明　只证性质 3.

必要性：设 $\lim\limits_{x \to x_0} f(x) = A$，令 $\alpha(x) = f(x) - A$，则 $f(x) = A + \alpha(x)$，只需证明当 $x \to x_0$ 时 $\alpha(x)$ 是无穷小量.

事实上，因 $\lim\limits_{x \to x_0} f(x) = A$，$\forall \varepsilon > 0$，$\exists \delta > 0$，当 $0 < |x - x_0| < \delta$ 时，有 $|f(x) - A| <$

ε,由定义 1,$\alpha(x) = f(x) - A$ 是无穷小.

充分性:设 $f(x) = A + \alpha(x)$ 其中 $\alpha(x)(x \to x_0)$ 是无穷小.

则 $f(x) - A = \alpha(x)$. 因 $\alpha(x)(x \to x_0)$ 是无穷小,$\forall \varepsilon > 0, \exists \delta > 0$,当 $0 < |x - x_0| < \alpha$ 时,有 $|f(x) - A| = |\alpha(x)| < \varepsilon$.

所以 $\lim\limits_{x \to x_0} f(x) = A$.

1.8.2　无穷大

与无穷小相反的一类变量是无穷大. 如果在 $x \to x_0 (x \to \infty)$ 时,对应的函数 $f(x)$ 的绝对值无限地增大,则称当 $x \to x_0 (x \to \infty)$ 时,$f(x)$ 是无穷大.

定义 2　设 $f(x)$ 在 x_0 的某去心邻域有定义,若对 $\forall M > 0, \exists \delta > 0$,当 $0 < |x - x_0| < \delta$ 时,有

$$|f(x)| > M,$$

则称函数 $f(x)$ 当 $x \to x_0$ 时是无穷大,表示为

$$\lim\limits_{x \to x_0} f(x) = \infty \quad \text{或} \quad f(x) \to \infty \ (x \to x_0).$$

将定义中不等式 $|f(x)| > M$ 改为

$$f(x) > M \quad \text{或} \quad f(x) < -M,$$

则称函数 $f(x)$ 当 $x \to x_0$ 时是正无穷大或负无穷大. 分别表示为

$$\lim\limits_{x \to x_0} f(x) = +\infty \quad \text{或} \quad f(x) \to +\infty (x \to x_0),$$

$$\lim\limits_{x \to x_0} f(x) = -\infty \quad \text{或} \quad f(x) \to -\infty (x \to x_0).$$

注　无穷大不是数,不能把无穷大与很大的数混为一谈.

例 1　证明 $\lim\limits_{x \to 1} \dfrac{1}{x - 1} = \infty$.

证明　$\forall M > 0$. 要使 $\left| \dfrac{1}{x - 1} \right| = \dfrac{1}{|x - 1|} > M$,只需 $|x - 1| < \dfrac{1}{M}$,取 $\delta = \dfrac{1}{M}$,于是 $\forall M > 0, \exists \delta = \dfrac{1}{M} > 0$,当 $0 < |x - 1| < \delta$ 时,有 $\left| \dfrac{1}{x - 1} \right| > M$.

即 $\lim\limits_{x \to 1} \dfrac{1}{x - 1} = \infty$.

例 2　证明 $\lim\limits_{x \to +\infty} a^x = +\infty \ (a > 1)$.

证明　$\forall M > 0 \ (M > 1)$,要使不等式

$$a^x > M$$

成立,解得 $x > \log_a M$,取 $X = \log_a M$,于是 $\forall M > 0, \exists X = \log_a M$,当 $x > X$ 时,有 $a^x > M$,即 $\lim\limits_{x \to +\infty} a^x = +\infty (a > 1)$.

1.8.3 无穷小与无穷大的关系

定理 1 （1）若函数 $f(x)$ 当 $x \to x_0$ 时是无穷大，则 $\dfrac{1}{f(x)}$ 是无穷小；

（2）若函数 $f(x)$ 当 $x \to x_0$ 时是无穷小，且 $f(x) \neq 0$，则 $\dfrac{1}{f(x)}$ 是无穷大.

证明 只证（2），（1）可类似地证明.

$\forall M > 0$，因为当 $x \to x_0$ 时，$f(x)$ 是无穷小，对 $\varepsilon = \dfrac{1}{M} > 0$，$\exists \delta > 0$，当 $0 < |x - x_0| < \delta$ 时，有 $|f(x)| < \dfrac{1}{M}$ 或 $\left| \dfrac{1}{f(x)} \right| > M$. 即函数 $\dfrac{1}{f(x)}$ 当 $x \to x_0$ 时是无穷大.

1.8.4 无穷小的比较

首先比较三个无穷小 $\left\{ \dfrac{1}{n} \right\}$，$\left\{ \dfrac{1}{n^2} \right\}$，与 $\left\{ \dfrac{1}{n^3} \right\}$（$n \to \infty$）趋近于 0 的速度，如表 1-5 所示.

表 1-5　三个无穷小趋于 0 的速度

n	1	2	4	8	10	$\cdots$	100	$\cdots$	$\to \infty$
$\dfrac{1}{n}$	1	0.5	0.25	0.125	0.1	$\cdots$	0.01	$\cdots$	$\to 0$
$\dfrac{1}{n^2}$	1	0.25	0.0625	0.015625	0.01	$\cdots$	0.0001	$\cdots$	$\to 0$
$\dfrac{1}{n^3}$	1	0.0625	0.015625	0.001953	0.001	$\cdots$	0.00001	$\cdots$	$\to 0$

由表 1-5 看到，这三个无穷小趋于 0 的速度有明显差异. $\left\{ \dfrac{1}{n^2} \right\}$ 比 $\left\{ \dfrac{1}{n} \right\}$ 快，而 $\left\{ \dfrac{1}{n^3} \right\}$ 比 $\left\{ \dfrac{1}{n^2} \right\}$ 快.

定义 3 设 $f(x)$ 与 $g(x)$ 当 $x \to x_0$ 时都是无穷小，且 $g(x) \neq 0$.

（1）若 $\lim\limits_{x \to x_0} \dfrac{f(x)}{g(x)} = 0$，则称 $f(x)$ 比 $g(x)$ 是高阶无穷小. 记为

$$f(x) = o(g(x)) \quad (x \to x_0).$$

（2）若 $\lim\limits_{x \to x_0} \dfrac{f(x)}{g(x)} = b \neq 0$，则称 $f(x)$ 比 $g(x)$ 是同阶无穷小. 记为

$$f(x)=o(g(x))　　(x\to x_0).$$

（3）若 $\lim\limits_{x\to x_0}\dfrac{f(x)}{g(x)}=1$，则称 $f(x)$ 与 $g(x)$ 是等价无穷小，记为

$$f(x)\sim g(x)　(x\to x_0).$$

（4）若以 $x(x\to 0)$ 为标准无穷小，且 $f(x)$ 与 $x^{a}(a>0)$ 是同阶无穷小，则称 $f(x)$ 是关于 x 的 a 阶无穷小.

例如，（1）因为 $\lim\limits_{x\to 0}\dfrac{\tan x}{x}=\lim\limits_{x\to 0}\dfrac{\sin x}{x}\cdot\lim\limits_{x\to 0}\dfrac{1}{\cos x}=1$，所以 $\tan x$ 与 x 是等价无穷小，即 $\tan x\sim x$.

（2）因为 $\lim\limits_{x\to 0}\dfrac{1-\cos x}{x^2}=\lim\limits_{x\to 0}\dfrac{\sin^2\frac{x}{2}}{2\left(\frac{x}{2}\right)^2}=\dfrac{1}{2}$，所以 $1-\cos x$ 是关于 x 的二阶无穷小.

（3）因为 $\lim\limits_{x\to 0}\dfrac{3x^4-x^3+x^2}{5x^2}=\lim\limits_{x\to 0}\left(\dfrac{3}{5}x^3-\dfrac{1}{5}x+\dfrac{1}{5}\right)=\dfrac{1}{5}$，所以 $3x^4-x^3+x^2$ 与 $5x^2$ 是同阶无穷小.

关于等价无穷小，有一个重要性质，那就是

设 $\alpha\sim\alpha',\beta\sim\beta'$，且 $\lim\dfrac{\beta'}{\alpha'}$ 存在，则 $\lim\dfrac{\beta}{\alpha}$ 也存在，且 $\lim\dfrac{\beta}{\alpha}=\lim\dfrac{\beta'}{\alpha'}$.

这是因为 $\lim\dfrac{\beta}{\alpha}=\lim\left(\dfrac{\beta}{\beta'}\cdot\dfrac{\beta'}{\alpha'}\cdot\dfrac{\alpha'}{\alpha}\right)=\lim\dfrac{\beta}{\beta'}\lim\dfrac{\beta'}{\alpha'}\lim\dfrac{\alpha'}{\alpha}=\lim\dfrac{\beta'}{\alpha'}$.

这个性质表明，求两个无穷小之比的极限时，分子及分母都可用等价无穷小来代替. 因此，如果用来代替的无穷小选得适当的话，可以使计算简化.

例 3　求 $\lim\limits_{x\to 0}\dfrac{\tan 2x}{\sin 5x}$.

解　当 $x\to 0$ 时，$\tan 2x\sim 2x$，$\sin 5x\sim 5x$，所以 $\lim\limits_{x\to 0}\dfrac{\tan 2x}{\sin 5x}=\lim\limits_{x\to 0}\dfrac{2x}{5x}=\dfrac{2}{5}$.

例 4　求 $\lim\limits_{x\to 0}\dfrac{\sin x}{x^3+3x}$.

解　当 $x\to 0$ 时，$\sin x\sim x$，无穷小 x^3+3x 与它本身显然是等价的，所以

$$\lim\limits_{x\to 0}\dfrac{\sin x}{x^3+3x}=\lim\limits_{x\to 0}\dfrac{x}{x(x^2+3)}=\lim\limits_{x\to 0}\dfrac{1}{x^2+3}=\dfrac{1}{3}.$$

习题 1.8

1. 举例说明：在某极限过程中，两个无穷小量之商、两个无穷大量之商、无穷

小量与无穷大量之积都不一定是无穷小量,也不一定是无穷大量.

2. 判断下列命题是否正确:

(1) 无穷小量与无穷小量的商一定是无穷小量;

(2) 有界函数与无穷小量之积为无穷小量;

(3) 有界函数与无穷大量之积为无穷大量;

(4) 有限个无穷小量之和为无穷小量;

(5) 有限个无穷大量之和为无穷大量;

(6) $y=x\sin x$ 在$(-\infty,+\infty)$内无界,但 $\lim\limits_{x\to+\infty}x\sin x\neq\infty$;

(7) 无穷大量的倒数都是无穷小量;

(8) 无穷小量的倒数都是无穷大量.

3. 指出下列下列函数哪些是该极限过程中的无穷小量,哪些是极限过程中的无穷大量.

(1) $f(x)=\dfrac{3}{x^2-4}$,$x\to2$;

(2) $f(x)=\ln x$,$x\to1$,$x\to0^+$,$x\to+\infty$;

(3) $f(x)=\mathrm{e}^{\frac{1}{x}}$,$x\to0^+$,$x\to0^-$;

(4) $f(x)=\dfrac{\pi}{2}-\arctan x$,$x\to+\infty$;

(5) $f(x)=\dfrac{1}{x}\sin x$,$x\to\infty$;

(6) $f(x)=\dfrac{1}{x^2}\sqrt{1+\dfrac{1}{x^2}}$,$x\to\infty$.

4. 根据定义证明:当 $x\to0$ 时,$y=x^2\sin\dfrac{1}{x}$ 为无穷小.

5. 求 $\lim\limits_{x\to\infty}\dfrac{\sin x}{x}$.

6. 当 $x\to0$ 时,判断下列各无穷小对无穷小 x 的阶:

(1) $\sqrt{x}+\sin x$;　　(2) $x^{\frac{2}{3}}-x^{\frac{1}{2}}$;　　(3) $\sqrt[3]{x}-3x^3+x^5$.

7. 比较下列各组无穷小:

(1) 当 $x\to1$ 时,$\dfrac{1-x}{1+x}$ 与 $1-\sqrt{x}$;

(2) 当 $x\to0$ 时,$(1-\cos x)^2$ 与 $\sin^2 x$;

(3) 当 $x\to1$ 时,$1-x$ 与 $1-\sqrt[3]{x}$.

8. 利用等价无穷小代换,求下列各极限:

(1) $\lim\limits_{x\to0}\dfrac{1-\cos2x}{x\sin x}$;

(2) $\lim\limits_{x\to0}\dfrac{3\sin x+x^2\cos\dfrac{1}{x}}{(1+\cos x)\ln(1+x)}$.

(3) $\lim\limits_{x\to0}\dfrac{1-\cos^3x}{x\sin2x}$;

(4) $\lim\limits_{x\to0}\left(\dfrac{1}{\sin x}-\dfrac{1}{\tan x}\right)$;

(5) $\lim\limits_{x\to0}\dfrac{e^{2x}-1}{\ln(x+1)}$;

(6) $\lim\limits_{x\to0}\dfrac{\sqrt[3]{1+x^2}-1}{x^2}$;

(7) $\lim\limits_{n\to\infty}\sqrt{n}(\sqrt[n]{a}-1)$;

(8) $\lim\limits_{x\to0}\dfrac{\ln(a+x)+\ln(a-x)-2\ln a}{x^2}$.

9. 已知 $\lim\limits_{x\to0}\dfrac{\sqrt{1+f(x)\sin2x}-1}{e^{3x}-1}=2$, 求 $\lim\limits_{x\to0}f(x)$.

10. 证明:函数 $y=\dfrac{1}{x}\cos\dfrac{1}{x}$ 在区间 $(0,1]$ 上无界,但当 $x\to0^+$ 时,该函数是无穷大.

11. 设函数 $y=\dfrac{1+2x}{x}$,问 x 应满足什么条件能使 $|y|>10^4$? 并证明 $x\to0$ 时该函数是无穷大.

12. 设 α,β 是无穷小,证明:如果 $\alpha\sim\beta$,则 $\beta-\alpha=o(\alpha)$;反之,如果 $\beta-\alpha=o(\alpha)$,则 $\alpha\sim\beta$.

1.9　连续函数

自然界中许多现象,如空气或水的流动、气温的变化、生物的生长等,都是连续不断地在运动和变化.这种现象反映到数学关系上,就是函数的连续性.

1.9.1　连续函数的概念

实际应用中遇到的函数常有这样一个特点:当自变量的改变非常小时,相应的函数值的改变也非常小.如气温为时间的函数,就有这种性质. 为了用数学表达函数的上述特性,先介绍增量(改变量)的概念.

在函数 $y=f(x)$ 的定义域中,设自变量 x 由 x_0 变到 x_1,相应的函数值由 $f(x_0)$ 变到 $f(x_1)$. 差 $\Delta x=x_1-x_0$ 称为自变量 x 的增量(改变量),相应地,
$$\Delta y=f(x_1)-f(x_0)=f(x_0+\Delta x)-f(x_0)$$
称为函数 $y=f(x)$ 的增量.

注　$\Delta x,\Delta y$ 是完整的记号,它们可正、可负、也可为 0.

下面给出连续函数的定义.

定义 1 设函数 $f(x)$ 在 x_0 及其邻域有定义,如果当自变量的增量趋于 0 时,相应的函数的增量也趋于 0,即

$$\lim_{\Delta x \to 0} \Delta y = 0 \text{ 或 } \lim_{\Delta x \to 0} [(f(x_0 + \Delta x) - f(x_0)] = 0, \tag{1-9-1}$$

则称函数 $y = f(x)$ 在点 x_0 连续.

由于 $\lim\limits_{\Delta x \to 0} [(f(x_0 + \Delta x) - f(x_0)] = 0 \iff \lim\limits_{\Delta x \to 0} f(x_0 + \Delta x) = f(x_0)$,

如用 x 记 $x_0 + \Delta x$,则 $\Delta x \to 0 \iff x \to x_0$,

于是

$$\lim_{x \to x_0} f(x) = f(x_0). \tag{1-9-2}$$

故定义 1 可叙述为以下形式.

定义 2 设函数 $y = f(x)$ 在 x_0 及其邻域有定义,若

$$\lim_{x \to x_0} f(x) = f(x_0),$$

则称函数 $y = f(x)$ 在点 x_0 连续.

用"ε-δ"语言,可将函数在一点连续的定义叙述如下.

定义 3 若对 $\forall \varepsilon > 0, \exists \delta > 0$,当 $|x - x_0| < \delta$ 时,不等式

$$|f(x) - f(x_0)| < \varepsilon$$

恒成立,则称函数 $f(x)$ 在点 x_0 连续.

由表达式(1-9-2)可知,$f(x)$ 在点 x_0 连续需满足三个条件:

(1) $f(x)$ 在点 x_0 有确切的函数值 $f(x_0)$;

(2) 当 $x \to x_0$ 时,$f(x)$ 有确定的极限;

(3) 这个极限值就等于 $f(x_0)$.

定义 4 设函数 $y = f(x)$ 在点 x_0 及其左邻域(右邻域)有定义,若

$$\lim_{x \to x_0^-} f(x) = f(x_0) \ (\lim_{x \to x_0^+} f(x) = f(x_0)),$$

则函数 $f(x)$ 在点 x_0 **左连续(右连续)**.

由函数的极限与其左、右极限的关系,容易得到函数的连续性与其左、右连续性的关系.

定理 1 $f(x)$ 在点 x_0 连续的充要条件是 $f(x)$ 在点 x_0 左连续且右连续.

定义 5 如果函数 $f(x)$ 在开区间 (a, b) 内每一点都连续,则称函数 $f(x)$ 在区间 (a, b) 内连续;如果函数 $f(x)$ 在 (a, b) 内连续,同时在 a 点右连续,在 b 点左连续,则称函数 $f(x)$ 在闭区间 $[a, b]$ 上连续.

从几何上看,$f(x)$ 的连续性表示,当横轴上两点距离充分小时,函数图形上的对应点的纵坐标之差也很小,这说明连续函数的图形是一条无间隙的连续曲线.

例 1 多项式函数和有理函数在其定义域内是连续的.

例 2 $f(x) = \sin x$ 在 **R** 上连续.

证明　任取 $x_0 \in \mathbf{R}$, 对 $\forall x \in \mathbf{R}$, 有不等式

$$\left| \cos \frac{x+x_0}{2} \right| \leqslant 1 \quad \text{与} \quad \left| \sin \frac{x-x_0}{2} \right| \leqslant \frac{|x-x_0|}{2}.$$

$\forall \varepsilon > 0$, 要使不等式

$$|\sin x - \sin x_0| = 2 \left| \cos \frac{x+x_0}{2} \right| \cdot \left| \sin \frac{x-x_0}{2} \right| \leqslant 2 \frac{|x-x_0|}{2} = |x-x_0| < \varepsilon$$

成立, 只需取 $\delta = \varepsilon$. 于是,

$\forall \varepsilon > 0, \exists \delta = \varepsilon > 0. \forall x: |x-x_0| < \delta$, 有 $|\sin x - \sin x_0| < \varepsilon$. 即

$$\lim_{x \to x_0} \sin x = \sin x_0,$$

即正弦函数 $\sin x$ 在 x_0 连续. 由 x_0 的任意性, $\sin x$ 在 $\mathbf{R}$ 上连续.

例 3　设函数

$$f(x) = \begin{cases} x^2 + 3, & x \geqslant 0, \\ a - x, & x < 0, \end{cases}$$

问 a 为何值时, 函数 $y = f(x)$ 在点 $x = 0$ 处连续?

解　因为 $f(0) = 3$, 且

$$\lim_{x \to 0^-} f(x) = \lim_{x \to 0^-} (a-x) = a,$$
$$\lim_{x \to 0^+} f(x) = \lim_{x \to 0^+} (x^2 + 3) = 3,$$

所以当 $a = 3$ 时, $y = f(x)$ 在点 $x = 0$ 处连续.

例 4　设函数

$$f(x) = \begin{cases} -1, & x < 0, \\ 1, & x \geqslant 0, \end{cases}$$

试问在 $x = 0$ 处函数 $f(x)$ 是否连续?

解　由于 $f(0) = 1$, 而 $\lim\limits_{x \to 0^-} f(x) = -1$, 于是函数 $f(x)$ 在点 $x = 0$ 处不是左连续的, 从而函数 $f(x)$ 在 $x = 0$ 处不连续.

1.9.2　函数的间断点

定义 6　如果函数 $y = f(x)$ 在点 x_0 不满足连续性定义的条件, 则称函数 $f(x)$ 在点 x_0 **间断**(或**不连续**). x_0 称为函数 $f(x)$ 的**间断点**(或**不连续点**).

$f(x)$ 在点 x_0 不满足连续性定义的条件有三种情况:

(1) 函数 $f(x)$ 在点 x_0 无定义;

(2) 函数 $f(x)$ 在点 x_0 有定义, 但 $\lim\limits_{x \to x_0} f(x)$ 不存在;

(3) 在 $x = x_0$ 处 $f(x)$ 有定义, $\lim\limits_{x \to x_0} f(x)$ 存在, 但 $\lim\limits_{x \to x_0} f(x) \neq f(x_0)$.

因此, 间断点分为以下三类.

定义 7 若 $f(x)$ 在点 x_0 的左、右极限存在,但不相等
$$f(x_0-0)\neq f(x_0+0),$$
称 x_0 是函数 $f(x)$ 的**第一类间断点**.

例 5 判断下列函数在 $x=0$ 点是否连续.
$$f(x)=\begin{cases} \dfrac{x}{|x|}, & x\neq 0, \\ 0, & x=0. \end{cases}$$

解 $\lim\limits_{x\to 0^-}f(x)=-1, \lim\limits_{x\to 0^+}f(x)=1.$
左极限和右极限都存在,但不相等,$f(x)$ 在 $x=0$ 不连续(图 1-33).

定义 8 若 $f(x)$ 在 x_0 的左、右极限至少有一个不存在,称 x_0 为 $f(x)$ 的**第二类间断点**.

例 6 判断 $x=0$ 是 $f(x)$ 的什么间断点.
$$f(x)=\begin{cases} \dfrac{1}{x}, & x\neq 0, \\ 0, & x=0. \end{cases}$$

解 函数在 $x=0$ 点的左、右极限不存在,所以 $x=0$ 是 $f(x)$ 的第二类间断点(图 1-34).

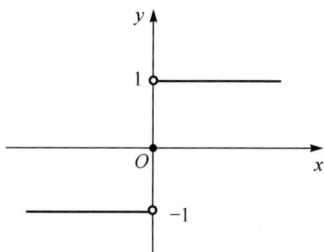

图 1-33

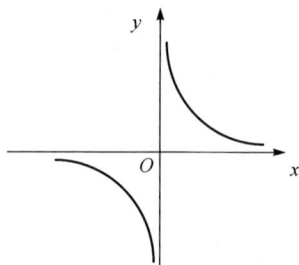

图 1-34

例 7 判断 $x=0$ 是 $f(x)$ 的什么间断点.
$$f(x)=\begin{cases} \sin\dfrac{1}{x}, & x\neq 0, \\ 0, & x=0. \end{cases}$$

解 函数在 $x=0$ 点的左、右极限不存在,所以 $x=0$ 是 $f(x)$ 的第二类间断点(图 1-35).

定义 9 若 $f(x)$ 在 x_0 的左、右极限存在且相等,但不等于 $f(x_0)$,或 $f(x_0)$ 无意义,称 x_0 为 $f(x)$ 的**可去间断点**.

若 x_0 是 $f(x)$ 的可去间断点,则改变点 x_0 的函数值或适当定义在点 x_0 的函

数值,可使函数 $f(x)$ 在点 x_0 连续,这就是"可去"的含义.

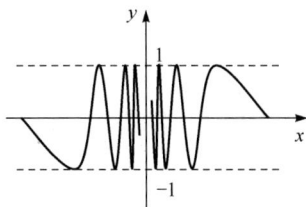

例 8　判断 $x=1$ 是 $f(x)$ 的什么间断点.

$$f(x)=\begin{cases} x, & x\neq 1, \\ \dfrac{1}{2}, & x=1. \end{cases}$$

图 1-35

解　$f(1)=\dfrac{1}{2},\lim\limits_{x\to 1}f(x)=1$,所以 $\lim\limits_{x\to 1}f(x)\neq$ $f(1)$,故 $x=1$ 是 $f(x)$ 的可去间断点(图 1-36).

例 9　判断 $x=1$ 是 $f(x)$ 的什么间断点.

$$f(x)=\dfrac{x^2-1}{x-1}.$$

解　$\lim\limits_{x\to 1}\dfrac{x^2-1}{x-1}=\lim\limits_{x\to 1}(x+1)=2.$ 但 $f(x)$ 在 $x=1$ 点无意义,故在 $x=1$ 处 $f(x)$ 间断.

若补充定义

$$f(x)=\begin{cases} \dfrac{x^2-1}{x-1}, & x\neq 1, \\ 2, & x=1, \end{cases}$$

则 $f(x)$ 在 $x=1$ 处连续,$x=1$ 是 $f(x)$ 的可去间断点(图 1-37).

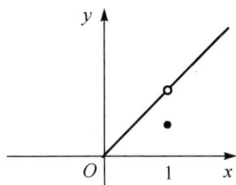
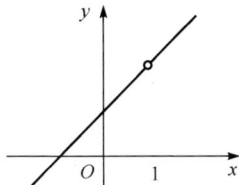

图 1-36　　　　　　　　　图 1-37

1.9.3　初等函数的连续性

由于初等函数是由基本初等函数经过有限次加、减、乘、除运算及有限次复合而成的. 因而只需讨论基本初等函数的连续性,以及经上述运算后得出的函数的连续性. 又由于三角函数和对应的反三角函数、指数函数与对数函数互为反函数. 因此还需证明反函数的连续性.

根据极限的四则运算法则和连续的定义有以下定理.

定理 2　若函数 $f(x)$ 与 $g(x)$ 都在 x_0 连续,则函数

$$f(x) \pm g(x), \quad f(x)g(x), \quad \frac{f(x)}{g(x)} \ (g(x_0) \neq 0)$$

在 x_0 也连续.

定理 3　若函数 $y = \varphi(x)$ 在 x_0 连续, 且 $y_0 = \varphi(x_0)$, 而函数 $z = f(y)$ 在 y_0 连续, 则复合函数 $z = f[\varphi(x)]$ 在 x_0 连续.

证明　已知 $z = f(y)$ 在 y_0 连续, 即

$$\forall \varepsilon > 0, \exists \eta > 0, \forall y: |y - y_0| < \eta, 有 |f(y) - f(y_0)| < \varepsilon.$$

又已知 $y = \varphi(x)$ 在 x_0 连续, 且 $y_0 = \varphi(x_0)$, 即对上述 $\eta > 0, \exists \delta > 0, \forall x: |x - x_0| < \delta$, 有

$$|\varphi(x) - \varphi(x_0)| = |y - y_0| < \eta.$$

于是

$$\forall \varepsilon > 0, (\exists \eta > 0, 从而) \exists \delta > 0, 使当 |x - x_0| < \delta 时,$$

有

$$|\varphi(x) - \varphi(x_0)| = |y - y_0| < \eta,$$

从而

$$|f[\varphi(x)] - f[\varphi(x_0)]| = |f(y) - f(y_0)| < \varepsilon.$$

注　在定理 2 中, 把函数 $y = \varphi(x)$ 在 x_0 连续改为 $\lim\limits_{x \to x_0} \varphi(x)$ 存在, 则有以下命题.

命题 1　若 $\lim\limits_{x \to x_0} \varphi(x) = y_0$, 而函数 $z = f(y)$ 在 y_0 连续, 则当 $x \to x_0$ 时, 极限 $\lim\limits_{x \to x_0} f[\varphi(x)]$ 存在, 且

$$\lim_{x \to x_0} f[\varphi(x)] = f(y_0).$$

于是, 由 $\lim\limits_{x \to x_0} \varphi(x) = y_0$ 及 $\lim\limits_{x \to x_0} f[\varphi(x)] = f(y_0)$, 有

$$\lim_{x \to x_0} f[\varphi(x)] = f(\lim_{x \to x_0} \varphi(x)).$$

即在命题的条件下, 函数符号 f 与极限符号可以交换次序.

在命题中, 把 $x \to x_0$ 换成 $x \to \infty$, 可得类似的结论.

定理 4　严格增加 (或减少) 的连续函数的反函数也是严格增加 (或减少) 的连续函数.

证明略.

现在讨论基本初等函数的连续性.

(1) 三角函数的连续性.

前面已经证明了正弦函数 $y = \sin x$ 在 $(-\infty, \infty)$ 内连续. 用类似的方法可以证明余弦函数 $y = \cos x$ 在 $(-\infty, \infty)$ 内连续. 再由定理 2, 立即可以得到函数 $\tan x$, $\cot x$, $\sec x$, $\csc x$ 在其定义域内是连续的.

（2）反三角函数（主值支）在其定义域上都符合反函数连续性的条件，故它们在各自的定义域上连续.

（3）指数函数 $y=a^x(a>0,a\neq1)$ 在 $(-\infty,\infty)$ 连续.（证明略）

（4）对数函数是指数函数的反函数，指数函数是严格单调的函数，在其定义域上符合反函数连续性定理的条件. 故对数函数在其定义域上是连续的.

（5）幂函数 $y=x^\mu$ 在定义域 $(0,\infty)$ 连续.

事实上，$y=x^\mu=e^{\mu\ln x}$，由指数函数、对数函数的连续性以及复合函数的连续性定理，立即得到幂函数的连续性.

综合以上讨论可得以下定理.

定理 5　基本初等函数在其定义域上是连续的.

由基本初等函数的连续性及连续函数的四则运算和复合函数的连续性可得以下定理.

定理 6　一切初等函数在其定义域内都是连续的.

这个结论对判别函数的连续性和求函数的极限都很方便. 例如，若函数 $f(x)$ 是初等函数，且点 x_0 属于函数 $f(x)$ 的定义域，那么函数 $f(x)$ 在点 x_0 连续.

求初等函数 $f(x)$ 在定义域内一点 x_0 的极限就化为求函数 $f(x)$ 在点 x_0 的函数值.

1.9.4　闭区间上连续函数的性质

定理 7（有界性定理）　若函数 $f(x)$ 在闭区间 $[a,b]$ 上连续，则它在 $[a,b]$ 上有界. 即存在 $M>0$，$\forall x\in[a,b]$，有 $|f(x)|\leqslant M$.

一般地，开区间上的连续函数不一定有界. 例如，$f(x)=\dfrac{1}{x}$ 在 $(0,1)$ 上连续，但它无界.

定理 8（最值定理）　若函数 $f(x)$ 在闭区间 $[a,b]$ 上连续，则 $f(x)$ 在 $[a,b]$ 上必有最小值和最大值. 即在 $[a,b]$ 上至少有一点 ξ_1 和一点 ξ_2，$\forall x\in[a,b]$，有

$$f(\xi_1)\leqslant f(x)\leqslant f(\xi_2).$$

这时，$f(\xi_1)$ 就是 $f(x)$ 在 $[a,b]$ 上的最小值，$f(\xi_2)$ 就是最大值. 达到最小值和最大值的点 ξ_1 或 ξ_2 有可能是闭区间的端点，并且这样的点未必是唯一的（图 1-38）.

注 1　开区间内连续的函数不一定有此性质.

如函数 $f(x)=\tan x$ 在 $\left(-\dfrac{\pi}{2},\dfrac{\pi}{2}\right)$ 连续，但

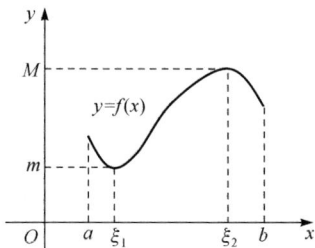

图 1-38

$\lim\limits_{x\to\frac{\pi}{2}^{-}}\tan x=+\infty$, $\lim\limits_{x\to-\frac{\pi}{2}^{+}}\tan x=-\infty$, 所以 $f(x)=\tan x$ 在 $\left(-\dfrac{\pi}{2},\dfrac{\pi}{2}\right)$ 就取不到最大值与最小值.

注2　若函数在闭区间上有间断点,也不一定有此性质. 例如,函数

$$y=f(x)=\begin{cases}-x+1, & 0\leqslant x<1,\\ 1, & x=1,\\ -x+3, & 1<x\leqslant 2\end{cases}$$

在闭区间$[0,2]$上有一间断点 $x=1$,它取不到最大值和最小值(图 1-39).

定理 9(零点定理)　若函数 $f(x)$在闭区间$[a,b]$上连续,且 $f(a)$ 与 $f(b)$异号,则在(a,b)内至少存在一点 ξ,使 $f(\xi)=0$.

其几何意义是:在闭区间$[a,b]$上定义的连续曲线 $y=f(x)$在两个端点 a 与 b 的图像分别在 x 轴的两侧,则此连续曲线至少与 x 轴有一个交点,交点的横坐标即 ξ(图 1-40).

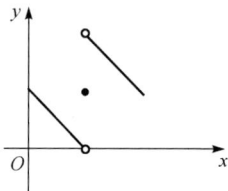

图 1-39

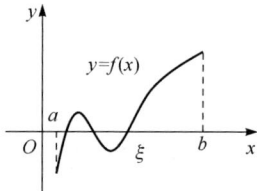

图 1-40

定理 9 说明,如 $f(x)$是闭区间$[a,b]$上的连续函数,且 $f(a)$ 与 $f(b)$异号,则方程 $f(x)=0$ 在(a,b)内至少有一个根.

例 10　估计方程 $x^3-6x+2=0$ 的根的位置.

解　设 $f(x)=x^3-6x+2$,则 $f(x)$在$(-\infty,+\infty)$连续.

$$f(-3)=-7<0,\quad f(-2)=6>0,\quad f(-1)=7>0, f(0)=2>0,$$

$$f(1)=-3<0,\quad f(2)=-2<0,\quad f(3)=11>0.$$

根据定理 9,方程在$(-3,-2),(0,1),(2,3)$ 内各至少有一个根. 再因该方程为三次方程,至多有三个根,因此在区间$(-3,-2),(0,1)$和$(2,3)$内,各有方程 $x^3-6x+2=0$ 的一个根.

定理 10(介值性定理)　若函数 $f(x)$在闭区间$[a,b]$上连续,M 与 m 分别是 $f(x)$在$[a,b]$上的最大值和最小值,c 是 M,m 间任意数(即 $m\leqslant c\leqslant M$),则在$[a,b]$上至少存在一点 ξ,使

$$f(\xi)=c.$$

证明　如图 1-41 所示,如果 $m=M$,则函数 $f(x)$ 在 $[a,b]$ 上是常数,定理显然成立. 如果 $m<M$,则在闭区间 $[a,b]$ 上必存在两点 x_1 和 x_2,使 $f(x_1)=M,f(x_2)=m$ 不妨设 $x_1<x_2$. 作函数 $\phi(x)=f(x)-c$,$\phi(x)$ 在 $[a,b]$ 连续且 $\phi(x_1)=f(x_1)-c>0,\phi(x_2)=f(x_2)-c<0$.

由零点存在定理,在区间 (x_1,x_2) 内至少存在一点 ξ,使

$$\phi(\xi)=f(\xi)-c=0,$$

即

$$f(\xi)=c.$$

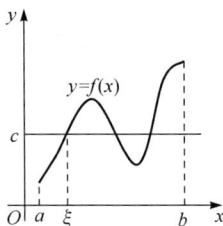

图 1-41

📖 习题 1.9

1. 试用"$\varepsilon\text{-}\delta$"语言证明:函数 $f(x)=\sin\sqrt{x}$ 在 $(0,+\infty)$ 上连续.

2. 设 $f(x)$ 是定义于 $[a,b]$ 上的单调增加函数,$x_0\in(a,b)$,如果 $\lim\limits_{x\to x_0}f(x)$ 存在,试证明函数 $f(x)$ 在点 x_0 处连续.

3. 研究下列函数的连续性:

(1) $f(x)=\begin{cases} x^2, & 0\leqslant x\leqslant 1, \\ 2-x, & 1<x\leqslant 2; \end{cases}$　　(2) $f(x)=\begin{cases} x, & -1\leqslant x\leqslant 1, \\ 1, & x<-1,x>1. \end{cases}$

4. 常数 C 为何值时,可使函数 $f(x)=\begin{cases} Cx+1, & x\leqslant 3, \\ Cx^2-1, & x>3 \end{cases}$ 在 $(-\infty,+\infty)$ 上连续.

5. 设函数 $f(x)=\begin{cases} \mathrm{e}^x, & x<0, \\ a+x, & x\geqslant 0, \end{cases}$ 应当怎样选择数 a,使 $f(x)$ 成为在 $(-\infty,+\infty)$ 上连续的函数?

6. 设 $f(x)=\begin{cases} \dfrac{\ln(1+2x)}{x}, & x\neq 0, \\ k, & x=0, \end{cases}$ 求 k 值使得 $f(x)$ 在点 $x=0$ 处连续.

7. 问 a 取何值时,$f(x)=\begin{cases} \cos x, & x<0, \\ a+x, & x\geqslant 0 \end{cases}$ 在 $x=0$ 处连续.

8. 讨论 $f(x)=\begin{cases} x+2, & x\geqslant 0, \\ x-2, & x<0 \end{cases}$ 在 $x=0$ 处的连续性.

9. 指出下列函数的间断点及其所属类型,若是可去间断点,试补充或修改定义,使函数在该点连续.

(1) $y=\dfrac{x^2-x}{|x|(x^2-1)}$;　　(2) $y=\arctan\dfrac{1}{x-1}$;　　(3) $y=\dfrac{x^2-1}{x^2-3x+2}$;

(4) $y=\dfrac{x}{\tan x}$;　　　　　　　(5) $y=\cos^2\dfrac{1}{x}$, $x=0$;

(6) $f(x)=\begin{cases}\dfrac{1}{x}, & x<0,\\[2mm]\dfrac{x^2-1}{x-1}, & 0\leqslant|x-1|\leqslant1,\\[2mm]x+1, & x>2.\end{cases}$

10. 设 $f(x)$ 在点 x_0 连续，$g(x)$ 在点 x_0 不连续，问 $f(x)+g(x)$ 及 $f(x)\cdot g(x)$ 在点 x_0 是否连续？若肯定或否定，请给出证明；若不确定试给出例子（连续的例子与不连续的例子）.

11. 设 $f(x)=\lim\limits_{n\to\infty}\dfrac{x^{2n-1}+ax^2+bx}{x^{2n}+1}$ 为连续函数，试确定 a 与 b 的值.

12. 讨论函数 $f(x)=x\lim\limits_{n\to\infty}\dfrac{1-x^{2n}}{1+x^{2n}}$ 的连续性，若有间断点，判别其类型.

13. 设 $f(x)$ 在点 x_0 连续，且 $f(x_0)\neq0$，试证存在 $\delta>0$，使得当 $x\in(x_0-\delta,x_0+\delta)$ 时 $|f(x)|>\dfrac{|f(x_0)|}{2}$.

14. 证明方程 $x^3+2x=6$ 至少有一个根介于 1 和 3 之间.

15. 证明方程 $x=a\sin x+b(a>0,b>0)$ 至少有一个正根，并且它不超过 $a+b$.

16. 证明方程 $xe^{x^2}=1$ 在区间 $\left(\dfrac{1}{2},1\right)$ 内有且仅有一实根.

17. 设 $f(x)$ 在 $[0,1]$ 上连续，且 $0\leqslant f(x)\leqslant1$，证明在 $[0,1]$ 上至少存在一点 ξ，使得 $f(\xi)=\xi$.

18. 设函数 $f(x)$ 在 $[0,2a]$ 上连续，且 $f(0)=f(2a)$，证明在 $[0,a]$ 上至少存在一点 ξ，使得 $f(\xi)=f(\xi+a)$.

19. 若 $f(x)$ 在 $[a,b]$ 上连续，$a<x_1<x_2<\cdots<x_n<b$，则在 $[x_1,x_n]$ 上必有 ξ，使

$$f(\xi)=\dfrac{f(x_1)+f(x_2)+\cdots+f(x_n)}{n}.$$

20. 设 $f(x)$ 在 $[a,b]$ 上连续且无零点，证明：存在 $m>0$，使得或者在 $[a,b]$ 上恒有 $f(x)\geqslant m$，或者在 $[a,b]$ 上恒有 $f(x)\leqslant-m$.

21. 若 $f(x)$ 在 $[a,b)$ 上连续，且 $\lim\limits_{x\to b^-}f(x)$ 存在，证明 $f(x)$ 在 $[a,b)$ 上有界.

22. 设 $f(x)$ 在 $[a,+\infty)$ 上连续，$f(a)>0$，且 $\lim\limits_{x\to+\infty}f(x)=A<0$，证明：在 $[a,+\infty)$ 上至少有一点 ξ，使 $f(\xi)=0$.

23. 求下列极限：

(1) $\lim\limits_{x\to+\infty}(\sin\sqrt{x+1}-\sin\sqrt{x})$;　　　　(2) $\lim\limits_{x\to+\infty}\tan\left(\ln\dfrac{4x^2+1}{x^2+4x}\right)$;

(3) $\lim\limits_{x\to 0}(1+2x)^{\frac{3}{\sin x}}$;

(4) $\lim\limits_{x\to 2}\dfrac{e^x}{2x+1}$.

人 物 介 绍

◎ **康托尔**(Georg Cantor,1845～1918),德国人,数学大师,是 19 世纪数学最伟大成就之一——集合论的创始人,是数学史上最富想象力、最有争议的人物之一,他所创立的集合论被誉为 20 世纪最伟大的数学创造.集合论是现代数学的重要基础理论,它的概念和方法已经渗透到数学的各个分支以及其他自然科学中,为这些学科提供了奠基的方法,并改变了这些学科的面貌.集合论的创立不仅对数学基础的研究有重要意义,而且对现代数学的发展也有深远的影响.

康托尔 29 岁时在《数学杂志》上发表了关于集合论的第一篇论文,提出了"无穷集合"这个数学概念,引起了数学界的极大关注,他引进了无穷点集的一些概念,试图把不同的无穷离散点集和无穷连续点集按某种方式加以区分,他还构造了实变函数论中著名的"康托尔集".1877 年证明了一条线段上的点能够和正方形上的点建立一一对应,从而证明了直线上,平面上,三维空间乃至高维空间的所有点的集合,都有相同的势.

康托尔的工作给数学发展带来了一场革命.由于他的理论超越直观,所以曾受到当时一些大数学家的反对,就连被誉为"最后的通才"的大数学家庞加莱也把集合论比作有趣的"病理情形",甚至他的老师克罗内克还击康托尔是"神经质".对于这些指责,康托尔仍充满信心,他说:"我的理论犹如磐石一般坚固,任何反对它的人都将搬起石头砸自己的脚."他还指出:"数学的本质在于它的自由性,不必受传统观念束缚."当然,在康托尔的工作受到反对和排斥的同时,也得到许多大数学家的支持,除了戴德金以外,瑞典的数学家太格·列夫勒在自己创办的国际性数学杂志上,把康托尔集合论的论文用法文转载,从而大大促进了集合论在国际上的传播.1897 年,在第一次国际数学家大会上,霍尔维次在对解析函数的最新进展进行概括时,就对康托尔的集合论的贡献进行了阐述.三年后的第二次国际数学家大会上,为了捍卫集合论而勇敢战斗的希尔伯特又进一步强调了康托尔工作的重要性,他把连续统假设列为 20 世纪初有待解决的 23 个主要问题之首,希尔伯特宣称:没有人能把我们从康托尔为我们创造的乐园中驱逐出去".特别是,自 1901 年,勒贝格积分产生以及勒贝格的测度理论充实了集合论之后,集合论得到了公认,康托尔的工作获得崇高的评价.当第三次国际数学大会于 1904 年召开时,"现代数学不能没有集合论"已成为公认的.

1899 年,家庭中不幸的消息不断传来,康托尔的母亲、弟弟及 13 岁的小儿子相继去世,使他的精神受到强烈的刺激,他陷入了失望和痛苦的深渊.来自事业和家庭两方面的打击.使他旧病复发.1904 年,他出席了第三次国际数学家大会,精神受到强烈刺激,又被立即送往医院.在他生命的最后十年里,大都处于严重抑都状态中,他在哈雷大学的精神诊所度过了漫长的时期.1917 年 5 月,他最后一次住进这所医院.直到 1918 年去世.

今天集合论已成为整个数学大厦的基础.罗素把康托尔的工作描述为"可能是这个时代所能夸耀的最伟大的工作".苏联最伟大的数学家科尔莫戈洛夫对康托尔所创立的集合论做出公正的评价:"康托尔的不朽功绩,在他敢于向无穷大冒险迈进,他对似是而非之论、流行的成见、哲学的教条做了长期不懈的斗争,由此使他成为一门新学科的创造者,这门学科今天已经成为整个数学的基础."

◎ **魏尔斯特拉斯**(Weierstrass,1815～1897)德国数学家.魏尔斯特拉斯的父亲威廉是一名政府官员,受过高等教育,颇具才智,但对子女相当专横.魏尔斯特拉斯 11 岁时丧母,翌年其父再婚.他有一弟二妹;两位妹妹终身单身未嫁,后来一直在生活上照料终身未娶的魏尔斯特拉斯.威廉要孩子长大后进入普鲁士高等文官阶层,因而于 1834 年 8 月把魏尔斯特拉斯送往波恩大学攻读财务与管理,使其学到充分的法律、经济和管理知识,为谋得政府高级职位创造条件.

魏尔斯特拉斯不喜欢父亲所选专业,立志终身研究数学,并令人惊讶地放弃成为法学博士候选人,因此在离开波恩大学时,他没有取得学位.在父亲的一位朋友的建议下,他被送到一所神学哲学院,然后参加中学教师资格国家考试,考试通过后在中学任教,此期间,他写了 4 篇直到他的全集刊印时才问世的论文,这些论文已显示了他建立函数论的基本思想和结构.1853 年夏,他在父亲家中度假,研究阿贝尔和雅可比留下的难题,精心写作关于阿贝尔函数的论文.这就是 1854 年发表于《克雷尔杂志》上的"阿贝尔函数论".这篇出自一个名不见经传的中学教师的杰作,引起数学界瞩目.

魏尔斯特拉斯是把严格的论证引进分析学的一位大师,为分析严密化作出了不可磨灭的贡献,是分析算术化运动的开创者之一.他改进了波尔查诺、柯西、阿贝尔的方法,早在 1841 年至 1856 年,作中学教师的魏尔斯特拉斯,就给出了今天大学数学分析教科书中一直沿用的连续函数的定义($\varepsilon\delta$ 定义),以及完整的一套类似的表示法,使数学分析的叙述精确化.他证明了:任何有界无穷点集,一定存在一个极限点.早在 1860 年的一次演讲中,他从自然数导出了有理数,然后用递增有界数列的极限来定义无理数,从而得到了整个实数系.这是一种成功地为微积分奠定理论基础的理论.

为了说明直觉的不可靠,1872 年 7 月 18 日魏尔斯特拉斯在柏林科学院的一次讲演中,构造了一个连续函数却处处不可微的例子,震惊了整个数学界.这个例子推动了人们去构造更多的函数,这样的函数在一个区间上连续或处处连续,但在一个稠密集或在任何点上都不可微.从而推动了函数论的发展.

魏尔斯特拉斯不仅是一位伟大的数学家,而且是一位杰出的教育家,他高尚的风范和精湛的艺术是永远值得全世界数学教师学习的光辉典范.他培养了一大批有成就的数学人才,他是当时德国以至全欧洲知名度最高的数学教授.1873 年他出任柏林大学校长,从此成为大忙人.除教学外,公务几乎占去了他全部时间,使他疲乏不堪.紧张的工作影响了他的健康,但其智力未见衰退.他的 70 年生日庆典规模颇大,遍布全欧各地的学生赶来向他致敬.10 年后八十大寿庆典更加隆重,在某种程度上他简直被看作德意志的民族英雄.魏尔斯特拉斯是数学分析算术化的完成者、解析函数论的奠基人,无与伦比的大学数学教师.

◎ 柯西(Cauchy,1789～1857),法国数学家.在数学领域,有很高的建树和造诣.很多数学的定理和公式也都以他的名字来命名,如柯西不等式、柯西积分公式等.

柯西在幼年时,他的父亲常带领他到法国参议院内的办公室,并且在那里指导他进行学习,因此他有机会遇到参议员拉普拉斯和拉格朗日两位大数学家.他们对他的才能十分赏识;拉格朗日认为他将来必定会成为大数学家,但建议他的父亲在他学好文科前不要学数学.

柯西是数学分析严格化的开拓者.他怀着严格化的明确目标,为数学分析建立了一个基本严谨的完整体系.他说:"至于方法,我力图赋予……几何学中存在的严格性,决不求助于从代数一般性导出的推理.这种推理……只能认为是一种推断,有时还适用于提示真理,但与数学科学的令人叹服的严谨性很不相符."他说他通过分析公式成立的条件和规定所用记号的意义,"消除了所有不确定性",并说:"我的主要目标是使严谨性(这是我在《分析教程》中为自己制定的准绳)与基于无穷小的直接考虑所得到的简单性和谐一致."柯西简洁而严格地证明了微积分学基本定理即牛顿-莱布尼茨公式.他利用定积分严格证明了带余项的泰勒公式,还用微分与积分中值定理表示曲边梯形的面积,推导了平面曲线之间图形的面积、曲面面积和立体体积的公式.

柯西是第一个认识到无穷级数论并非多项式理论的平凡推广而应当以极限为基础建立其完整理论的数学家.他以部分和有限定义级数收敛并以此极限定义收敛级数之和.18 世纪中许多数学家都隐约地使用过这种定义,柯西则明确地陈述这一定义,并以此为基础比较严格地建立了完整的级数论.他给出所谓"柯西准则",证明了必要性,并以理所当然的口气断定充分性.

柯西还是复变函数论的奠基人.19 世纪,复变函数论逐渐成为数学的一个独立分支,柯西为此作了奠基性的工作.《分析教程》中有一半以上篇幅讨论复数与初等复函数,这表明柯西早就把建立复变函数论作为分析的一项重要工程.他以形式方法引进复数("虚表示式"),定义其基本运算,得到这些运算的性质.他比照实的情形定义复无穷小与复函数的连续性.

柯西在分析方面最深刻的贡献在常微分方程领域.他首先证明了方程解的存在和唯一性.在他以前,没有人提出过这种问题.通常认为是柯西提出的三种主要方法,即柯西-利普希茨法,逐渐逼近法和强级数法,实际上以前也散见到用于解的近似计算和估计.柯西的最大贡献就是看到通过计算强级数,可以证明逼近步骤收敛,其极限就是方程的所求解.

柯西是一位多产的数学家,在数学写作上,他是被认为在数量上仅次于欧拉的人,他一生一共著作了789篇论文.他的全集从1882年开始出版到1974年才出齐最后一卷,总计28卷.作为一位学者,他思路敏捷,功绩卓著.由柯西卷帙浩大的论著和成果,人们不难想象他的一生是怎样孜孜不倦的勤奋工作.但是柯西却是个具有复杂性格的人.他是忠诚的保王党人,热心的天主教徒,落落寡欢的学者.尤其作为久负盛名的科学泰斗,他常常忽视青年学者的创造.例如,由于柯西"失落"了才华出众的年轻数学家阿贝尔和伽罗瓦的开创性论文手稿,造成群论晚问世半个世纪.但在数学史上,他是一代宗师.

复习题 1

1. 是非题.

(1) 无界数列必定发散.   (   )

(2) 分段函数必存在间断点.   (   )

(3) 初等函数在其定义域内必连续.   (   )

(4) 若 $f(x)$ 在 x_0 连续,则必有 $\lim\limits_{x \to x_0} f(x) = f(\lim\limits_{x \to x_0} x)$.   (   )

(5) 若对任意给定的 $\varepsilon > 0$,存在自然数 N,当 $n > N$ 时,总有无穷多个 u_n 满足 $|u_n - A| < \varepsilon$,则数列 $\{u_n\}$ 必以 A 为极限.   (   )

2. 填空题.

(1) $\lim\limits_{n \to \infty} (\sqrt{n+2} - \sqrt{n}) \sqrt{n-1} = $ _____.

(2) 已知 $\lim\limits_{x \to 0} \dfrac{\ln\left(1 + \dfrac{f(x)}{\sin 2x}\right)}{3^x - 1} = 5$,则 $\lim\limits_{x \to 0} \dfrac{f(x)}{x^2} = $ _____.

(3) $\lim\limits_{x \to 0} (x + e^{2x})^{\frac{1}{\sin x}} = $ _____.

(4) 函数 $f(x) = \begin{cases} \dfrac{e^{2x} - 1}{x}, & x < 0, \\ a\cos x + x^2, & x \geqslant 0 \end{cases}$ 在 $(-\infty, +\infty)$ 上连续,则 $a = $ _____.

(5) 已知 $\lim\limits_{x \to 1} \dfrac{x^2 + ax + b}{x - 1} = 3$,则 $a = $ _____ , $b = $ _____.

3. 选择题.

(1) 设 $f(x)$ 在 **R** 上有定义,函数 $f(x)$ 在点 x_0 左、右极限都存在且相等是函数 $f(x)$ 在点 x_0 连续的(　　).

(A) 充分条件　　　　　　(B) 充分且必要条件

(C) 必要条件　　　　　　(D) 非充分也非必要条件

(2) 若函数 $f(x)=\begin{cases} x^2+a, & x\geqslant 1, \\ \cos\pi x, & x<1 \end{cases}$ 在 **R** 上连续,则 a 的值为(　　).

(A) 0　　　　(B) 1　　　　(C) -1　　　　(D) -2

(3) 若函数 $f(x)$ 在某点 x_0 极限存在,则(　　).

(A) $f(x)$ 在 x_0 的函数值必存在且等于极限值

(B) $f(x)$ 在 x_0 函数值必存在,但不一定等于极限值

(C) $f(x)$ 在 x_0 的函数值可以不存在

(D) 如果 $f(x_0)$ 存在的话,必等于极限值

(4) $\lim\limits_{x\to\infty} x\sin\dfrac{1}{x}=$(　　).

(A) ∞　　　　(B) 不存在　　(C) 1　　　　(D) 0

(5) $\lim\limits_{x\to\infty}\left(1-\dfrac{1}{x}\right)^{2x}=$(　　).

(A) e^{-2}　　　(B) ∞　　　　(C) 0　　　　(D) $\dfrac{1}{2}$

4. 利用极限定义证明:

(1) $\lim\limits_{x\to\infty}\dfrac{3n+1}{2n-1}=\dfrac{3}{2}$;　　　　(2) $\lim\limits_{n\to\infty} 0\cdot\underbrace{99\cdots 9}_{n\uparrow}=1$.

5. 求下列极限:

(1) $\lim\limits_{x\to 1}\dfrac{\ln(1+\sqrt[3]{x-1})}{\arcsin 2\sqrt[3]{x^2-1}}$;　　　　(2) $\lim\limits_{n\to\infty}\dfrac{n}{\ln n}(\sqrt[n]{n}-1)$;

(3) $\lim\limits_{n\to\infty}\left(\dfrac{1}{n^2+n+1}+\dfrac{2}{n^2+n+2}+\cdots+\dfrac{n}{n^2+n+n}\right)$;

(4) $\lim\limits_{n\to\infty}(\sqrt{n+3\sqrt{n}}-\sqrt{n-\sqrt{n}})$;

(5) $\lim\limits_{n\to\infty}\left[\dfrac{3}{1^2\times 2^2}+\dfrac{5}{2^2\times 3^2}+\cdots+\dfrac{2n+1}{n^2\times(n+1)^2}\right]$.

6. 设 $\lim\limits_{x\to\infty}\dfrac{(x+1)^{95}(ax+1)^5}{(x^2+1)^{50}}=8$,求 a 的值.

7. 已知函数 $f(x)=\begin{cases} x^2+1, & x<0, \\ 2x-b, & x\geqslant 0 \end{cases}$ 在点 $x=0$ 处连续,求 b 的值.

8. 求下列函数的间断点，并判断其类型. 若为可去间断点，试补充或修改定义后使其为连续点.

$$f(x) = \begin{cases} \dfrac{x^2+x}{|x|(x^2-1)}, & x \neq \pm 1 \text{ 及 } 0, \\ 0, & x = \pm 1. \end{cases}$$

9. 求下列函数的间断点并判别类型：

(1) $f(x) = \dfrac{x}{(1+x)^2}$;　(2) $f(x) = \dfrac{|x|}{x}$;

(3) $f(x) = [x]$;　(4) $f(x) = \dfrac{2^{\frac{1}{x}} - 1}{2^{\frac{1}{x}} + 1}$.

10. 设 $a > 0, f(x) = \begin{cases} \dfrac{\cos x}{x+2}, & x \geqslant 0, \\ \dfrac{\sqrt{a} - \sqrt{a-x}}{x}, & x < 0. \end{cases}$

(1) a 为何值时，$x = 0$ 是 $f(x)$ 的连续点？

(2) a 为何值时，$x = 0$ 是 $f(x)$ 的间断点？

(3) 当 $a = 2$ 时求的连续区间.

11. 设 $f(x) = \begin{cases} 2, & x = 0, x = \pm 2, \\ 4 - x^2, & 0 < |x| < 2, \\ 4, & |x| > 2, \end{cases}$ 求出 $f(x)$ 的间断点，并指出是哪一类间断点，若可去，则补充定义，使其在该点连续.

12. 讨论函数 $f(x) = \begin{cases} x^a \sin \dfrac{1}{x}, & x > 0, \\ e^x + \beta, & x \leqslant 0 \end{cases}$ 在 $x = 0$ 处的连续性.

13. 若 $f(x)$ 在 $[0, a]$ 上连续 $(a > 0)$ 且 $f(0) = f(a)$，证明方程 $f(x) = f\left(x + \dfrac{a}{2}\right)$ 在 $(0, a)$ 内至少有一个实根.

14. 验证方程 $x \cdot 2^x = 1$ 至少有一个小于 1 的根.

15. 证明：若 $f(x)$ 在 $(-\infty, +\infty)$ 内连续，且 $\lim\limits_{x \to \infty} f(x)$ 存在，则 $f(x)$ 必在 $(-\infty, +\infty)$ 内有界.

16. 设 $f(x)$ 在 $[a, b]$ 上连续，且，$a < x_1 < x_2 < \cdots < x_n < b, c_i (I = 1, 2, 3, \cdots, n)$ 为任意正数，则在 (a, b) 内至少存在一个 ξ，使

$$f(\xi) = \dfrac{c_1 f(x_1) + c_2 f(x_2) + \cdots + c_n f(x_n)}{c_1 + c_2 + \cdots + c_n}.$$

17. 设 $f(x), g(x)$ 在 $[a, b]$ 上连续，且 $f(a) < g(a), f(b) > g(b)$，试证：在 (a, b) 内至少存在一个 ξ，使 $f(\xi) = g(\xi)$.

第 2 章

导数与微分

Derivativ and Differential

微分学是微积分的重要组成部分,它的基本概念是函数的导数和微分.函数的导数反映了函数相对于自变量的变化快慢程度.例如,实际问题中物体运动的速度、城市人口增长的速度、国民经济发展的速度、劳动生产率等都表现为函数的导数.而微分则刻画了当自变量有微小变化时,函数大体上变化多少.

本章主要讨论导数和微分的概念以及它们的计算方法.至于导数的应用将在第 3 章讨论.

2.1 导数的概念

导数是微积分的核心概念之一,它是一种特殊的极限,反映了函数相对于自变量变化的快慢程度.导数是求函数的单调性、极值、曲线的切线以及一些优化问题的重要工具,同时对研究几何问题、不等式问题起着重要作用.导数概念是我们今后学习微积分的基础.同时,导数在物理学,经济学等领域都有广泛的应用,是开展科学研究必不可少的工具.

2.1.1 导数的引入

为了说明导数,我们先讨论两个问题:速度问题和切线问题.这两个问题在历史上都与导数的形成有密切的关系.

1. 变速直线运动的瞬时速度

设有一物体做变速直线运动,其运动方程为 $s=s(t)$,考虑在时刻 $t=t_0$ 的瞬时速度.

在时刻 $t=t_0$ 处取一小的时间段 $[t_0, t_0+\Delta t]$,在该时间段内位移为 $\Delta s=$

$s(t_0+\Delta t)-s(t_0)$，而所用时间长度为 Δt，故在时间段 $[t_0,t_0+\Delta t]$ 内的平均速度为

$$\frac{\Delta s}{\Delta t}=\frac{s(t_0+\Delta t)-s(t_0)}{\Delta t}.$$

当 Δt 很小时，平均速度可以作为瞬时速度的近似值 $v(t_0)\approx\dfrac{\Delta s}{\Delta t}$，且 Δt 越小，近似程度越高. 令 $\Delta t\to 0$，平均速度的极限就是瞬时速度为

$$v(t_0)=\lim_{\Delta t\to 0}\frac{\Delta s}{\Delta t}=\lim_{\Delta t\to 0}\frac{s(t_0+\Delta t)-s(t_0)}{\Delta t}.$$

2. 切线问题

圆的切线可定义为"与曲线只有一个交点的直线". 但是对于其他曲线，用"与曲线只有一个交点的直线"作为切线的定义就不一定合适. 例如，对于抛物线 $y=x^2$，在原点处两个坐标轴都符合上述定义，但实际上只有 x 轴是该抛物线在原点处的切线. 下面给出切线的定义.

设有曲线 C 及 C 上的一点 M，在 C 上另取一点 N，作割线 MN. 当点 N 沿曲线 C 趋于点 M 时，如果割线 MN 绕点 M 旋转而趋于极限位置 MT，直线 MT 就称**为曲线 C 在点 M 处的切线**（图 2-1）.

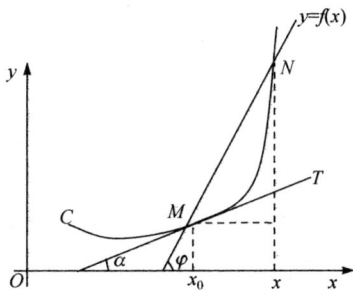

图 2-1

设曲线 C 就是函数 $y=f(x)$ 的图形. 在点 M 外另取 C 上一点 $N(x,y)$，于是割线 MN 的斜率为

$$\tan\varphi=\frac{y-y_0}{x-x_0}=\frac{f(x)-f(x_0)}{x-x_0},$$

其中 φ 为割线 MN 的倾角. 当点 N 沿曲线 C 趋于点 M 时，$x\to x_0$. 如果当 $x\to x_0$ 时，上式的极限存在，设为 k，即

$$k=\lim_{x\to x_0}\frac{f(x)-f(x_0)}{x-x_0}$$

存在，则此极限 k 是割线斜率的极限，也就是切线的斜率. 这里 $k=\tan\alpha$，其中 α 是

切线 NT 的倾角. 于是, 通过点 $M(x_0, f(x_0))$ 且以 k 为斜率的直线 MT 便是曲线 C 在点 M 处的切线.

上面两个问题尽管实际意义不同, 但它们最后都归结为: 求函数的改变量与自变量的改变量的比值, 当自变量的改变量趋于 0 时的极限. 可见这种形式的极限问题是非常重要且普遍存在的, 因此有必要将其抽象出来, 进行重点的讨论和研究. 这种形式的极限就是函数的导数.

2.1.2　导数的概念

1. 函数在一点的导数

定义 1　设函数 $y = f(x)$ 在点 x_0 的某邻域 $U(x_0)$ 内有定义, 自变量 x 在点 x_0 的增量是 Δx, 相应地, 函数的增量是 $\Delta y = f(x_0 + \Delta x) - f(x_0)$. 若极限

$$\lim_{\Delta x \to 0} \frac{\Delta y}{\Delta x} = \lim_{\Delta x \to 0} \frac{f(x_0 + \Delta x) - f(x_0)}{\Delta x} \tag{2-1-1}$$

存在, 则称函数 $f(x)$ 在点 x_0 **可导**(derivable)(**或存在导数**), 此极限称为函数 $f(x)$ 在点 x_0 的**导数**(derivative)(**或微商**), 记为 $f'(x_0)$, $y'(x_0)$, $\left.\dfrac{\mathrm{d}f}{\mathrm{d}x}\right|_{x=x_0}$ 或 $\left.\dfrac{\mathrm{d}y}{\mathrm{d}x}\right|_{x=x_0}$, 即

$$f'(x_0) = \lim_{\Delta x \to 0} \frac{f(x_0 + \Delta x) - f(x_0)}{\Delta x}$$

或

$$\left.\frac{\mathrm{d}y}{\mathrm{d}x}\right|_{x=x_0} = \lim_{\Delta x \to 0} \frac{f(x_0 + \Delta x) - f(x_0)}{\Delta x}.$$

若极限 (2-1-1) 不存在, 则称函数 $f(x)$ 在点 x_0 **不可导**.

如果物体沿直线运动的规律是 $s = f(t)$, 则物体在时刻 t_0 的瞬时速度 v_0 是 $f(t)$ 在 t_0 的导数 $f'(t_0)$; 如果曲线的方程是 $y = f(x)$, 则曲线在点 $P(x_0, y_0)$ 的切线斜率 k 是 $f(x)$ 在 x_0 的导数 $f'(x_0)$, 即 $k = f'(x_0)$.

有时为了方便也将极限 (1) 改写为下列形式

$$f'(x_0) = \lim_{h \to 0} \frac{f(x_0 + h) - f(x_0)}{h} \quad (\Delta x = h)$$

或

$$f'(x_0) = \lim_{x \to x_0} \frac{f(x) - f(x_0)}{x - x_0} \quad (x = x_0 + \Delta x).$$

例 1　已知 $f(x) = x(x-1)(x-2)\cdots(x-2014)$, 求 $f'(2014)$.

$$f'(2014) = \lim_{x \to 2014} \frac{f(x) - f(2014)}{x - 2014} = \lim_{x \to 2014} \frac{x(x-1)(x-2)\cdots(x-2014) - 0}{x - 2014} = 2014!.$$

2. 单侧导数

在式(2-1-1)中，如果自变量的增量 Δx 只从大于 0 的方向或从小于 0 的方向趋近于 0，则有以下定义.

定义 2 设 $y=f(x)$ 在 $(x_0-\delta,x_0]$ 有定义，若左极限

$$\lim_{\Delta x\to 0^-}\frac{f(x_0+\Delta x)-f(x_0)}{\Delta x}$$

存在，则称函数 $f(x)$ 在 x_0 **左侧可导**(left derivable)，并把上述左极限称为函数 $f(x)$ 在 x_0 的**左导数**(left derivative)，记作 $f'_-(x_0)$，即

$$f'_-(x_0)=\lim_{\Delta x\to 0^-}\frac{f(x_0+\Delta x)-f(x_0)}{\Delta x}=\lim_{x\to x_0^-}\frac{f(x)-f(x_0)}{x-x_0}.$$

类似地，可以定义函数 $f(x)$ 在 x_0 的**右侧可导**(right derivable)及**右导数**(right derivative)

$$f'_+(x_0)=\lim_{\Delta x\to 0^+}\frac{f(x_0+\Delta x)-f(x_0)}{\Delta x}=\lim_{x\to x_0^+}\frac{f(x)-f(x_0)}{x-x_0}.$$

由极限存在的条件，有以下定理.

定理 1 函数 $f(x)$ 在 x_0 可导 $\Leftrightarrow$ 函数 $f(x)$ 在 x_0 的左、右导数都存在并且相等，即

$$f'_-(x_0)=f'_+(x_0).$$

例 2 研究函数

$$f(x)=\begin{cases}x, & x<0,\\ \ln(1+x), & x\geqslant 0\end{cases}$$

在点 $x=0$ 处的可导性.

解 易知 $f(x)$ 在点 $x=0$ 处连续，而

$$f'_+(0)=\lim_{x\to 0^+}\frac{f(x)-f(0)}{x}=\lim_{x\to 0^+}\frac{\ln(1+x)-0}{x}=\lim_{x\to 0^+}\ln(1+x)^{\frac{1}{x}}=1,$$

$$f'_-(0)=\lim_{x\to 0^-}\frac{f(x)-f(0)}{x}=\lim_{x\to 0^-}\frac{x-0}{x}=1,$$

由于 $f'_-(0)=f'_+(0)=1$，故 $f(x)$ 在点 $x=0$ 处可导，且 $f'(0)=1$.

3. 导函数

定义 3 若函数 $f(x)$ 在区间 I 的每一点都可导(若区间 I 的左(右)端点属于 I，函数 $f(x)$ 在左(右)端点右可导(左可导))，则称函数 $f(x)$ **在区间 I 可导**.

若函数 $f(x)$ 在区间 I 可导，则 $\forall x\in I$，都存在(对应)唯一一个导数 $f'(x)$，根据函数定义，$f'(x)$ 是区间 I 上的函数，称为函数 $f(x)$ 在区间 I 上的导函数，记为

$$f'(x), y' \quad 或 \quad \frac{\mathrm{d}y}{\mathrm{d}x}.$$

显然,函数 $f(x)$ 在点 x_0 处的导数 $f'(x_0)$ 就是导函数 $f'(x)$ 在点 $x=x_0$ 处的函数值,即

$$f'(x_0) = f'(x)|_{x=x_0}.$$

导函数 $f'(x)$ 简称为导数,而 $f'(x_0)$ 是函数 $f(x)$ 在点 x_0 处的导数或 $f'(x)$ 在点 $x=x_0$ 处的函数值.

根据导数定义,求函数 $f(x)$ 在点 x 的导数,应按下列步骤进行:

第一步　求增量:在点 x 给自变量改变量 Δx,计算函数改变量 $\Delta y = f(x+\Delta x) - f(x)$;

第二步　作比值:$\dfrac{\Delta y}{\Delta x} = \dfrac{f(x+\Delta x) - f(x)}{\Delta x}$;

第三步　取极限:$\lim\limits_{\Delta x \to 0} \dfrac{\Delta y}{\Delta x} = f'(x)$.

为了简化叙述,在以下各例中,Δx 都是表示自变量在点 x 的的改变量,Δy 都是表示函数相应的改变量.

4. 求导数举例

例 3　求 $f(x) = c$(c 是常数)在点 x 的导数.

解　$f(x+\Delta x) = c, \Delta y = f(x+\Delta x) - f(x) = c - c = 0,$

$$\frac{\Delta y}{\Delta x} = \frac{0}{\Delta x} = 0,$$

则

$$\lim_{\Delta x \to 0} \frac{\Delta y}{\Delta x} = 0,$$

即常数函数的导数为 0.

例 4　求函数 $f(x) = x^n$(n 是自然数)在点 x 的导数.

解　$f(x+\Delta x) = (x+\Delta x)^n,$

$$\Delta y = f(x+\Delta x) - f(x) = (x+\Delta x)^n - x^n = nx^{n-1}\Delta x + \frac{n(n-1)}{2!}x^{n-2}(\Delta x)^2 + \cdots + (\Delta x)^n,$$

$$\frac{\Delta y}{\Delta x} = \frac{(x+\Delta x)^n - x^n}{\Delta x} = nx^{n-1} + \frac{n(n-1)}{2!}x^{n-2}\Delta x + \cdots + (\Delta x)^{n-1},$$

有

$$\lim_{\Delta x \to 0} \frac{\Delta y}{\Delta x} = \lim_{\Delta x \to 0}\left(nx^{n-1} + \frac{n(n-1)}{2!}x^{n-2}\Delta x + \cdots + (\Delta x)^{n-1}\right) = nx^{n-1},$$

即 $(x^n)' = nx^{n-1}.$

特别是，当 $n=1$ 时，有 $(x)'=1$.

可以证明，对任意的实数 α，有 $(x^\alpha)'=\alpha x^{\alpha-1}$.

如 $(\sqrt{x})'=(x^{\frac{1}{2}})'=\dfrac{1}{2}x^{-\frac{1}{2}}=\dfrac{1}{2\sqrt{x}}$.

例 5　求正弦函数 $f(x)=\sin x$ 的导函数.

解　$\forall x\in \mathbf{R}$，$f(x+\Delta x)=\sin(x+\Delta x)$，

$$\Delta y=f(x+\Delta x)-f(x)=\sin(x+\Delta x)-\sin x,$$

$$\frac{\Delta y}{\Delta x}=\frac{\sin(x+\Delta x)-\sin x}{\Delta x}=\frac{2\cos\left(x+\dfrac{\Delta x}{2}\right)\sin\dfrac{\Delta x}{2}}{\Delta x}=\cos\left(x+\frac{\Delta x}{2}\right)\frac{\sin\dfrac{\Delta x}{2}}{\dfrac{\Delta x}{2}},$$

有

$$\lim_{\Delta x\to 0}\frac{\Delta y}{\Delta x}=\lim_{\Delta x\to 0}\cos\left(x+\frac{\Delta x}{2}\right)\frac{\sin\dfrac{\Delta x}{2}}{\dfrac{\Delta x}{2}}=\lim_{\Delta x\to 0}\cos\left(x+\frac{\Delta x}{2}\right)\cdot\lim_{\Delta x\to 0}\frac{\sin\dfrac{\Delta x}{2}}{\dfrac{\Delta x}{2}}=\cos x,$$

$$\left(\text{已知}\lim_{\Delta x\to 0}\cos\left(x+\frac{\Delta x}{2}\right)=\cos x,\lim_{\Delta x\to 0}\frac{\sin\dfrac{\Delta x}{2}}{\dfrac{\Delta x}{2}}=1\right)$$

即正弦函数 $\sin x$ 在 $\mathbf{R}$ 上任意 x 点处都可导，并且

$$(\sin x)'=\cos x.$$

同样地，余弦函数 $\cos x$ 在定义域 $\mathbf{R}$ 上也可导，并且

$$(\cos x)'=-\sin x.$$

例 6　求对数函数 $f(x)=\log_a x(0<a\ne 1,x>0)$ 在 x 的导数.

解　$f(x+\Delta x)=\log_a(x+\Delta x)(x+\Delta x>0)$，

$$\Delta y=f(x+\Delta x)-f(x)=\log_a(x+\Delta x)-\log_a x=\log_a\left(1+\frac{\Delta x}{x}\right).$$

$$\frac{\Delta y}{\Delta x}=\frac{1}{\Delta x}\log_a\left(1+\frac{\Delta x}{x}\right)=\frac{1}{x}\frac{x}{\Delta x}\log_a\left(1+\frac{\Delta x}{x}\right)=\frac{1}{x}\log_a\left(1+\frac{\Delta x}{x}\right)^{\frac{x}{\Delta x}},$$

有

$$\lim_{\Delta x\to 0}\frac{\Delta y}{\Delta x}=\lim_{\Delta x\to 0}\frac{1}{x}\log_a\left(1+\frac{\Delta x}{x}\right)^{\frac{x}{\Delta x}}=\frac{1}{x}\log_a\left[\lim_{\Delta x\to 0}\left(1+\frac{\Delta x}{x}\right)^{\frac{x}{\Delta x}}\right]=\frac{1}{x}\log_a\mathrm{e}=\frac{1}{x\ln a},$$

$$\left(\text{已知}\lim_{\Delta x\to 0}\left(1+\frac{\Delta x}{x}\right)^{\frac{x}{\Delta x}}=\mathrm{e},\log_a\mathrm{e}=\frac{\ln\mathrm{e}}{\ln a}=\frac{1}{\ln a}\right)$$

即对数函数 $\log_a x$ 在定义域 $(0,+\infty)$ 内任意 x 都可导. 于是它在 $(0,+\infty)$ 可导，

并且

$$(\log_a x)' = \frac{1}{x\ln a}.$$

特别是,自然对数函数$(a=e)$,有

$$(\ln x)' = \frac{1}{x\ln e} = \frac{1}{x}.$$

例 7　设 $y = a^x, x \in (-\infty, +\infty), a > 0$, 求 y'.

解　注意到 $u \to 0$ 时, $e^u - 1 \sim u$, 从而

$$y' = \lim_{\Delta x \to 0} \frac{a^{x+\Delta x} - a^x}{\Delta x} = \lim_{\Delta x \to 0} \frac{a^x(a^{\Delta x} - 1)}{\Delta x}$$

$$= a^x \lim_{\Delta x \to 0} \frac{e^{\Delta x \ln a} - 1}{\Delta x} = a^x \lim_{\Delta x \to 0} \frac{\Delta x \ln a}{\Delta x} = a^x \ln a,$$

即 $(a^x)' = a^x \ln a (a > 0)$.

特别地　$(e^x)' = e^x$.

2.1.3　导数的几何意义

连续函数 $y = f(x)$ 的图形在直角坐标系中表示一条曲线,如图 2-2 所示. 设曲线 $y = f(x)$ 上某一点 A 的坐标是 (x_0, y_0), 当自变量由 x_0 变到 $x_0 + \Delta x$ 时,点 A 沿曲线移动到点 $B(x_0 + \Delta x, y_0 + \Delta y)$,直线 AB 是曲线 $y = f(x)$ 的割线,它的倾角记作 β. 从图形可知,在直角三角形 ABC 中,$\dfrac{CB}{AC} = \dfrac{\Delta y}{\Delta x} = \tan\beta$, 所以 $\dfrac{\Delta y}{\Delta x}$ 的几何意义是表示割线 AB 的斜率.

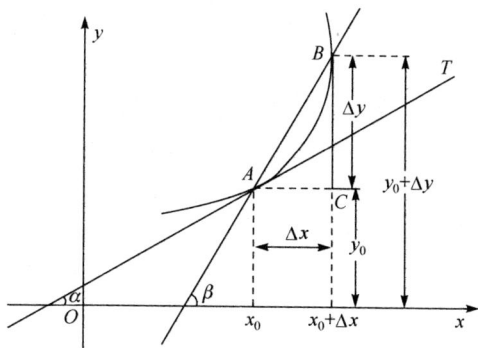

图 2-2

当 $\Delta x \to 0$ 时, B 点沿着曲线趋向于 A 点,这时割线 AB 将绕着 A 点转动,它的极限位置为直线 AT,这条直线 AT 就是曲线在 A 点的切线,它的倾角记作 α. 当 $\Delta x \to 0$ 时,既然割线趋近于切线,所以割线的斜率 $\dfrac{\Delta y}{\Delta x} = \tan\beta$ 必然趋近于切线的斜率 $\tan\alpha$, 即

$$f'(x_0) = \lim_{\Delta x \to 0} \frac{\Delta y}{\Delta x} = \tan\alpha.$$

由此可知,函数 $y = f(x)$ 在 x_0 处的导数 $f'(x_0)$ 的几何意义就是曲线 $y = f(x)$ 在对应点 $A(x_0, y_0)$ 处的切线的斜率.

例 8   求过点$(2,0)$且与曲线 $y=\dfrac{1}{x}$ 相切的直线方程.

解   显然点$(2,0)$不在曲线 $y=\dfrac{1}{x}$ 上. 由导数的几何意义可知,若设切点为

(x_0,y_0),则 $y_0=\dfrac{1}{x_0}$,且所求切线的斜率 k 为

$$k=\left(\dfrac{1}{x}\right)'\Big|_{x=x_0}=-\dfrac{1}{x_0^2},$$

故所求切线方程为

$$y-\dfrac{1}{x_0}=-\dfrac{1}{x_0^2}(x-x_0).$$

又切线过点$(2,0)$,所以有

$$-\dfrac{1}{x_0}=-\dfrac{1}{x_0^2}(2-x_0).$$

于是得 $x_0=1,y_0=1$ 从而所求切线方程为

$$y-1=-(x-1),$$

即 $y=2-x$.

例 9   在曲线 $y=x^{\frac{3}{2}}$ 上求一点,使曲线在该点处的切线与直线 $y=3x-1$
平行.

解   在 $y=x^{\frac{3}{2}}$ 上的任一点 $M(x,y)$ 处切线的斜率 k 为

$$k=y'=(x^{\frac{3}{2}})'=\dfrac{3}{2}\sqrt{x}.$$

而已知直线 $y=3x-1$ 的斜率为 3,则 $\dfrac{3}{2}\sqrt{x}=3$,解之得 $x=4$,代入曲线方程得

$$y=4^{\frac{3}{2}}=8.$$

故所求点为$(4,8)$.

2.1.4   可导与连续的关系

定理 2   若函数 $f(x)$ 在 x_0 可导,则函数 $f(x)$ 在 x_0 连续.

证明   设在 x_0 自变量的增量是 Δx,相应地函数的增量是
$$\Delta y=f(x_0+\Delta x)-f(x_0),$$
有

$$\lim_{\Delta x\to 0}\Delta y=\lim_{\Delta x\to 0}\dfrac{\Delta y}{\Delta x}\cdot\Delta x=\lim_{\Delta x\to 0}\dfrac{\Delta y}{\Delta x}\cdot\lim_{\Delta x\to 0}\Delta x=f'(x_0)\cdot 0=0.$$

即函数 $f(x)$ 在 x_0 连续.

注　定理 2 的逆命题不成立,即函数在一点连续,函数在该点不一定可导.

例 10　函数 $f(x)=|x|$ 在 $x=0$ 处连续,但它在 $x=0$ 处不可导.

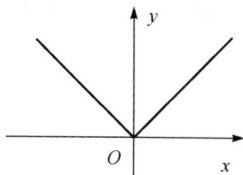

图 2-3

证明

$$\lim_{x\to 0}f(x)=\lim_{x\to 0}|x|=0.$$

函数 $f(x)=|x|$ 在 $x=0$ 处连续.

$$f'_+(0)=\lim_{x\to 0^+}\frac{f(x)-f(0)}{x-0}=\lim_{x\to 0^+}\frac{|x|-0}{x-0}=\lim_{x\to 0^+}\frac{x}{x}=1.$$

$$f'_-(0)=\lim_{x\to 0^-}\frac{f(x)-f(0)}{x-0}=\lim_{x\to 0^-}\frac{|x|-0}{x-0}=\lim_{x\to 0^+}\frac{-x}{x}=-1.$$

因为 $f'_-(x_0)\neq f'_+(x_0)$,于是函数 $f(x)=|x|$ 在 $x=0$ 不可导(图 2-3).

例 11　证明:函数 $f(x)=\sqrt[3]{x}$ 在 $x=0$ 处连续但不可导.

证明　$\lim\limits_{x\to 0}\dfrac{f(x)-f(0)}{x-0}=\lim\limits_{x\to 0}\dfrac{\sqrt[3]{x}}{x}=\lim\limits_{x\to 0}\dfrac{1}{\sqrt[3]{x^2}}=+\infty,$

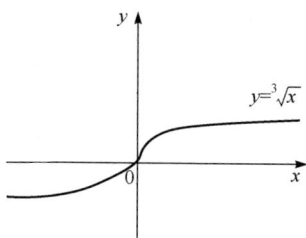

图 2-4

即函数 $f(x)=\sqrt[3]{x}$ 在 $x=0$ 处不可导,也称函数 $f(x)=\sqrt[3]{x}$ 在 $x=0$ 处有无穷大导数. 它的几何意义是,曲线 $y=\sqrt[3]{x}$ 在点 $(0,0)$ 存在切线,切线就是 y 轴(它的斜率是 $+\infty$),如图 2-4 所示.

例 12　研究函数

$$f(x)=\begin{cases} x\sin\dfrac{1}{x}, & x\neq 0,\\[2mm] 0, & x=0\end{cases}$$

在点 $x=0$ 处的连续性和可导性.

解　因为

$$\lim_{x\to 0}f(x)=\lim_{x\to 0}x\sin\frac{1}{x}=0=f(0),$$

所以 $f(x)$ 在点 $x=0$ 处连续,但

$$\lim_{x\to 0}\frac{f(x)-f(0)}{x-0}=\lim_{x\to 0}\frac{x\sin\dfrac{1}{x}-0}{x}=\lim_{x\to 0}\sin\frac{1}{x}$$

不存在,故 $f(x)$ 在点 $x=0$ 处不可导.

此例说明“连续不一定可导”,连续只是可导的必要条件.

例 13　试确定常数 a,b 之值,使函数 $f(x)=\begin{cases} 2e^x+a, & x<0,\\ x^2+bx+1, & x\geqslant 0\end{cases}$ 在 $x=0$

点处可导.

解　由可导与连续的关系,首先 $f(x)$ 在 $x=0$ 点处必须是连续的,即

$$f(0-0)=\lim_{x\to 0^-}f(x)=\lim_{x\to 0^-}(2e^x+a)=2+a,$$

$$f(0+0)=\lim_{x\to 0^+}f(x)=\lim_{x\to 0^-}(x^2+bx+1)=1=f(0).$$

由连续性定理有 $f(0+0)=f(0-0)=f(0)$,即 $2+a=1,a=-1$. 又

$$f'_-(0)=\lim_{x\to 0^-}\frac{f(x)-f(0)}{x-0}=\lim_{x\to 0^-}\frac{(2e^x-1)-1}{x}=2\lim_{x\to 0^-}\frac{e^x-1}{x}=2,$$

$$f'_+(0)=\lim_{x\to 0^+}\frac{f(x)-f(0)}{x-0}=\lim_{x\to 0^+}\frac{(x^2+bx+1)-1}{x}=b.$$

由 $f(x)$ 在 $x=0$ 点处可导,有 $f'_-(0)=f'_+(0)$,即 $b=2$. 故当取 $a=-1,b=2$ 时,$f(x)$ 在 $x=0$ 点处可导.

📖 习题 2.1

1. 根据导数的定义求函数的导数.

(1) $y=ax+b$,求 $\dfrac{\mathrm{d}y}{\mathrm{d}x}$.

(2) $f(x)=(x-1)(x-2)^2(x-3)^3$,求 $f'(1),f'(2),f'(3)$.

(3) $f(x)=(x-1)\cdot\arcsin\sqrt{\dfrac{x}{1+x}}$,求 $f'(1)$.

(4) $f(x)=\begin{cases}x^2\sin\dfrac{1}{x},&x\neq 0,\\0,&x=0,\end{cases}$　求 $f'(0)$.

(5) $f(x)=x|x|$,求 $f'(0)$.

2. 下列各题中均假定 $f'(x_0)$ 存在,按照导数定义观察下列极限,指出 A 表示什么.

(1) $\lim\limits_{\Delta x\to 0}\dfrac{f(x_0-\Delta x)-f(x_0)}{\Delta x}=A$;

(2) $\lim\limits_{x\to 0}\dfrac{f(x)}{x}=A$,其中 $f(0)=0$,且 $f'(0)$ 存在;

(3) $\lim\limits_{h\to 0}\dfrac{f(x_0+h)-f(x_0-h)}{h}=A$;

(4) $\lim\limits_{n\to\infty}n\left[f\left(x_0+\dfrac{1}{n}\right)-f(x_0)\right]=A$.

3. 如果 $f(x)$ 为偶函数,且 $f'(0)$ 存在,证明 $f'(0)=0$.

4. 设 $f(x)=\begin{cases} x^2, & x\leqslant c, \\ ax+b, & x>c, \end{cases} a,b,c$ 是常数,试确定 a,b,使 $f'(c)$ 存在.

5. 设函数 $f(x)$ 在 $x=2$ 处连续,且 $\lim\limits_{x\to 2}\dfrac{f(x)}{x-2}=3$,求 $f'(2)$.

6. 求下列函数 $f(x)$ 的 $f'_-(0)$ 和 $f'_+(0)$,并问 $f'(0)$ 是否存在?

(1) $f(x)=\begin{cases} \sin x, & x<0, \\ \ln(1+x), & x\geqslant 0; \end{cases}$ (2) $f(x)=\begin{cases} \dfrac{x}{1+\mathrm{e}^{\frac{1}{x}}}, & x\neq 0, \\ 0, & x=0. \end{cases}$

7. 求曲线 $y=\dfrac{x^5+1}{x^4+1}$,在横坐标为 $x_0=1$ 点的切线和法线方程.

8. 在抛物线 $y=x^2$ 上取横坐标为 $x_1=1$ 和 $x_2=3$ 的两点,作过这两点的割线,问该抛物线上哪一点的切线可平行于这割线?

2.2 求导法则与导数公式

2.2.1 函数四则运算的求导法则

求导运算是微积分的基本运算之一. 要迅速准确地求出函数的导数,如果总是按照导数的定义去求函数的导数,计算量很大,费时费力. 为此要把求导运算公式化,这样就需要求导法则.

定理 1 若函数 $u(x)$ 与 $v(x)$ 在 x 可导,则它们的和、差、积、商(除分母为零的点外)都在点 x 可导,且

(1) $[u(x)\pm v(x)]'=u'(x)\pm v'(x)$.

(2) $[u(x)v(x)]'=u(x)v'(x)+u'(x)v(x)$.

(3) $\left[\dfrac{u(x)}{v(x)}\right]'=\dfrac{u'(x)v(x)-u(x)v'(x)}{[v(x)]^2}$.

证明 (1)设 $y=u(x)\pm v(x)$,有

$$\Delta y=[u(x+\Delta x)\pm v(x+\Delta x)]-[u(x)\pm v(x)]$$
$$=[u(x+\Delta x)-u(x)]\pm[v(x+\Delta x)-v(x)]=\Delta u\pm\Delta v,$$

$$\frac{\Delta y}{\Delta x}=\frac{\Delta u}{\Delta x}\pm\frac{\Delta v}{\Delta x},$$

已知函数 $u(x)$ 与 $v(x)$ 在 x 可导,有

$$\lim_{\Delta x\to 0}\frac{\Delta u}{\Delta x}=u'(x) \quad 与 \quad \lim_{\Delta x\to 0}\frac{\Delta v}{\Delta x}=v'(x).$$

于是

$$\lim_{\Delta x\to 0}\frac{\Delta y}{\Delta x}=\lim_{\Delta x\to 0}\frac{\Delta u}{\Delta x}\pm\lim_{\Delta x\to 0}\frac{\Delta v}{\Delta x}=u'(x)\pm v'(x),$$

即函数 $u(x)\pm v(x)$ 在 x 可导,且 $[u(x)\pm v(x)]'=u'(x)\pm v'(x)$.

应用归纳法,可将定理 1 推广为任意有限个函数代数和的导数,即若函数 $u_1(x),u_2(x),\cdots,u_n(x)$ 都在 x 可导,则函数 $u_1(x)\pm u_2(x)\pm\cdots\pm u_n(x)$ 在 x 也可导,且

$$[u_1(x)\pm u_2(x)\pm\cdots u_n(x)]'=u_1'(x)\pm u_2'(x)\pm\cdots\pm u_n'(x).$$

(2) 设 $y=u(x)v(x)$,有

$$\begin{aligned}
\Delta y&=u(x+\Delta x)v(x+\Delta x)-u(x)v(x)\\
&=u(x+\Delta x)v(x+\Delta x)-u(x+\Delta x)v(x)+u(x+\Delta x)v(x)-u(x)v(x)\\
&=u(x+\Delta x)[v(x+\Delta x)-v(x)]+v(x)[u(x+\Delta x)-u(x)]\\
&=u(x+\Delta x)\Delta v+v(x)\Delta u.
\end{aligned}$$

$$\frac{\Delta y}{\Delta x}=u(x+\Delta x)\frac{\Delta v}{\Delta x}+v(x)\frac{\Delta u}{\Delta x}.$$

已知函数 $u(x)$ 与 $v(x)$ 在 x 可导,有

$$\lim_{\Delta x\to 0}\frac{\Delta u}{\Delta x}=u'(x) \quad 与 \quad \lim_{\Delta x\to 0}\frac{\Delta v}{\Delta x}=v'(x).$$

根据 2.1 节定理 2,函数 $u(x)$ 在 x 连续,即 $\lim\limits_{\Delta x\to 0}u(x+\Delta x)=u(x)$.

于是

$$\lim_{\Delta x\to 0}\frac{\Delta y}{\Delta x}=\lim_{\Delta x\to 0}u(x+\Delta x)\cdot\lim_{\Delta x\to 0}\frac{\Delta v}{\Delta x}+v(x)\cdot\lim_{\Delta x\to 0}\frac{\Delta u}{\Delta x}=u(x)v'(x)+u'(x)v(x).$$

即函数 $u(x)v(x)$ 在 x 可导,且

$$[u(x)v(x)]'=u(x)v'(x)+u'(x)v(x).$$

注 $[u(x)v(x)]'\neq u'(x)v'(x)$!

应用归纳法,可将(2)推广为任意有限个函数的乘积的导数.

若函数 $u_1(x),u_2(x),\cdots,u_n(x)$ 都在 x 可导,则函数 $u_1(x)u_2(x)\cdots u_n(x)$ 在 x 也可导,且

$$[u_1(x)u_2(x)\cdots u_n(x)]'$$
$$=u_1'(x)u_2(x)\cdots u_n(x)+u_1(x)u_2'(x)\cdots u_n(x)+\cdots+u_1(x)u_2(x)\cdots u_n'(x).$$

定理 2 的特殊情形:当 $v(x)=c$ 是常数时,由定理 2,有

$$[cu(x)]'=cu'(x)+u(x)(c)'=cu'(x).$$

例 1 求函数 $f(x)=\sqrt{x}\sin x$ 的导数.

解 $f'(x)=(\sqrt{x}\sin x)'=\sqrt{x}(\sin x)'+\sin x(\sqrt{x})'$

$$=\sqrt{x}\cos x+\sin x\cdot\frac{1}{2\sqrt{x}}=\sqrt{x}\cos x+\frac{\sin x}{2\sqrt{x}}.$$

例 2 求函数 $f(x)=5\log_2 x-2x^4$ 的导数.

解 $f'(x)=(5\log_2 x-2x^4)'=(5\log_2 x)'-(2x^4)'=5(\log_2 x)'-2(x^4)'$

$$=\frac{5}{x\ln 2}-8x^3.$$

（3）先考虑 $u(x)=1$ 时的特殊情况. 设 $y=\dfrac{1}{v(x)}$，有

$$\Delta y=\frac{1}{v(x+\Delta x)}-\frac{1}{v(x)}=\frac{v(x)-v(x+\Delta x)}{v(x)v(x+\Delta x)}=\frac{-\Delta v}{v(x)v(x+\Delta x)},$$

$$\frac{\Delta y}{\Delta x}=\frac{-\dfrac{\Delta v}{\Delta x}}{v(x)v(x+\Delta x)},$$

已知函数 $v(x)$ 在 x 可导，则函数 $v(x)$ 在 x 连续，有

$$\lim_{\Delta x\to 0}\frac{\Delta v}{\Delta x}=v'(x),\quad \lim_{\Delta x\to 0}v(x+\Delta x)=v(x).$$

于是

$$\lim_{\Delta x\to 0}\frac{\Delta y}{\Delta x}=\frac{\displaystyle\lim_{\Delta x\to 0}\frac{\Delta v}{\Delta x}}{v(x)\lim_{\Delta x\to 0}v(x+\Delta x)}=\frac{-v'(x)}{[v(x)]^2},$$

即函数 $\dfrac{1}{v(x)}$ 在 x 可导，且 $\left[\dfrac{1}{v(x)}\right]'=\dfrac{-v'(x)}{[v(x)]^2}$.

于是

$$\left[\frac{u(x)}{v(x)}\right]'=\left[u(x)\cdot\frac{1}{v(x)}\right]'=u'(x)\frac{1}{v(x)}+u(x)\left[\frac{1}{v(x)}\right]'$$

$$=u'(x)\frac{1}{v(x)}+u(x)\frac{-v'(x)}{[v(x)]^2}=\frac{u'(x)v(x)-u(x)v'(x)}{[v(x)]^2}.$$

注 $\left[\dfrac{u(x)}{v(x)}\right]'\neq\dfrac{u'(x)}{v'(x)}$!

例 3 求正切函数 $\tan x$ 与余切函数 $\cot x$ 的导数.

解 $(\tan x)'=\left(\dfrac{\sin x}{\cos x}\right)'=\dfrac{(\sin x)'\cos x-\sin x(\cos x)'}{\cos^2 x}$

$$=\frac{\cos^2+\sin^2 x}{\cos^2 x}=\frac{1}{\cos^2 x}$$

$$=\sec^2 x.$$

$(\cot x)'=\left(\dfrac{\cos x}{\sin x}\right)'=\dfrac{(\cos x)'\sin x-\cos x(\sin x)'}{\sin^2 x}$

$$=\frac{-\sin^2 x-\cos^2 x}{\sin^2 x}=-\frac{1}{\sin^2 x}=-\csc^2 x.$$

例 4　求正割函数 $\sec x$ 与余割函数 $\csc x$ 的导数.

解　$(\sec x)' = \left(\dfrac{1}{\cos x}\right)' = -\dfrac{(\cos x)'}{\cos^2 x} = \dfrac{\sin x}{\cos^2 x} = \tan x \cdot \sec x.$

$(\csc x)' = \left(\dfrac{1}{\sin x}\right)' = -\dfrac{(\sin x)'}{\sin^2 x} = -\dfrac{\cos x}{\sin^2 x} = -\cot x \cdot \csc x.$

2.2.2　反函数的求导法则

为了求指数函数(对数函数的反函数)与反三角函数(三角函数的反函数)的导数,首先给出反函数求导法则.

定理 2　若函数 $f(x)$ 在 x 的某邻域连续,并严格单调,函数 $y = f(x)$ 在 x 可导,且 $f'(x) \neq 0$,则它的反函数 $x = \varphi(y)$ 在 $y(y = f(x))$ 处可导,并且

$$\varphi'(y) = \frac{1}{f'(x)}.$$

证明　由 1.2 节定理 1,函数 $y = f(x)$ 在 x 的某邻域存在反函数 $x = \varphi(y)$.

设反函数 $x = \varphi(y)$ 在点 y 的自变量的改变量是 $\Delta y(\Delta y \neq 0)$,有

$$\Delta x = \varphi(y + \Delta y) - \varphi(y), \quad \Delta y = f(x + \Delta x) - f(x).$$

已知函数 $y = f(x)$ 在 x 的某邻域连续和严格单调,则反函数 $x = \varphi(y)$ 在 y 的某邻域也连续和严格单调,有

$$\Delta y \to 0 \Leftrightarrow \Delta x \to 0 ; \quad \Delta y \neq 0 \Leftrightarrow \Delta x \neq 0.$$

于是

$$\frac{\Delta x}{\Delta y} = \frac{1}{\dfrac{\Delta y}{\Delta x}},$$

有

$$\lim_{\Delta y \to 0} \frac{\Delta x}{\Delta y} = \lim_{\Delta x \to 0} \frac{1}{\dfrac{\Delta y}{\Delta x}} = \frac{1}{\lim\limits_{\Delta x \to 0} \dfrac{\Delta y}{\Delta x}} = \frac{1}{f'(x)},$$

即反函数 $x = \varphi(y)$ 在 y 处可导,并且 $\varphi'(y) = \dfrac{1}{f'(x)}$.

注　由于 $y = f(x)$ 与 $x = \varphi(y)$ 互为反函数,所以上述公式也可以写成

$$f'(x) = \frac{1}{\varphi'(y)}.$$

例 5　求指数函数 $y = a^x(0 < a \neq 1)$ 的导数.

解　已知指数函数 $y = a^x$ 是对数函数 $x = \log_a y$ 的反函数,有

$$(a^x)' = \frac{1}{(\log_a y)'} = \frac{1}{\dfrac{1}{y \ln a}} = y \ln a = a^x \ln a,$$

即

$$(a^x)'=a^x\ln a.$$

特别地,当 $a=e$ 时,有 $(e^x)'=e^x\ln e=e^x$.

例 6　求反三角函数 $y=\arcsin x\left(-1<x<1,-\dfrac{\pi}{2}<y<\dfrac{\pi}{2}\right)$ 的导数.

解　$y=\arcsin x$ 在 $(-1,1)$ 连续,且严格单调,存在反函数 $x=\sin y$. 由反函数的求导法则,有

$$(\arcsin x)'=\frac{1}{(\sin y)'}=\frac{1}{\cos y},$$

但 $\cos y=\sqrt{1-\sin^2 y}=\sqrt{1-x^2}\left($ 因为当 $-\dfrac{\pi}{2}<y<\dfrac{\pi}{2}$ 时,$\cos y>0$,所以根号前只取正号 $\right)$,

从而有

$$(\arcsin x)'=\frac{1}{\sqrt{1-x^2}}.$$

用类似的方法可得

$$(\arccos x)'=-\frac{1}{\sqrt{1-x^2}},\quad (\arctan x)'=\frac{1}{1+x^2},\quad (\text{arccot}\,x)'=-\frac{1}{1+x^2}.$$

2.2.3　复合函数的求导法则

我们经常遇到的函数多是由几个基本初等函数生成的复合函数. 因此,复合函数的求导法则是求导运算中经常应用的一个重要法则.

定理 3　(链式法则(chain rule))　若函数 $u=\varphi(x)$ 在 x 处可导,函数 $y=f(u)$ 在相应的点 $u(=\varphi(x))$ 可导,则复合函数 $y=f[\varphi(x)]$ 在 x 也可导,且

$$\{f[\varphi(x)]\}'=f'(u)\varphi'(x)\quad \text{或}\quad \frac{\mathrm{d}y}{\mathrm{d}x}=\frac{\mathrm{d}y}{\mathrm{d}u}\frac{\mathrm{d}u}{\mathrm{d}x}.$$

证明　设 x 取得改变量 Δx,则 u 取得相应的改变量 Δu,从而 y 取得相应的改变量 Δy.

$$\Delta u=\varphi(x+\Delta x)-\varphi(x),\quad \Delta y=f(u+\Delta u)-f(u).$$

当 $\Delta u\neq 0$ 时,有

$$\frac{\Delta y}{\Delta x}=\frac{\Delta y}{\Delta u}\cdot\frac{\Delta u}{\Delta x}.$$

因为 $u=\varphi(x)$ 在 x 可导,则必连续,所以当 $\Delta x\to 0$ 时,$\Delta u\to 0$,因此

$$\lim_{\Delta x\to 0}\frac{\Delta y}{\Delta x}=\lim_{\Delta x\to 0}\frac{\Delta y}{\Delta u}\cdot\lim_{\Delta x\to 0}\frac{\Delta u}{\Delta x}=\lim_{\Delta u\to 0}\frac{\Delta y}{\Delta u}\cdot\lim_{\Delta x\to 0}\frac{\Delta u}{\Delta x}.$$

于是有

$$\{f[\varphi(x)]\}' = f'(u)\varphi'(x) \quad \text{或} \quad \frac{dy}{dx} = \frac{dy}{du}\frac{du}{dx}.$$

可以证明,当 $\Delta u = 0$ 时上述公式仍成立.

注 1 定理中 $f'(u)$ 是 $y = f(u)$ 对 u 的导数,现在 $u = \varphi(x)$,则

$$f'(u) = f'[\varphi(x)] = (f[\varphi(x)])'_{\varphi(x)},$$

即 $f'[\varphi(x)]$ 表示 $y = f[\varphi(x)]$ 对 $\varphi(x)$ 的导数.

因此有 若 $y = f(u)$ 对 u 的导数为 $f'(u)$,则 $y = f[\varphi(x)]$ 对 $\varphi(x)$ 的导数就是 $f'[\varphi(x)]$.

具体的 $(u^\alpha)'_u = \alpha u^{\alpha-1}$,则 $(\varphi^\alpha(x))'_{\varphi(x)} = \alpha \varphi^{\alpha-1}(x)$.

而 $(e^u)'_u = e^u$,则 $(e^{\varphi(x)})'_{\varphi(x)} = e^{\varphi(x)}$,例如 $(e^{2x})'_{2x} = e^{2x}$,即基本的求导公式中的 x 都可以用 $\varphi(x)$ 来换.

注 2 应用归纳法,可将定理 5 推广为任意有限多个函数生成的复合函数的情形. 以三个函数为例.

若 $y = f(u)$, $u = \varphi(v)$, $v = \psi(x)$ 都可导,则

$$\frac{dy}{dx} = \frac{dy}{du}\frac{du}{dv}\frac{dv}{dx} = (f\{\varphi[\psi(x)]\})' = f'(u)\varphi'(v)\psi'(x).$$

注 3 对于复合函数求导来说,链式法则是重要而且有用的方法. 用这个法则的关键是:将一个给定的复合函数分解成若干个基本初等函数,按照从外到内的顺序依次求导.

例 7 求 $y = \sin 5x$ 的导数.

解 函数 $y = \sin 5x$ 是函数 $y = \sin u$ 与 $u = 5x$ 的复合函数. 由复合函数求导法则,有

$$(\sin 5x)' = (\sin u)'(5x)' = \cos u \cdot 5 = 5\cos 5x.$$

例 8 求函数 $y = \ln(-x)(x < 0)$ 的导数.

解 函数 $y = \ln(-x)$ 是函数 $y = \ln u$ 与 $u = -x$ 的复合函数,由复合函数求导法则,有

$$[\ln(-x)]' = (\ln u)'(-x)' = \frac{1}{u} \cdot (-1) = \frac{1}{x}.$$

将这一结果与 $(\ln x)' = \dfrac{1}{x}$ 合并,有

$$(\ln|x|)' = \frac{1}{x} \quad (x \neq 0).$$

例 9 求幂函数 $y = x^\alpha$(α 是实数)的导数.

解 将 $y = x^\alpha$ 两端求自然对数,有 $\ln y = \alpha \ln x$,即

$$y = e^{\alpha \ln x} \ (x > 0),$$

它是函数 $y = e^u$ 与 $u = \alpha \ln x$ 的复合函数. 由复合函数求导法则,有

$$(x^a)' = (e^{a\ln x})' = (e^u)'(\alpha \ln x)' = e^u \frac{\alpha}{x} = e^{a\ln x} \frac{\alpha}{x} = x^a \frac{\alpha}{x} = \alpha x^{a-1}.$$

即

$$(x^a)' = \alpha x^{a-1}.$$

若幂函数 $y = x^a$ 的定义域是 $\mathbf{R}$ 或 $\mathbf{R} - \{0\}$,则幂函数 $y = x^a$ 的导数公式 $(x^a)' = \alpha x^{a-1}$ 也是正确的.

对复合函数的分解比较熟练后,就不必再写出中间变量,而可采用下列例题的方式来计算.

例 10 $y = \ln \sin x$,求 y'.

解 $y' = (\ln \sin x)'_x = (\ln \sin x)'_{\sin x} (\sin x)'_x$

$$= \frac{1}{\sin x}(\sin x)' = \frac{\cos x}{\sin x} = \cot x.$$

例 11 求函数 $y = \tan^3 \ln x$ 的导数.

解 $y' = 3 \tan^2 \ln x \cdot (\tan \ln x)'_x = 3 \tan^2 \ln x \cdot \frac{1}{\cos^2 \ln x} \cdot (\ln x)'$

$$= 3 \tan^2 \ln x \cdot \frac{1}{\cos^2 \ln x} \cdot \frac{1}{x} = \frac{3 \tan^2 \ln x}{x \cos^2 \ln x}.$$

2.2.4 初等函数的导数

以上根据导数的定义和求导法则得到了基本初等函数的导数公式. 它们是求初等函数导数的基础. 把它们集中起来,就是**导数公式表**.

(1) $(c)' = 0$,其中 c 是常数;

(2) $(x^a)' = \alpha x^{a-1}$,其中 α 是实数;

(3) $(\log_a x)' = \frac{1}{x} \log_a e = \frac{1}{x \ln a}$,$(\ln x)' = \frac{1}{x}$;

(4) $(a^x)' = a^x \ln a$,$(e^x)' = e^x$;

(5) $(\sin x)' = \cos x$, $(\cos)' = -\sin x$,$(\tan x)' = \sec^2 x$,

$(\cot x)' = -\csc^2 x$, $(\sec x)' = \tan x \sec x$, $(\csc x)' = -\cot x \csc x$;

(6) $(\arcsin x)' = \frac{1}{\sqrt{1-x^2}}$, $(\arccos x)' = -\frac{1}{\sqrt{1-x^2}}$,

$(\arctan x)' = \frac{1}{1+x^2}$,$(\text{arccot} x)' = -\frac{1}{1+x^2}$.

根据求导法则和导数公式表,能求出任意初等函数的导数. 由导数公式表知,基本初等函数的导数还是初等函数. 于是,初等函数的导数仍是初等函数,即初等

函数对导数运算是封闭的.

习题 2.2

1. 求下列函数的导数:

(1) $y=x^3+\dfrac{5}{x^4}-\dfrac{1}{x}+10$;

(2) $y=4x^5-2^x+3e^x$;

(3) $y=\tan x-2\sec x+3$;

(4) $y=\sin x\cdot\cos x$;

(5) $y=x\ln x-x^2$;

(6) $y=3e^x\cos x$;

(7) $y=\dfrac{e^x}{x^2}+\ln2$;

(8) $y=\dfrac{1-\cos x}{\sin x}$;

(9) $y=x(x+1)\tan x$.

2. 求下列函数的导数.

(1) $y=\sin x-\cos x$, 求 $y'|_{x=\frac{\pi}{6}}$ 和 $y'|_{x=\frac{\pi}{4}}$.

(2) $\rho=\theta\sin\theta+\dfrac{1}{2}\cos\theta$, 求 $\dfrac{d\rho}{d\theta}\Big|_{\theta=\frac{\pi}{4}}$.

3. 求下列函数的导数:

(1) $y=(2x+5)^4$;

(2) $y=\cos(4-3x)$;

(3) $y=e^{-3x^2}$;

(4) $y=\ln(1+x^2)$;

(5) $y=\sin^2 x$;

(6) $y=\arctan(e^x)$;

(7) $y=(\arcsin x)^2$;

(8) $y=\ln\cos x$;

4. 求下列函数的导数:

(1) $y=\arcsin(2x+5)$;

(2) $y=\dfrac{1}{\sqrt{1-x^2}}$;

(3) $y=e^{-3x^2}\cos 2x$;

(4) $y=\arcsin\sqrt{x}$;

(5) $y=\ln(x+\sqrt{a^2+x^2})$;

(6) $y=\ln(\sec x+\tan x)$;

(7) $y=\ln(\csc x-\cot x)$.

5. 求下列函数的导数:

(1) $y=e^{\tan\frac{1}{x}}$;

(2) $y=\ln\tan 2x$;

(3) $y=e^{\arctan\sqrt{x}}$;

(4) $y=\ln\ln\ln x$;

(5) $y=\sin^2 x\cdot\sin x^2$;

(6) $y=\sqrt{x+\sqrt{x}}$;

(7) $y=\arccos\sqrt{1-3x}-2^{-\frac{1}{x}}$;

(8) $y=\sqrt{\dfrac{x+1}{x-1}}$, 求 $y'|_{x=2}$.

6. 设 $f(x)=(ax+b)\sin x+(cx+d)\cos x$, 确定 a,b,c,d 使 $f'(x)=x\cos x$.

7. 求垂直于直线 $2x-6y+1=0$, 且与曲线 $y=x^3-3x^2-5$ 相切的直线方程.

8. 设 $y=f\left(\dfrac{3x-2}{3x+2}\right)$，又 $f'(x)=\arctan x^2$，求 $\left.\dfrac{\mathrm{d}y}{\mathrm{d}x}\right|_{x=0}$.

9. 求 $\dfrac{\mathrm{d}(\sin x^2)}{\mathrm{d}x}$，$\dfrac{\mathrm{d}(\sin x^2)}{\mathrm{d}(x^2)}$.

2.3 高 阶 导 数

运动的加速度是速度对于时间的变化率. 如果以 $s=f(t)$ 记运动规律，那么 $f'(t)$ 是速度，加速度便是 $f'(t)$ 对于时间 t 的导数

$$a=\frac{\mathrm{d}v}{\mathrm{d}t}=\frac{\mathrm{d}}{\mathrm{d}t}\left(\frac{\mathrm{d}s}{\mathrm{d}t}\right)=(f'(t))',$$

从而，引出求导函数的导数问题.

一般地，函数 $y=f(x)$ 的导数 $y'=f'(x)$ 仍是 x 的函数，如果函数 $y'=f'(x)$ 的导数存在，这个导数就叫做原来函数 $y=f(x)$ 的**二阶导数**（second derivative），记作.

$$y'',f''(x) \quad 或 \quad \frac{\mathrm{d}^2y}{\mathrm{d}x^2}=\frac{\mathrm{d}}{\mathrm{d}x}\left(\frac{\mathrm{d}y}{\mathrm{d}x}\right).$$

按照定义，函数 $y=f(x)$ 在点 x 的二阶导数就是下列极限

$$f''(x)=\lim_{\Delta x\to 0}\frac{f'(x+\Delta x)-f'(x)}{\Delta x}.$$

同样地，如果 $y''=f''(x)$ 的导数存在，其导数就叫做 $y=f(x)$ 的**三阶导数**（third derivative），记作

$$y''',f'''(x) \quad 或 \quad \frac{\mathrm{d}^3y}{\mathrm{d}x^3}.$$

一般地，如果 $y=f(x)$ 的 $(n-1)$ 阶导数 $y^{(n-1)}=f^{(n-1)}(x)$ 的导数存在，其导数就叫做 $y=f(x)$ 的 **n 阶导数**（n-th order deriva tive of the function $f(x)$），记作

$$y^{(n)},f^{(n)}(x) \quad 或 \quad \frac{\mathrm{d}^ny}{\mathrm{d}x^n}.$$

二阶及二阶以上的导数被称为**高阶导数**（higher order diravative），$f'(x)$ 是一阶导数（first order derivative），$f(x)$ 被称为它自己的零阶导数（ zero order derivative）.

显然，求高阶导数只需进行一连串通常的求导数运算，不需要什么另外的方法.

例 1 求 n 次多项式 $y=a_0x^n+a_1x^{n-1}+\cdots+a_{n-1}x+a_n$ 的各阶导数.

解 $y'=na_0x^{n-1}+(n-1)a_1x^{n-2}+\cdots+a_{n-1}$，

$$y''=n(n-1)a_0x^{n-2}+(n-1)(n-2)a_1x^{n-3}+\cdots+2a_{n-2},$$

可见经过一次求导运算,多项式的次数就降一次,继续求导下去,易知

$$y^{(n)}=n!\ a_0$$

是一个常数,由此

$$y^{(n+1)}=y^{(n+2)}=\cdots=0,$$

即 n 次多项式的一切高于 n 阶的导数都是零.

例2 求 $y=e^{ax}$,$y=a^x$ 的 n 阶导数.

解 (1)$y=e^{ax}$,$y'=ae^{ax}$,$y''=a^2e^{ax}$,$\cdots$,$y^{(n)}=a^ne^{ax}$;

(2)$y=a^x$,$y'=(\ln a)a^x$,$y''=(\ln a)^2a^x$,$\cdots$,$y^{(n)}=(\ln a)^na^x$.

例3 求 $y=\ln(1+x)$ 的 n 阶导数.

解 $y'=\dfrac{1}{1+x}$,　$y''=-\dfrac{1}{(1+x)^2}$,　$y'''=\dfrac{1\cdot2}{(1+x)^3}$,$\cdots$,

$$y^{(n)}=(-1)^{n-1}\dfrac{(n-1)!}{(1+x)^n}.$$

例4 求 $y=\sin x$ 的 n 阶导数.

解
$$y'=\cos x=\sin\left(x+\dfrac{\pi}{2}\right),$$

$$y''=\cos\left(x+\dfrac{\pi}{2}\right)=\sin\left(x+2\cdot\dfrac{\pi}{2}\right),$$

$$\cdots\cdots$$

$$y^{(n)}=\sin\left(x+n\cdot\dfrac{\pi}{2}\right).$$

同理

$$(\cos x)^{(n)}=\cos\left(x+n\cdot\dfrac{\pi}{2}\right).$$

如果函数 $u(x)$,$v(x)$ 都具有 n 阶导数,则其代数和的 n 阶导数是它们的 n 阶导数的代数和

$$(u\pm v)^{(n)}=u^{(n)}\pm v^{(n)}.\tag{2-3-1}$$

至于它们乘积的 n 阶导数,现讨论如下:

应用乘积的求导法则,求出

$$(uv)'=u'v+uv',$$

$$(uv)''=u''v+2u'v'+uv'',\tag{2-3-2}$$

$$(uv)'''=u'''v+3u''v'+3u'v''+uv'''.$$

容易看出,它们右边的系数恰好与牛顿二项式的系数相同.应用数学归纳法不难证明由此推广的一般公式

$$(uv)^{(n)} = u^{(n)}v + C_n^1 u^{(n-1)}v' + C_n^2 u^{(n-2)}v'' + \cdots + C_n^k u^{(n-k)}v^{(k)} + \cdots + uv^{(n)}$$

$$(2\text{-}3\text{-}3)$$

成立,其中 $C_n^k = \dfrac{n(n-1)\cdots(n-k+1)}{k!}$.

公式(2-3-3)叫做**莱布尼茨(Leibniz)公式**.

例 5 $y = x^2 e^{2x}$,求 $y^{(20)}$.

解 设 $u = e^{2x}$, $v = x^2$,则

$$u' = 2e^{2x}, u'' = 2^2 e^{2x}, \cdots, u^{(20)} = 2^{20} e^{2x},$$
$$v' = 2x, v'' = 2, v''' = 0.$$

由莱布尼茨公式,有

$$\begin{aligned}
y^{(20)} &= u^{(20)}v + C_{20}^1 u^{(19)}v' + C_{20}^2 u^{(18)}v'' \\
&= 2^{20} \cdot e^{2x} \cdot x^2 + 20 \cdot 2^{19} \cdot e^{2x} \cdot 2x + 190 \cdot 2^{18} \cdot e^{2x} \cdot 2 \\
&= 2^{20} e^{2x}(x^2 + 20x + 95).
\end{aligned}$$

习题 2.3

1. 求下列函数的二阶导数:

(1) $y = 2x^2 + \ln x$;   (2) $y = e^{2x-1}$;

(3) $y = x\cos x$;   (4) $y = e^{-t}\sin t$;

(5) $y = \dfrac{x}{\sqrt{1-x^2}}$;   (6) $y = (1+x^2)\arctan x$.

2. 设 $y = f[x\varphi(x)]$,其中 f, φ 具有二阶导数,求 $\dfrac{\mathrm{d}^2 y}{\mathrm{d}x^2}$.

3. 设 $f(x) = (x-a)^3 \varphi(x)$,其中 $\varphi(x)$ 有二阶连续导数,问 $f'''(a)$ 是否存在;若不存在,请说明理由;若存在,求出其值.

4. 问自然数 n 至少多大,才能使

$$f(x) = \begin{cases} x^n \sin \dfrac{1}{x}, & x \neq 0, \\ 0, & x = 0 \end{cases}$$

在 $x = 0$ 处二阶可导,并求 $f''(0)$.

5. 求下列函数的 n 阶导数:

(1) $y = \sin^2 x$;   (2) $y = x\ln x$;

(3) $y = \dfrac{1}{x^2 - 3x + 2}$;   (4) $y = xe^x$.

6. 求下列函数指定阶的导数:

(1) $y = x^2 \sin 3x$,求 $y^{(50)}$;

(2) $y = e^x \cos x$,求 $y^{(4)}$.

7. (2014 年大连高等数学 B 竞赛题)求 $\sin^4 x + \cos^4 x$ 的 n 阶导数.

2.4 隐函数与由参数方程所确定的函数的导数

2.4.1 隐函数的求导方法

函数 $y=f(x)$ 表示两个变量 y 与 x 之间的对应关系,这种对应关系可以用各种不同方式表达. 前面我们遇到的函数,如 $y=\sin x$,$y=\ln x+\sqrt{1-x^2}$ 等,这种函数表达方式的特点是:等号左端是因变量的符号,而右端是含有自变量的式子,当自变量取定义域内任一值时,由这式子确定对应的函数值. 这种方式表达的函数叫做**显函数**. 有些函数的表达方式却不是这样,例如,方程

$$x+y^3-1=0$$

表示一个函数,因为当变量 x 在 $(-\infty,+\infty)$ 内取值时,变量 y 有确定的值与之对应. 这样的函数称为隐函数.

定义 1 设有非空数集 A. 若 $\forall x\in A$,由二元方程 $F(x,y)=0$,对应唯一一个 $y\in \mathbf{R}$,则称此对应关系 f(或写为 $y=f(x)$)是二元方程 $F(x,y)=0$ 确定的**隐函数**.

把一个隐函数化成显函数叫做**隐函数的显化**. 例如,从方程 $x+y^3-1=0$ 解出 $y=\sqrt[3]{1-x}$,就把隐函数化成了显函数. 隐函数的显化有时是很困难的,甚至是不可能的. 例如,方程

$$y^5+2y-x-3x^7=0 \tag{2-4-1}$$

对于区间 $(-\infty,+\infty)$ 内任意取定的 x 值,上式成为以 y 为未知数的五次方程. 由代数学知道,这个方程至少有一个实根,所以方程(2-4-1)在 $(-\infty,+\infty)$ 内确定了一个隐函数,但是这个函数很难用显式把它表达出来.

在实际问题中,有时需要计算隐函数的导数,因此我们希望有一种方法,不管函数能否显化,都能直接由方程算出它所确定的隐函数的导数来. 下面通过具体例子来说明这种方法.

例 1 求方程 $xy+3x^2-5y-7=0$ 确定的函数 $y=f(x)$ 的导数.

解 方程两端对 x 求导数(注意 y 是 x 的函数),有

$$(xy+3x^2-5y-7)'=0,$$
$$y+xy'+6x-5y'=0,$$

解得隐函数的导数

$$y'=\frac{6x+y}{5-x}.$$

例 2 求过双曲线 $\dfrac{x^2}{a^2}-\dfrac{y^2}{b^2}=1$ 上一点 (x_0,y_0) 的切线方程(其中 $y_0\neq 0$).

解　首先求过点 (x_0, y_0) 的切线斜率 k，即求方程 $\dfrac{x^2}{a^2} - \dfrac{y^2}{b^2} = 1$ 确定的隐函数 $y = f(x)$ 的导数在点 (x_0, y_0) 的值

$$\left(\frac{x^2}{a^2} - \frac{y^2}{b^2}\right)' = (1)', \quad \frac{2x}{a^2} - \frac{2yy'}{b^2} = 0.$$

解得 $y' = \dfrac{b^2 x}{a^2 y}$，所以 $k = y' \Big|_{\substack{x = x_0 \\ y = y_0}} = \dfrac{b^2 x_0}{a^2 y_0}$. 从而，切线的方程是

$$y - y_0 = \frac{b^2 x_0}{a^2 y_0}(x - x_0) \quad \text{或} \quad \frac{x_0 x}{a^2} - \frac{y_0 y}{b^2} = \frac{x_0^2}{a^2} - \frac{y_0^2}{b^2}.$$

因为点 (x_0, y_0) 在双曲线上，所以 $\dfrac{x_0^2}{a^2} - \dfrac{y_0^2}{b^2} = 1$. 于是，所求的切线方程是

$$\frac{x_0 x}{a^2} - \frac{y_0 y}{b^2} = 1.$$

例 3　求由方程 $x - y + \dfrac{1}{2}\sin y = 0$ 所确定的隐函数 y 的二阶导数 $\dfrac{\mathrm{d}^2 y}{\mathrm{d}x^2}$.

解　应用隐函数的求导方法，得

$$1 - \frac{\mathrm{d}y}{\mathrm{d}x} + \frac{1}{2}\cos y \cdot \frac{\mathrm{d}y}{\mathrm{d}x} = 0,$$

于是

$$\frac{\mathrm{d}y}{\mathrm{d}x} = \frac{2}{2 - \cos y}.$$

上式两边再对 x 求导得

$$\frac{\mathrm{d}^2 y}{\mathrm{d}x^2} = \frac{-2\sin y \dfrac{\mathrm{d}y}{\mathrm{d}x}}{(2 - \cos y)^2} = \frac{-4\sin y}{(2 - \cos y)^3}.$$

例 4　求由方程 $e^y + xy - e = 0$ 所确定的隐函数 $y = f(x)$ 的在 $x = 0$ 处的二阶导数 $\dfrac{\mathrm{d}^2 y}{\mathrm{d}x^2}\Big|_{x=0}$.

解　将 $x = 0$ 代入方程 $e^y + xy - e = 0$ 得 $y = 1$，即 当 $x = 0$ 时 $y = 1$.

方程两边对 x 求导数（注意 y 是 x 的函数），有

$$\frac{\mathrm{d}}{\mathrm{d}x}(e^y + xy - e) = 0,$$

$$e^y \frac{\mathrm{d}y}{\mathrm{d}x} + y + x \frac{\mathrm{d}y}{\mathrm{d}x} = 0,$$

解得隐函数的导数

$$\frac{\mathrm{d}y}{\mathrm{d}x} = -\frac{y}{x + e^y} \quad (x + e^y \neq 0).$$

$$\frac{\mathrm{d}y}{\mathrm{d}x}\bigg|_{\substack{x=0\\y=1}}=\frac{\mathrm{d}y}{\mathrm{d}x}\bigg|_{\substack{x=0\\y=1}}=-\frac{y}{x+\mathrm{e}^y}\bigg|_{\substack{x=0\\y=1}}=-\frac{1}{\mathrm{e}}.$$

即 $x=0$ 时，$y=1$，$y'=-\dfrac{1}{\mathrm{e}}$.

求 $\dfrac{\mathrm{d}^2y}{\mathrm{d}x^2}$ 有两种方法

方法一　对 $\mathrm{e}^y\dfrac{\mathrm{d}y}{\mathrm{d}x}+y+x\dfrac{\mathrm{d}y}{\mathrm{d}x}=0$ 两边关于 x 求导得

$$\mathrm{e}^y\frac{\mathrm{d}y}{\mathrm{d}x}\frac{\mathrm{d}y}{\mathrm{d}x}+\mathrm{e}^y\frac{\mathrm{d}^2y}{\mathrm{d}x^2}+\frac{\mathrm{d}y}{\mathrm{d}x}+\frac{\mathrm{d}y}{\mathrm{d}x}+x\frac{\mathrm{d}^2y}{\mathrm{d}x^2}=0,$$

$$\frac{\mathrm{d}^2y}{\mathrm{d}x^2}=-\frac{2\dfrac{\mathrm{d}y}{\mathrm{d}x}+\mathrm{e}^y\left(\dfrac{\mathrm{d}y}{\mathrm{d}x}\right)^2}{\mathrm{e}^y+x},$$

$$\frac{\mathrm{d}^2y}{\mathrm{d}x^2}\bigg|_{x=0}=\frac{\mathrm{d}^2y}{\mathrm{d}x^2}\bigg|_{\substack{x=0\\y=0\\\frac{\mathrm{d}y}{\mathrm{d}x}=-\frac{1}{\mathrm{e}}}}=-\frac{2\left(-\dfrac{1}{\mathrm{e}}\right)+\mathrm{e}\left(-\dfrac{1}{\mathrm{e}}\right)^2}{\mathrm{e}+0}=\frac{1}{\mathrm{e}^2}.$$

方法二　$\dfrac{\mathrm{d}^2y}{\mathrm{d}x^2}=\dfrac{\mathrm{d}}{\mathrm{d}x}\left(\dfrac{\mathrm{d}y}{\mathrm{d}x}\right)=\dfrac{\mathrm{d}}{\mathrm{d}x}\left(-\dfrac{y}{x+\mathrm{e}^y}\right)=-\dfrac{y'(x+\mathrm{e}^y)-y(1+\mathrm{e}^y y')}{(x+\mathrm{e}^y)^2}.$

$$\frac{\mathrm{d}^2y}{\mathrm{d}x^2}\bigg|_{x=0}=\frac{\mathrm{d}^2y}{\mathrm{d}x^2}\bigg|_{\substack{x=0\\y=1\\y'=-\frac{1}{\mathrm{e}}}}=-\frac{y'(x+\mathrm{e}^y)-y(1+\mathrm{e}^y y')}{(x+\mathrm{e}^y)^2}\bigg|_{\substack{x=0\\y=1\\y'=-\frac{1}{\mathrm{e}}}}=\frac{1}{\mathrm{e}^2}.$$

求某些显函数的导数，直接求它的导数比较烦琐，这时可将它化为隐函数，用隐函数求导法求其导数，比较简便. 将显函数化为隐函数常用的方法是等号两端取对数，称为**对数求导法**.

例 5　设 $y=u(x)^{v(x)}$，$u(x)>0$，其中 $u(x)$，$v(x)$ 均可导，求 y'.

解　两边取对数得 $\ln y=v(x)\ln u(x)$，两边对 x 求导，得

$$\frac{y'}{y}=v'(x)\ln u(x)+v(x)\frac{u'(x)}{u(x)},$$

于是

$$y'=u(x)^{v(x)}\left(v'(x)\ln u(x)+\frac{v(x)u'(x)}{u(x)}\right).$$

特别地，当 $u(x)=v(x)=x$ 时，$(x^x)'=x^x(1+\ln x)$.

例 6　求函数 $y=\sqrt{\dfrac{(x-1)(x-2)}{(x-3)(x-4)}}$ 的导数.

解　等号两端取对数，有

$$\ln|y|=\frac{1}{2}(\ln|x-1|+\ln|x-2|-\ln|x-3|-\ln|x-4|),$$

上式两端对 x 求导数,得

$$\frac{1}{y}y'=\frac{1}{2}\left(\frac{1}{x-1}+\frac{1}{x-2}-\frac{1}{x-3}-\frac{1}{x-4}\right),$$

于是,

$$y'=\frac{1}{2}\sqrt{\frac{(x-1)(x-2)}{(x-3)(x-4)}}\left(\frac{1}{x-1}+\frac{1}{x-2}-\frac{1}{x-3}-\frac{1}{x-4}\right).$$

2.4.2 由参数方程所确定的函数的求导公式

参数方程的一般形式是

$$\begin{cases}x=\varphi(t),\\ y=\psi(t),\end{cases}\quad \alpha\leqslant t\leqslant\beta.$$

若 $x=\varphi(t)$ 与 $y=\psi(t)$ 都可导,且 $\varphi'(t)\neq0$,又 $x=\varphi(t)$ 存在反函数 $t=\varphi^{-1}(x)$,则 y 是 x 的复合函数,即

$$y=\psi(t),\quad t=\varphi^{-1}(x).$$

由复合函数与反函数的求导法则,有

$$\frac{\mathrm{d}y}{\mathrm{d}x}=\frac{\mathrm{d}y}{\mathrm{d}t}\frac{\mathrm{d}t}{\mathrm{d}x}=\psi'(t)[\varphi^{-1}(x)]'=\psi'(t)\frac{1}{\varphi'(t)}=\frac{\psi'(t)}{\varphi'(t)}.$$

这就是**参数方程的求导公式**.

注 当 y 和 x 函数关系是以参数方程形式给出来时,而 $\dfrac{\mathrm{d}y}{\mathrm{d}x}$ 表现为参数 t 的函数.

若 $x=\varphi(t)$ 与 $y=\psi(t)$ 都是二阶可导的,且 $\varphi'(t)\neq0$,则可求 y 对 x 的二阶导数 $\dfrac{\mathrm{d}^2y}{\mathrm{d}x^2}$.

$$\frac{\mathrm{d}^2y}{\mathrm{d}x^2}=\frac{\mathrm{d}}{\mathrm{d}x}\left(\frac{\mathrm{d}y}{\mathrm{d}x}\right)=\frac{\mathrm{d}}{\mathrm{d}x}\left(\frac{\psi'(t)}{\varphi'(t)}\right)=\frac{\mathrm{d}}{\mathrm{d}t}\left(\frac{\psi'(t)}{\varphi'(t)}\right)\cdot\frac{\mathrm{d}t}{\mathrm{d}x}$$

$$=\frac{\psi''(t)\varphi'(t)-\psi'(t)\varphi''(t)}{\varphi'^2(t)}\cdot\frac{1}{\varphi'(t)}=\frac{\psi''(t)\varphi'(t)-\psi'(t)\varphi''(t)}{\varphi'^3(t)}.$$

这就是参数方程的二阶导数公式.

例 7 设 $\begin{cases}x=a\cos^3t,\\ y=a\sin^3t,\end{cases}$ 求 $\dfrac{\mathrm{d}y}{\mathrm{d}x}$.

解 $\dfrac{\mathrm{d}y}{\mathrm{d}x}=\dfrac{(a\sin^3t)'_t}{(a\cos^3t)'_t}=\dfrac{3a\sin^2t\cos t}{a\cos^2t(-\sin t)}=-\tan t\left(t\neq\dfrac{n\pi}{2},n\text{ 为整数}\right)$

例 8 已知椭圆的参数方程为

$$\begin{cases}x=a\cos t,\\ y=b\sin t.\end{cases}$$

求椭圆在 $t=\dfrac{\pi}{4}$ 处的切线方程.

解 当 $t=\dfrac{\pi}{4}$ 时,椭圆上的相应点 M_0 的坐标是

$$x_0=a\cos\frac{\pi}{4}=\frac{a\sqrt{2}}{2},\quad y_0=b\sin\frac{\pi}{4}=\frac{b\sqrt{2}}{2},$$

曲线在点 M_0 的切线斜率为

$$\frac{\mathrm{d}y}{\mathrm{d}x}\bigg|_{t=\frac{\pi}{4}}=\frac{(b\sin t)'}{(a\cos t)'}\bigg|_{t=\frac{\pi}{4}}=\frac{b\cos t}{-a\sin t}\bigg|_{t=\frac{\pi}{4}}=-\frac{b}{a}.$$

代入点斜式方程,即得椭圆在点 M_0 处的切线方程.

$$y-\frac{b\sqrt{2}}{2}=-\frac{b}{a}\left(x-\frac{a\sqrt{2}}{2}\right).$$

化简后得

$$bx+ay-\sqrt{2}ab=0.$$

例 9 已知 $\begin{cases}x=a\cos t,\\ y=b\sin t,\end{cases}$ 求 $\dfrac{\mathrm{d}^2y}{\mathrm{d}x^2}$.

解 $\dfrac{\mathrm{d}y}{\mathrm{d}x}=\dfrac{(b\sin t)'}{(a\cos t)'}=-\dfrac{b\cos t}{a\sin t}=-\dfrac{b}{a}\cot t.$

$$\frac{\mathrm{d}^2y}{\mathrm{d}x^2}=\frac{\dfrac{\mathrm{d}}{\mathrm{d}t}\left(\dfrac{\mathrm{d}y}{\mathrm{d}x}\right)}{\dfrac{\mathrm{d}x}{\mathrm{d}t}}=\frac{\left(-\dfrac{b}{a}\cot t\right)'}{(a\cos t)'}$$

$$=\frac{b}{a}\cdot\csc^2 t\cdot\frac{1}{-a\sin t}=-\frac{b}{a^2}\cdot\csc^3 t.$$

（**注** $\dfrac{\mathrm{d}y}{\mathrm{d}x}=-\dfrac{b}{a}\cot t$, $x=a\cos t$, 仍是参数方程,所以仍需要用参数方程求导法则.）

习题 2.4

1. 求下列方程确定的隐函数的导数:

(1) $y^2+2xy+9=0$;　　　　　　(2) $x^3+y^3-3axy=0$;

(3) $xy=\sin(x+y)$;　　　　　　(4) $y=1-x\mathrm{e}^y$.

2. 设 $\arctan\dfrac{y}{x}=\ln\sqrt{x^2+y^2}$, 求 $\dfrac{\mathrm{d}^2y}{\mathrm{d}x^2}$;

3. 设 $xy-\ln y=0$, 求 $\dfrac{\mathrm{d}y}{\mathrm{d}x}\bigg|_{x=0}$, $\dfrac{\mathrm{d}^2y}{\mathrm{d}x^2}\bigg|_{x=0}$.

4. 求下列函数的导数：

(1) $y=(1+x^2)^{\sin x}$；

(2) $y=\left(\dfrac{x}{1+x}\right)^x$；

(3) $y=\dfrac{\sqrt{x+2}(3-x)^4}{(x+1)^5}$；

(4) $y=\sqrt{x\sin x\sqrt{1-\mathrm{e}^x}}$.

5. 求下列函数的导数：

(1) $\begin{cases} x=\sin t, \\ y=\cos 2t, \end{cases}$ 求 $\left.\dfrac{\mathrm{d}y}{\mathrm{d}x}\right|_{t=\frac{\pi}{4}}$；

(2) 设 $x=\alpha\ln\cot\theta,\ y=\tan\theta$，求 $\dfrac{\mathrm{d}y}{\mathrm{d}x}$ 与 $\dfrac{\mathrm{d}^2 y}{\mathrm{d}x^2}$；

(3) 设 $x=f'(t),\ y=tf'(t)-f(t)$，又 $f''(t)$ 存在且不为零，求 $\dfrac{\mathrm{d}y}{\mathrm{d}x}$ 与 $\dfrac{\mathrm{d}^2 y}{\mathrm{d}x^2}$.

2.5　微　　分

2.5.1　微分概念

已知函数 $y=f(x)$ 在点 x_0 的函数值 $f(x_0)$，欲求函数 $f(x)$ 在点 x_0 附近一点 $x_0+\Delta x$ 的函数值 $f(x_0+\Delta x)$，常常是很难求得 $f(x_0+\Delta x)$ 的精确值. 在实际应用中，只要求出 $f(x_0+\Delta x)$ 的近似值也就够了. 为此讨论近似计算函数值 $f(x_0+\Delta x)$ 的方法.

因为 $\Delta y=f(x_0+\Delta x)-f(x_0)$ 或 $f(x_0+\Delta x)=f(x_0)+\Delta y$，所以只要能近似地算出 Δy 即可. 显然，Δy 是 Δx 的函数.

我们希望有一个关于 Δx 的简便的函数近似代替 Δy，并使其误差满足要求. 在所有关于 Δx 的函数中，一次函数最为简便. 用 Δx 的一次函数 $A\Delta x$（A 是常数）近似代替 Δy，所产生的误差是 $\Delta y-A\Delta x$. 如果 $\Delta y-A\Delta x=o(\Delta x)$（$\Delta x\to 0$），那么一次函数 $A\Delta x$ 就有特殊的意义.

定义 1　若函数 $y=f(x)$ 在 x_0 的改变量 Δy 与自变量 x 的改变量 Δx 有下列关系

$$\Delta y=A\Delta x+o(\Delta x), \tag{2-5-1}$$

其中 A 是与 Δx 无关的常数，则称函数 $f(x)$ 在 x_0 可微（differentiable），$A\Delta x$ 称为函数 $f(x)$ 在 x_0 的微分（differential），表为

$$\mathrm{d}y=A\Delta x \quad \text{或} \quad \mathrm{d}f(x_0)=A\Delta x.$$

$A\Delta x$ 也称为式（2-5-1）的线性主要部分. "线性"是因为 $A\Delta x$ 是 Δx 的一次函数. "主要"是因为式（2-5-1）的右端 $A\Delta x$ 起主要作用，$o(\Delta x)$ 是 Δx 的高阶无穷小.

从式（2-5-1）看到，$\Delta y\approx A\Delta x$ 或 $\Delta y\approx \mathrm{d}y$，其误差是 $o(\Delta x)$.

例如，半径为 r 的圆面积 $Q=\pi r^2$. 若半径 r 增大 Δr（自变量的改变量），则面积 Q 相应的改变量 ΔQ 就是以 r 与 $r+\Delta r$ 为半径的两个同心圆之间的圆环面积

（图 2-5），即 $\Delta Q = \pi(r+\Delta r)^2 - \pi r^2 = 2\pi r \Delta r + \pi(\Delta r)^2$.

显然，ΔQ 的线性主要部分是 $2\pi r \Delta r$，而 $\pi(\Delta r)^2$ 比 Δr 是高阶无穷小（当 $\Delta r \to$ 0 时），即 $\pi(\Delta r)^2 = o(\Delta r)$，有

$$dQ = 2\pi r \Delta r, \quad \Delta Q \approx dQ.$$

它的几何意义是：圆环的面积近似等于以半径为 r 的圆周长为底，以 Δr 为高的矩形面积.

再例如，半径为 r 的球的体积 $V = \dfrac{4}{3}\pi r^3$. 当半径 r 的改变量为 Δr 时，ΔV 是

$$\Delta V = \frac{4}{3}\pi(r+\Delta r)^3 - \frac{4}{3}\pi r^3 = 4\pi r^2 \Delta r + 4\pi r(\Delta r)^2 + \frac{4}{3}\pi(\Delta r)^3.$$

显然，Δr 的线性主要部分是 $4\pi r^2 \Delta r$，而 $4\pi r(\Delta r)^2 + \dfrac{4}{3}\pi(\Delta r)^3$ 比 Δr 是高阶

无穷小（当 $\Delta r \to 0$ 时），即 $4\pi r(\Delta r)^2 + \dfrac{4}{3}\pi(\Delta r)^3 = o(\Delta r)$，有

$$dV = 4\pi r^2 \Delta r, \quad \Delta V \approx dV.$$

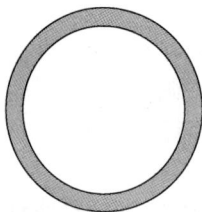

图 2-5

如果函数 $f(x)$ 在 x_0 可微，即 $dy = A\Delta x$，那么常数 $A = ?$. 下面定理的必要性回答了这个问题.

定理 1　函数 $y = f(x)$ 在 x_0 可微 $\Leftrightarrow$ 函数 $y = f(x)$ 在 x_0 可导.

证明　必要性：设函数 $f(x)$ 在 x_0 可微，即

$$\Delta y = A\Delta x + o(\Delta x),$$

其中 A 是与 Δx 无关的常数. 用 Δx 除之得

$$\frac{\Delta y}{\Delta x} = A + \frac{o(\Delta x)}{\Delta x},$$

有

$$\lim_{\Delta x \to 0}\frac{\Delta y}{\Delta x} = A + \lim_{\Delta x \to 0}\frac{o(\Delta x)}{\Delta x} = A,$$

于是函数 $y = f(x)$ 在 x_0 可导，且 $A = f'(x_0)$.

充分性：设函数 $y = f(x)$ 在 x_0 可导，即

$$\lim_{\Delta x \to 0}\frac{\Delta y}{\Delta x} = f'(x_0)$$

则

$$\frac{\Delta y}{\Delta x} = f'(x_0) + \alpha, \quad \alpha \to 0 \text{（当 } \Delta x \to 0 \text{ 时）}.$$

从而

$$\Delta y = f'(x_0)\Delta x + \alpha\Delta x = f'(x_0)\Delta x + o(\Delta x),$$

其中 $f'(x_0)$ 是与 Δx 无关的常数，$o(\Delta x)$ 比 Δx 是高阶无穷小，于是函数 $f(x)$ 在 x_0

可微.

定理 1 指出,函数 $f(x)$ 在 x_0 可微与可导是等价的,并且 $A = f'(x_0)$. 于是函数 $f(x)$ 在 x_0 的微分

$$\mathrm{d}y = f'(x_0)\Delta x.$$

由式(2-5-1)有

$$\Delta y = \mathrm{d}y + o(\Delta x) = f'(x_0)\Delta x + o(\Delta x).$$

从近似计算的角度来说,用 $\mathrm{d}y$ 近似代替 Δy 有两点好处:

(1) $\mathrm{d}y$ 是 Δx 的线性函数,这一点保证计算简便;

(2) $\Delta y - \mathrm{d}y = o(\Delta x)$,这一点保证近似程度好,即误差比 Δx 是高阶无穷小.

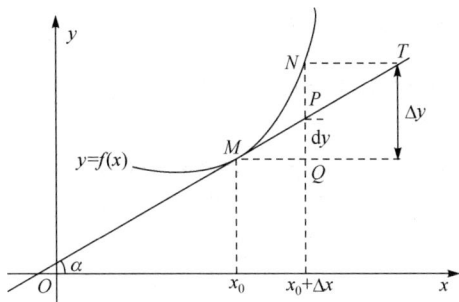

图 2-6

2.5.2　微分的几何意义

从几何图形说,如图 2-6 所示,PM 是曲线 $y = f(x)$ 在点 $P(x_0, f(x_0))$ 的切线.已知切线 PM 的斜率 $\tan\varphi = f'(x_0)$.

$$\Delta y = f(x_0 + \Delta x) - f(x_0) = QN,$$

$$\mathrm{d}y = f'(x_0)\Delta x = \tan\varphi \cdot \Delta x = \frac{MN}{\Delta x}\Delta x = MN.$$

由此可见,$\mathrm{d}y = MN$ 是曲线 $y = f(x)$ 在点 $P(x_0, y_0)$ 的切线 PM 的纵坐标的改变量.因此,用 $\mathrm{d}y$ 近似代替 Δy,就是用在点 $P(x_0, y_0)$ 处切线的纵坐标的改变量 MN 近似代替函数 $f(x)$ 的改变量 QN,$QM = QN - MN = \Delta y - \mathrm{d}y = o(\Delta x)$.

由微分定义,自变量 x 本身的微分是

$$\mathrm{d}x = (x)'\Delta x = \Delta x,$$

即自变量 x 的微分 $\mathrm{d}x$ 等于自变量 x 的改变量 Δx. 于是,当 x 是自变量时,可用 $\mathrm{d}x$ 代替 Δx. 函数 $y = f(x)$ 在 x 的微分 $\mathrm{d}y$ 又可写为

$$\mathrm{d}y = f'(x)\mathrm{d}x \quad \text{或} \quad f'(x) = \frac{\mathrm{d}y}{\mathrm{d}x},$$

即函数 $y = f(x)$ 的导数 $f'(x)$ 等于函数的微分 $\mathrm{d}y$ 与自变量的微分 $\mathrm{d}x$ 的商.导数

也称微商就源于此. 在没有引入微分概念之前, 曾用 $\dfrac{\mathrm{d}y}{\mathrm{d}x}$ 表示导数, 但是, 那时 $\dfrac{\mathrm{d}y}{\mathrm{d}x}$ 是一个完整的符号, 并不具有商的意义. 当引入微分概念之后, 符号 $\dfrac{\mathrm{d}y}{\mathrm{d}x}$ 才具有商的意义.

2.5.3　微分的运算法则和公式

已知可微与可导是等价的, 且 $\mathrm{d}y = y'\mathrm{d}x$. 由导数的运算法则和导数公式可相应地得到微分运算法则和微分公式.

1. 基本初等函数的微分公式

由基本初等函数的导数公式, 可以直接写出基本初等函数的微分公式. 为了便于对照, 列表如下（表 2-1）.

表 2-1　基本初等函数的导数和微分

导　数　公　式	微　分　公　式
$(c)' = 0$	$\mathrm{d}(c) = 0$
$(x^a)' = ax^{a-1}$	$\mathrm{d}(x^a) = ax^{a-1}\mathrm{d}x$
$(\log_a x)' = \dfrac{1}{x\ln a}$	$\mathrm{d}(\log_a x) = \dfrac{1}{x\ln a}\mathrm{d}x$
$(\ln x)' = \dfrac{1}{x}$	$\mathrm{d}(\ln x) = \dfrac{1}{x}\mathrm{d}x$
$(a^x)' = a^x \ln a$	$\mathrm{d}(a^x) = a^x \ln a \mathrm{d}x$
$(\mathrm{e}^x)' = \mathrm{e}^x$	$\mathrm{d}(\mathrm{e}^x) = \mathrm{e}^x \mathrm{d}x$
$(\sin x)' = \cos x$	$\mathrm{d}(\sin x) = \cos x \mathrm{d}x$
$(\cos x)' = -\sin x$	$\mathrm{d}(\cos x) = -\sin x \mathrm{d}x$
$(\tan x)' = \sec^2 x$	$\mathrm{d}(\tan x) = \sec^2 x \mathrm{d}x$
$(\cot x)' = -\csc^2 x$	$\mathrm{d}(\cot x) = -\csc^2 x \mathrm{d}x$
$(\sec x)' = \sec x \cdot \tan x$	$\mathrm{d}(\sec x) = \sec x \cdot \tan x \mathrm{d}x$
$(\csc x)' = -\csc x \cdot \cot x$	$\mathrm{d}(\csc x) = -\csc x \cdot \cot x \mathrm{d}x$
$(\arcsin x)' = \dfrac{1}{\sqrt{1-x^2}}$	$\mathrm{d}(\arcsin x) = \dfrac{1}{\sqrt{1-x^2}}\mathrm{d}x$
$(\arccos x)' = -\dfrac{1}{\sqrt{1-x^2}}$	$\mathrm{d}(\arccos x)' = -\dfrac{1}{\sqrt{1-x^2}}\mathrm{d}x$
$(\arctan x)' = \dfrac{1}{1+x^2}$	$\mathrm{d}(\arctan x) = \dfrac{1}{1+x^2}\mathrm{d}x$
$(\operatorname{arccot} x)' = -\dfrac{1}{1+x^2}$	$\mathrm{d}(\operatorname{arccot} x) = -\dfrac{1}{1+x^2}\mathrm{d}x$

2. 函数和、差、积、商的微分法则

由函数和、差、积、商的求导法则,可推得相应的微分法则.为了便于对照,列表如下(表 2-2,表中 $u=u(x)$,$v=v(x)$).

表 2-2　函数和、差、积、商的求导与微分法则

求导法则	微分法则
$(u\pm v)'=u'\pm v'$	$d(u\pm v)=du\pm dv$
$(cu)'=cu'$	$d(cu)=cdu$
$(uv)'=u'v+uv'$	$d(uv)=vdu+udv$
$\left(\dfrac{u}{v}\right)'=\dfrac{u'v-uv'}{v^2}$	$d\left(\dfrac{u}{v}\right)=\dfrac{vdu-udv}{v^2}$

现在我们以乘积的微分法则为例加以证明.

事实上,由微分的表达式及乘积的求导法则,有
$$d(uv)=(uv)'dx=(u'v+uv')dx=v(u'dx)+u(v'dx)=vdu+udv.$$
其他法则都可以用类似的方法证明.

3. 复合函数微分法则

设 $y=f(u)$,$u=\varphi(x)$,则复合函数 $y=f[\varphi(x)]$ 的微分为
$$dy=y'_x dx=f'(u)\varphi'(x)dx.$$
由于 $\varphi'(x)dx=du$,所以复合函数 $y=f[\varphi(x)]$ 的微分公式可以写成
$$dy=f'(u)du \quad 或 \quad dy=y'_u du.$$
由此可见,无论 u 是自变量还是另一个变量的函数,微分形式 $dy=f'(u)du$ 保持不变.这一性质称为**一阶微分形式不变性**.

例 1　求下列函数的微分:

(1) $y=\sin(3x+1)$;　　　　　　　　　　(2) $y=\ln(1+e^{x^2})$.

解　(1) $dy=d\sin(3x+1)=\cos(3x+1)d(3x+1)=3\cos(3x+1)dx.$

(2) $dy=d\ln(1+e^{x^2})=\dfrac{1}{1+e^{x^2}}d(1+e^{x^2})=\dfrac{1}{1+e^{x^2}}\cdot e^{x^2}d(x^2)$

$=\dfrac{1}{1+e^{x^2}}\cdot e^{x^2}\cdot 2xdx=\dfrac{2xe^{x^2}}{1+e^{x^2}}dx.$

2.5.4　微分在近似计算中的应用

若函数 $y=f(x)$ 在 x_0 可微,则 $\Delta y=dy+o(\Delta x)$.由
$$\Delta y=f(x_0+\Delta x)-f(x_0), \quad dy=f'(x_0)\Delta x,$$
有

$$f(x_0+\Delta x)-f(x_0)=f'(x_0)\Delta x+o(\Delta x)$$

或

$$f(x_0+\Delta x)=f(x_0)+f'(x_0)\Delta x+o(\Delta x).$$

设 $x=x_0+\Delta x,\Delta x=x-x_0$,上式又可写成

$$f(x)=f(x_0)+f'(x_0)(x-x_0)+o(x-x_0)$$

或

$$f(x)\approx f(x_0)+f'(x_0)(x-x_0) \qquad\qquad (2\text{-}5\text{-}2)$$

式(2-5-2)就是函数值 $f(x)$ 的近似计算公式. 特别地,当 $x_0=0$,且 $|x|$ 充分小时,式(2-5-2)就是

$$f(x)\approx f(0)+f'(0)x. \qquad\qquad (2\text{-}5\text{-}3)$$

由式(2-5-3)可以推得几个常用的近似公式(当 $|x|$ 充分小时):

(1) $\sin x\approx x$,　　　　(2) $\tan x\approx x$,　　　　(3) $\mathrm{e}^x\approx 1+x$,

(4) $\dfrac{1}{1+x}\approx 1-x$,　　(5) $\ln(1+x)\approx x$,　　(6) $\sqrt[n]{1\pm x}\approx 1\pm\dfrac{x}{n}$.

以上几个近似公式易证,这里只给出最后一个近似公式的证明.

设 $f(x)=\sqrt[n]{1\pm x}$,则

$$f(0)=1 , \quad f'(x)=\pm\frac{1}{n}(1\pm x)^{\frac{1}{n}-1}, \quad f'(0)=\pm\frac{1}{n}.$$

由公式(2-5-3),有

$$\sqrt[n]{1\pm x}\approx 1\pm\frac{x}{n}.$$

例 2　求 $\tan 31°$ 的近似值.

解　设 $f(x)=\tan x,x_0=30°=\dfrac{\pi}{6}$,　 $x=31°=\dfrac{31\pi}{180}$,　 $x-x_0=1°=\dfrac{\pi}{180}$,则

$$f'(x)=\sec^2 x , \quad f'\left(\frac{\pi}{6}\right)=\sec^2\frac{\pi}{6}=\frac{4}{3}, \quad \tan\frac{\pi}{6}=\frac{1}{\sqrt{3}}.$$

由公式(2-5-2),有

$$\tan 31°\approx\tan\frac{\pi}{6}+\sec^2\frac{\pi}{6}\cdot\frac{\pi}{180}=\frac{1}{\sqrt{3}}+\frac{4}{3}\frac{\pi}{180}$$

$$\approx 0.57735+0.02327=0.60062.$$

$\tan 31°$ 的准确值是 $0.6008606\cdots$.

例 3　求 $\sqrt[5]{34}$ 的近似值.

解　已知当 $|x|$ 很小时,有 $(1+x)^{\frac{1}{n}}\approx 1+\dfrac{x}{n}$. 所以有

$$\sqrt[5]{34}=\sqrt[5]{2^5+2}=\sqrt[5]{2^5\left(1+\frac{1}{2^4}\right)}=2\left(1+\frac{1}{2^4}\right)^{\frac{1}{5}}$$

$$\approx 2\left(1+\frac{1}{5}\cdot\frac{1}{16}\right)=2+\frac{1}{40}=2.025.$$

习题 2.5

1. 求函数 $y=x^2$ 当 x 由 1 改变到 1.01 的微分.

2. 求函数 $y=x^3$ 在 $x=2$ 处的微分.

3. 求下列函数的微分：

(1) $y=x^3 e^{2x}$；　　　　　(2) $y=\dfrac{\sin x}{x}$；　　　　　(3) $y=\sin(2x+1)$；

(4) $y=\ln(1+e^{x^2})$；　　　(5) $y=\ln(x+\sqrt{x^2+1})$；　(6) $y=\dfrac{e^{2x}}{x^2}$.

4. 在下列等式的括号中填入适当的函数，使等式成立：

(1) $\mathrm{d}(\quad)=\cos\omega t\mathrm{d}t$；　　　(2) $\mathrm{d}(\sin x^2)=(\quad)\mathrm{d}(\sqrt{x})$.

5. 求由方程 $e^{xy}=2x+y^3$ 所确定的隐函数 $y=f(x)$ 的微分 $\mathrm{d}y$.

6. 导出近似公式（当 $|\Delta x|$ 远远小于 $|x|$ 时）：$\sqrt[3]{x+\Delta x}\approx\sqrt[3]{x}+\dfrac{\Delta x}{3\sqrt[3]{x^2}}$，并按此

公式求 $\sqrt[3]{25}$ 的近似值，结果取小数点后四位.

7. 计算下列各数的近似值

(1) $\sqrt[3]{998.5}$；　　(2) $e^{-0.03}$.

复习题 2

1. 判断题.

(1) $(x^2+1)'=2x+1$.　　　　　　　　　　　　　　　　　（　　）

(2) 设函数 $f(x)$ 在 x 处可导，那么 $\lim\limits_{\Delta x\to 0}\dfrac{f(x)-f(x-\Delta x)}{\Delta x}=f'(x)$ 成立.

（　　）

(3) 设函数 $y=e^x$，则 $y^{(n)}=ne^x$.　　　　　　　　　　　（　　）

(4) $f''(100)=[f'(100)]'$.　　　　　　　　　　　　　　（　　）

(5) 若 $u(x),v(x),w(x)$ 都是 x 的可导函数，则 $(uvw)'=u'vw+uv'w+uvw'$.　　　　　　　　　　　　　　　　　　　　　　　　（　　）

(6) 若 $y=f(e^x)e^{f(x)}$，$f'(x)$ 存在，那么有 $y'_x=f'(e^x)e^{f(x)}+e^{f(x)}f'(x)f(e^x)$.

（　　）

2. 填空题.

(1) 曲线 $f(x)=\sqrt{x}+1$ 在 $(1,2)$ 点的斜率是_____.

(2) 曲线 $f(x)=e^x$ 在 $(0,1)$ 点的切线方程是_____.

(3) 已知 $f(x)=x^3+3^x$，则 $f'(3)=$_____.

(4)函数 $y=x^3-2$,当 $x=2,\Delta x=0.1$ 时,$\dfrac{\Delta y}{\Delta x}=$ _____

(5)若函数 $f(x)$ 可导及 n 为自然数,则 $\lim\limits_{n\to\infty}n\left[f\left(x+\dfrac{1}{n}\right)-f(x)\right]=$ _____.

(6)曲线 $y=f(x)$ 在点 $M(x_0,f(x_0))$ 的法线斜率为 _____.

(7)设函数 $y=y(x)$ 是由方程 $x^2+y^2=1$ 确定,则 $y'=$ _____.

(8)d _____ $=\sin3x\mathrm{d}x$.

3. 单项选择题.

(1)下列函数中,在 $x=0$ 处可导的是(   )

(A) $y=|x|$ (B) $y=2\sqrt{x}$ (C) $y=x^3$ (D) $y=|\sin x|$

(2)下列函数在 $x=0$ 处不可导的是(   )

(A) $y=2\sqrt{x}$ (B) $y=\sin x$ (C) $y=\cos x$ (D) $y=x^3$

(3)设函数 $y=\begin{cases}x^2, & x\leqslant1,\\ ax+b, & x>1\end{cases}$ 在 $x=1$ 处连续且可导,则(   )

(A) $a=1,b=2$ (B) $a=3,b=2$

(C) $a=-2,b=1$ (D) $a=2,b=-1$

(4)设 $f(x)$ 在 x_0 处可导,则 $\lim\limits_{\Delta x\to0}\dfrac{f(x_0-\Delta x)-f(x_0)}{\Delta x}=$(   ).

(A) $-f'(x_0)$ (B) $f'(-x_0)$ (C) $f'(x_0)$ (D) $2f'(x_0)$

(5)设 $f(x)$ 在 $x=x_0$ 可导,当 $f'(x_0)=$(   )时,有 $\lim\limits_{x\to0}\dfrac{x}{f(x_0-2x)-f(x_0)}=\dfrac{1}{4}$.

(A) 4   (B) -4 (C) 2   (D) -2

(6)设 $f(x)$ 在 x_0 处不连续,则 $f(x)$ 在 x_0 处(   ).

(A) 必不可导   (B) 一定可导   (C) 可能可导   (D) 无极限

(7)若 $f(x)=\mathrm{e}^{-x}\cos x$,则 $f'(0)=$(   ).

(A) 2   (B) 1   (C) -1 (D) -2

(8)设 $y=f(x)$ 是可微函数,则 $\mathrm{d}f(\cos2x)=$(   ).

(A) $2f'(\cos2x)\mathrm{d}x$ (B) $f'(\cos2x)\sin2x\mathrm{d}2x$

(C) $2f'(\cos2x)\sin2x\mathrm{d}x$ (D) $-f'(\cos2x)\sin2x\mathrm{d}2x$

4. 计算下列各题:

(1)设 $y=x^2\mathrm{e}^{\frac{1}{x}}$,求 y'.

(2)设 $y=x\sqrt{x}+\ln\cos x$,求 y'.

(3) 设 $y=\sqrt[7]{x}+\sqrt[x]{7}+\sqrt[7]{7}$，求 $\dfrac{\mathrm{d}y}{\mathrm{d}x}$.

(4) $y=\arcsin(\sin x)$，求 $\dfrac{\mathrm{d}y}{\mathrm{d}x}$.

(5) $y=\ln\tan\dfrac{x}{2}-\cos x\cdot\ln\tan x$，求 $\dfrac{\mathrm{d}y}{\mathrm{d}x}$.

5. 求等边双曲线 $y=\dfrac{1}{x}$ 在点 $\left(\dfrac{1}{2},2\right)$ 处的切线的斜率，并写出在该点处的切线方程和法线方程.

6. 求曲线 $y=\sqrt{x}$ 在点 $(4,2)$ 处的切线方程.

7. 已知 $f(x)=\begin{cases}\sin x, & x\geqslant0,\\ x, & x<0,\end{cases}$ 求 $f'(x)$.

8. 已知 $y=x+x^x$，求 y'.

9. 设 $y=y(x)$ 是由方程 $x^2+y^2-xy=4$ 确定的隐函数，求 $\dfrac{\mathrm{d}y}{\mathrm{d}x},\dfrac{\mathrm{d}^2y}{\mathrm{d}x^2}$.

10. 设 $\cos(x+y)+\mathrm{e}^y=1$，求 $\dfrac{\mathrm{d}y}{\mathrm{d}x},\dfrac{\mathrm{d}^2y}{\mathrm{d}x^2}$.

11. 求由方程 $xy-\mathrm{e}^x+\mathrm{e}^y=0$ 所确定的隐函数 y 的导数 $\dfrac{\mathrm{d}y}{\mathrm{d}x},\dfrac{\mathrm{d}^2y}{\mathrm{d}x^2}\bigg|_{x=0}$.

12. 求由方程 $xy+\ln y=1$ 所确定的函数 $y=f(x)$ 在点 $M(1,1)$ 处的切线方程.

13. 若 $y^3-x^2y=2$，求 $\dfrac{\mathrm{d}^2y}{\mathrm{d}x^2}$.

14. 验证函数 $y=\mathrm{e}^{\sqrt{x}}+\mathrm{e}^{-\sqrt{x}}$ 满足关系式 $xy''+\dfrac{1}{2}y'-\dfrac{1}{4}y=0$.

15. 设 $y=a^x+\sqrt{1-a^{2x}}\arccos(a^x)$，求 $\mathrm{d}y$.

16. 已知 $f(x)=\dfrac{x^2}{1-x^2}$，求 $f^{(n)}(0)$.

17. 设 $y=x\ln x$，求 $f^{(n)}(1)$.

18. 利用函数的微分代替函数的增量求 $\sqrt[3]{1.02}$ 的近似值.

19. 设 $f(x)=\begin{cases}\dfrac{\ln(1+x)}{x}, & x>-1,x\neq0,\\ A, & x=0\end{cases}$ 在 $(-1,+\infty)$ 上连续，求 A 值，并判定 $f'(x)$ 在 $x=0$ 处的连续性.

20. 设函数 $f(x)=\begin{cases}\dfrac{x\ln x}{1-x}, & x>0,x\neq1, \\ 0, & x=0, \\ -1, & x=1,\end{cases}$ 试证明 $f(x)$ 在 $[0,+\infty)$ 上连续,并

求 $f'(1)$.

21. $y=f(\ln x)\mathrm{e}^{f(x)}$, f 可微,求 $\dfrac{\mathrm{d}y}{\mathrm{d}x}$.

22. $y=\cos x^2$,求 $\dfrac{\mathrm{d}y}{\mathrm{d}x}$, $\dfrac{\mathrm{d}y}{\mathrm{d}(x^2)}$, $\dfrac{\mathrm{d}y}{\mathrm{d}(x^3)}$, $\dfrac{\mathrm{d}^2 y}{\mathrm{d}x^2}$.

第 3 章

微分中值定理与导数的应用

Mean Value Theorem of Differential and Derivative's Applications

本章将利用函数的导数这一有效工具来研究函数自身所应具有的性质,首先,介绍微分中值定理.然后,运用微分中值定理,介绍一种求未定式极限的有效方法——洛必达法则.最后,运用微分中值定理,通过导数来研究函数及其曲线的某些性态,并利用这些知识解决一些实际问题.

3.1 微分中值定理

中值定理揭示了函数在某区间的整体性质与该区间内部某一点的导数之间的关系,因而称为中值定理.中值定理既是用微分学知识解决应用问题的理论基础,又是解决微分学自身发展的一种理论性模型,因而称为微分中值定理.

微分中值定理包括罗尔定理、拉格朗日中值定理、柯西中值定理.

3.1.1 罗尔定理

定理 1(罗尔定理) 如果函数 $f(x)$ 满足:

(1) 在 $[a,b]$ 上连续;

(2) 在 (a,b) 内可导;

(3) $f(a)=f(b)$,

则至少存在一点 $\xi \in (a,b)$,使得 $f'(\xi)=0$.

如图 3-1 所示,由定理假设知函数 $f(x)$ 在 $[a,b]$ 上连续,表明函数 $y=f(x)(a \leqslant x \leqslant b)$ 的图形是一条连续曲线段 ACB,函数 $f(x)$ 在 (a,b) 内可导,表明函数 $y=f(x)(a \leqslant x \leqslant b)$ 的图形上每一点处都有切线,$f(a)=f(b)$ 表示直线段 $\overline{AB}$

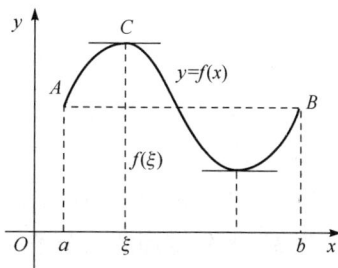

图 3-1

平行于 x 轴.

定理的结论表明,在曲线上至少存在一点 C,在该点曲线具有水平切线(平行于 $\overline{AB}$).

证明 因为 $f(x)$ 在 $[a,b]$ 上连续,根据闭区间上连续函数的性质,$f(x)$ 在 $[a,b]$ 上必取得最大值 M 和最小值 m.

(1) 如果 $M=m$,则 $f(x)$ 在 $[a,b]$ 上恒等于常数 M,因此,对一切 $x\in(a,b)$,都有 $f'(x)=0$. 于是定理自然成立.

(2) 若 $M>m$,由于 $f(a)=f(b)$,因此 M 和 m 中至少有一个不等于 $f(a)$. 不妨设 $M\neq f(a)$(设 $m\neq f(a)$,证明完全类似),则 $f(x)$ 应在 (a,b) 内的某一点 ξ 处达到最大值,即 $f(\xi)=M$. 下面证明 $f'(\xi)=0$.

因为 $\xi\in(a,b)$,由定理假设(2)知 $f'(\xi)$ 存在,因而有

$$f'(\xi)=\lim_{\Delta x\to 0^+}\frac{f(\xi+\Delta x)-f(\xi)}{\Delta x}=\lim_{\Delta x\to 0^-}\frac{f(\xi+\Delta x)-f(\xi)}{\Delta x},$$

又 $f(x)$ 在 ξ 达到最大值,所以不论 Δx 是正的还是负的,只要 $\xi+\Delta x\in(a,b)$,总有

$$f(\xi+\Delta x)-f(\xi)\leqslant 0.$$

当 $\Delta x>0$ 时,有

$$\frac{f(\xi+\Delta x)-f(\xi)}{\Delta x}\leqslant 0,$$

根据极限的保号性及 $f'(\xi)$ 的存在知

$$f'(\xi)=\lim_{\Delta x\to 0^+}\frac{f(\xi+\Delta x)-f(\xi)}{\Delta x}\leqslant 0,$$

当 $\Delta x<0$ 时,有

$$\frac{f(\xi+\Delta x)-f(\xi)}{\Delta x}\geqslant 0,$$

于是

$$f'(\xi)=\lim_{\Delta x\to 0^-}\frac{f(\xi+\Delta x)-f(\xi)}{\Delta x}\geqslant 0.$$

从而必须有

$$f'(\xi)=0$$

注 1 证明一个数等于 0 往往证其大于等于 0,又小于等于 0,或证明其等于它的相反数.

注 2 称导数为 0 的点为函数的**驻点**(或**稳定点**、**临界点**).

注 3 罗尔定理的三个条件缺少其中任何一个,定理的结论将不一定成立. 但也不能认为这些条件是必要的. 例如,$f(x)=\sin x\left(0\leqslant x\leqslant\frac{3}{2}\pi\right)$ 在区间 $\left[0,\frac{3}{2}\pi\right]$ 上

连续，在 $\left(0,\dfrac{3}{2}\pi\right)$ 内可导，但 $f(0)\neq$

$f\left(\dfrac{3}{2}\pi\right)=-1$，而此时仍存在 $\xi=\dfrac{\pi}{2}\in$

$\left(0,\dfrac{3}{2}\pi\right)$，使 $f'(\xi)=\cos\dfrac{\pi}{2}=0$(图 3-2).

例 1　验证罗尔定理对函数 $f(x)=x^2$ $-2x+3$ 在区间 $[-1,3]$ 上的正确性.

解　显然函数 $f(x)=x^2-2x+3$ 在 $[-1,3]$ 上满足罗尔定理的三个条件，由

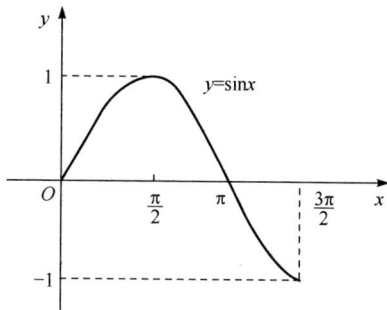

图 3-2

$f'(x)=2x-2=2(x-1)$，可知 $f'(1)=0$，因此存在 $\xi=1\in(-1,3)$，使 $f'(1)=0$.

例 2　设 $f(x)$ 在 $[0,1]$ 上可导，当 $0\leqslant x\leqslant 1$ 时，$0\leqslant f(x)\leqslant 1$，且对于 $(0,1)$ 内所有 x 有 $f'(x)\neq 1$，求证在 $[0,1]$ 上有且仅有一个 x_0，使 $f(x_0)=x_0$.

证明　令 $F(x)=f(x)-x$，则 $F(1)=f(1)-1\leqslant 0$，$F(0)=f(0)\geqslant 0$. 由连续函数介值定理知至少存在一点 $x_0\in[0,1]$，使得 $F(x_0)=0$，即 $f(x_0)=x_0$. 以下证明在 $[0,1]$ 上仅有一点 x_0，使 $F(x_0)=0$.

假设另有一点 $x_1\in[0,1]$，使得 $F(x_1)=0$. 不妨设 $x_0<x_1$，则由罗尔定理可知在 (x_0,x_1) 上至少有一点 ξ，使 $F'(\xi)=0$，即 $f'(\xi)=1$，这与原题设矛盾. 这就证明了在 $[0,1]$ 内有且仅有一个 x_0，使 $f(x_0)=x_0$.

罗尔定理中 $f(a)=f(b)$ 这个条件是相当特殊的，它使罗尔定理的应用受到限制. 拉格朗日在罗尔定理的基础上作了进一步的研究，取消了罗尔定理中这个条件的限制，但仍保留了其余两个条件，得到了在微分学中具有重要地位的拉格朗日中值定理.

3.1.2　拉格朗日中值定理

去掉罗尔定理中的第三个条件 $f(a)=f(b)$，会得到什么结论呢(会不会在曲线上仍存在一点 C，曲线在 C 点的切线平行于 $\overline{AB}$)？由图 3-3 可以看出，连续曲线段上 $\overarc{AB}$ 至少有一点 C，曲线在这点的切线也平行于直线段 AB，但这时直线段 AB 并不平行于 x 轴.

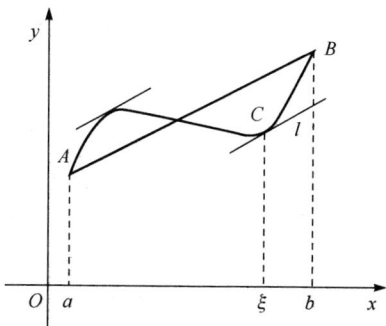

图 3-3

下面的拉格朗日中值定理反映了这个几何事实.

定理 2　若函数 $y=f(x)$ 满足下列条件：

(1) 在闭区间$[a,b]$上连续；

(2) 在开区间(a,b)内可导，

则至少存在一点 $\xi\in(a,b)$，使得

$$f'(\xi)=\frac{f(b)-f(a)}{b-a}.\tag{3-1-1}$$

式(3-1-1)称为**拉格朗日中值公式**.

证明   作辅助函数

$$F(x)=f(x)-f(a)-\frac{f(b)-f(a)}{b-a}(x-a).$$

由假设条件可知 $F(x)$ 在$[a,b]$上连续，在(a,b)内可导，且

$$F(a)=0,\quad F(b)=0,\quad 即\ F(b)=F(a).$$

于是 $F(x)$ 满足罗尔定理的条件，故至少存在一点 $\xi\in(a,b)$，使得 $F'(\xi)=0$，即

$$F'(\xi)=f'(\xi)-\frac{f(b)-f(a)}{b-a}=0,$$

因此得

$$f'(\xi)=\frac{f(b)-f(a)}{b-a}.$$

注 1   罗尔定理是拉格朗日中值定理 $f(a)=f(b)$ 时的特例.

注 2   拉格朗日中值公式反映了可导函数在$[a,b]$上整体平均变化率 $\dfrac{f(b)-f(a)}{b-a}$ 与在(a,b)内某点 ξ 处函数的局部变化率 $f'(\xi)$ 的关系. 因此，拉格朗日中值定理是连接局部与整体的纽带.

注 3   几何意义：在满足拉格朗日中值定理条件的曲线 $y=f(x)$ 上至少存在一点 $P(\xi,f(\xi))$，曲线 $y=f(x)$ 在该点处的切线平行于曲线两端点的连线 AB，我们在证明中引入的辅助函数 $F(x)$，正是曲线 $y=f(x)$ 与直线 $AB,y=f(a)+\dfrac{f(b)-f(a)}{b-a}(x-a)$ 之差.

注 4   此定理的证明提供了一个用构造函数法证明数学命题的精彩典范；同时通过巧妙的数学变换，将一般化为特殊，将复杂问题化为简单问题的论证思想，也是数学分析的重要而常用的数学思维的体现.

注 5   拉格朗日中值定理的结论常称为拉格朗日公式，它有几种常用的等价形式，可根据不同问题的特点，在不同场合灵活采用：

$$f(b)-f(a)=f'(\xi)(b-a),\quad \xi\in(a,b)\tag{3-1-2}$$

$$f(b)-f(a)=f'[a+\theta(b-a)](b-a),\quad \theta\in(0,1)\tag{3-1-3}$$

$$f(a+h)-f(a)=f'(a+\theta h)h,\quad \theta\in(0,1)\tag{3-1-4}$$

值得注意的是，在公式(3-1-2)中，无论 $a<b$ 或 $a>b$，公式总是成立的，其中 ξ

是介于 a 与 b 之间的某个数. 同样地, 公式 (3-1-4) 无论 $h>0$ 或者 $h<0$ 都是成立的.

例 3 证明不等式

$$\frac{x}{1+x}<\ln(1+x)<x$$

对一切 $x>0$ 成立.

证明 由于 $f(x)=\ln(1+x)$ 在 $[0,+\infty)$ 上连续、可导, 对任何 $x>0$, 在 $[0,x]$ 上运用微分中值公式 (3-1-1) 可得

$$f(x)-f(0)=f'(\xi)(x-0),\quad 0<\xi<x,$$

即

$$\ln(1+x)-0=\frac{1}{1+\xi}x,\quad 0<\xi<x.$$

由于

$$\frac{x}{1+x}<\frac{1}{1+\xi}x<x,$$

因此当 $x>0$ 时, 有

$$\frac{x}{1+x}<\ln(1+x)<x.$$

例 4 设 $f(x)$ 在 $[0,\delta](\delta>0)$ 上连续, 在 $(0,\delta)$ 内可导, 若

$$\lim_{x\to 0^+}f'(x)=A,$$

试证 $f(x)$ 在 $x=0$ 点右可导, 且 $f'_+(0)=A$.

证明 由导数的定义和拉格朗日中值定理下列式子成立:

$$f'_+(0)=\lim_{x\to 0^+}\frac{f(x)-f(0)}{x-0}\xLeftarrow{\text{存在}\xi\in(0,x)}\lim_{x\to 0^+}f'(\xi)=\lim_{\xi\to 0^+}f'(\xi)=A.$$

由拉格朗日中值定理可得到在微分学中很有用的三个推论.

推论 1 设 $f(x)$ 在 $[a,b]$ 上连续, 在 (a,b) 内可导, 且 $f'(x)>0,x\in(a,b)$, 试证 $f(x)$ 在 $[a,b]$ 上严格单调递增.

证明 任取 $x_1,x_2\in(a,b)$, 不妨设 $x_1<x_2$, 则由公式 (3-1-2) 可得

$$f(x_2)-f(x_1)=f'(\xi)(x_2-x_1),\quad x_1<\xi<x_2.$$

由于 $f'(x)>0,x\in(a,b)$, 因此 $f'(\xi)>0$, 从而

$$f(x_2)>f(x_1),$$

由 x_1,x_2 的任意性知道 $f(x)$ 在 $[a,b]$ 上严格单调递增.

类似地可以证明: 若 $f'(x)<0$, 则 $f(x)$ 在 $[a,b]$ 上严格单调递减.

推论 2 如果 $f(x)$ 在开区间 (a,b) 内可导, 且 $f'(x)\equiv 0$, 则在 (a,b) 内, $f(x)$ 恒为一个常数.

它的几何意义是: 斜率处处为零的曲线一定是一条平行于 x 轴的直线.

证明　在(a,b)内任取两点x_1,x_2,不妨设$x_1<x_2$,显然$f(x)$在$[x_1,x_2]$上满足拉格朗日中值定理的条件.

于是

$$f(x_2)-f(x_1)=f'(\xi)(x_2-x_1)\quad x_1<\xi<x_2.$$

因为

$$f'(x)\equiv0,$$

所以

$$f'(\xi)=0,$$

从而

$$f(x_2)=f(x_1).$$

这说明区间内任意两点的函数值相等,从而证明了在(a,b)内函数$f(x)$是一个常数.

例5　试证$\arcsin x+\arccos x\equiv\dfrac{\pi}{2}(|x|\leqslant1)$.

证明　设$F(x)=\arcsin x+\arccos x(|x|\leqslant1)$.

当$|x|<1$时,有

$$F'(x)=\frac{1}{\sqrt{1-x^2}}-\frac{1}{\sqrt{1-x^2}}=0,$$

由推论2知,$F(x)$在$(-1,1)$上恒为常数,即$F(x)\equiv C,C$为常数,$x\in(-1,1)$.

将$x=0$代入上式,得$C=\dfrac{\pi}{2}$.

因此,当$|x|<1$时,有$\arcsin x+\arccos x=\dfrac{\pi}{2}$.

显然,当$|x|=1$时$F(x)=\dfrac{\pi}{2}$.

故当$|x|\leqslant1$时,有

$$\arcsin x+\arccos x\equiv\frac{\pi}{2}.$$

推论3　若$f(x)$及$g(x)$在(a,b)内可导,且对任意$x\in(a,b)$,有$f'(x)=g'(x)$,则在(a,b)内,$f(x)=g(x)+C(C$为常数$)$.

证明　因$[f(x)-g(x)]'=f'(x)-g'(x)=0$,由推论2,有$f(x)-g(x)=C$,即$f(x)=g(x)+C,x\in(a,b)$.

3.1.3　柯西中值定理

柯西中值定理是拉格朗日中值定理的推广,可叙述如下:

定理 3(柯西中值定理)　若函数 $f(x)$ 和 $g(x)$ 满足以下条件：

(1) 在闭区间 $[a,b]$ 上连续；

(2) 在开区间 (a,b) 内可导，且 $g'(x)\neq0$，

那么在 (a,b) 内至少存在一点 ξ，使得

$$\frac{f(b)-f(a)}{g(b)-g(a)}=\frac{f'(\xi)}{g'(\xi)}\quad(a<\xi<b).\qquad(3\text{-}1\text{-}5)$$

证明　首先明确 $g(a)\neq g(b)$. 假若 $g(a)=g(b)$，则由罗尔定理，至少存在一点 $\xi_1\in(a,b)$，使 $g'(\xi_1)=0$，这与定理的假设矛盾. 故 $g(a)\neq g(b)$.

作辅助函数

$$F(x)=f(x)-f(a)-\frac{f(b)-f(a)}{g(b)-g(a)}(g(x)-g(a)).$$

不难验证，$F(x)$ 满足罗尔定理的三个条件，于是在 (a,b) 内至少存在一点 ξ，使得

$$F'(\xi)=f'(\xi)-\frac{f(b)-f(a)}{g(b)-g(a)}g'(\xi)=0,$$

从而有

$$\frac{f(b)-f(a)}{g(b)-g(a)}=\frac{f'(\xi)}{g'(\xi)}.$$

特别地，若取 $g(x)=x$，则 $g(b)-g(a)=b-a$，$g'(\xi)=1$，式(3-1-5)就成了式(3-1-1)，可见拉格朗日中值定理是柯西中值定理的特殊情形.

例 6　设 $0<a<b$，函数 $f(x)$ 在 $[a,b]$ 上连续，在 (a,b) 内可导，试证：至少存在一点 $\xi\in(a,b)$，使得

$$f(\xi)-\xi f'(\xi)=\frac{bf(a)-af(b)}{b-a}.$$

证明　将待证等式右端改写为

$$\frac{bf(a)-af(b)}{b-a}=\frac{\dfrac{f(b)}{b}-\dfrac{f(a)}{a}}{\dfrac{1}{b}-\dfrac{1}{a}}.$$

由上式右端可见，若令

$$F(x)=\frac{f(x)}{x},\quad G(x)=\frac{1}{x},$$

则 $F(x)$ 与 $G(x)$ 在 $[a,b]$ 上满足柯西中值定理的条件，因此，至少存在一点 $\xi\in(a,b)$，使得

$$\frac{F'(\xi)}{G'(\xi)}=\frac{F(b)-F(a)}{G(b)-G(a)}=\frac{bf(a)-af(b)}{b-a}.$$

将 $F'(\xi)=\dfrac{xf'(x)-f(x)}{x^2}$，$G'(\xi)=-\dfrac{1}{x^2}$ 代入上式，得

$$f(\xi)-\xi f'(\xi)=\frac{bf(a)-af(b)}{b-a}.$$

习题 3.1

1. 验证函数 $f(x)=\ln\sin x$ 在 $\left[\dfrac{\pi}{6},\dfrac{5\pi}{6}\right]$ 上满足罗尔定理的条件，并求出相应的 ξ，使 $f'(\xi)=0$.

2. 下列函数在指定区间上是否满足罗尔定理的三个条件? 有没有满足定理结论中的 ξ?

(1) $f(x)=e^{x^2}-1,[-1,1]$；

(2) $f(x)=|x-1|,[0,2]$；

(3) $f(x)=\begin{cases}\sin x,0<x\leqslant\pi,\\ 1,x=0,\end{cases}\quad[0,\pi]$.

3. 不用求出函数 $f(x)=(x-1)(x-2)(x-3)$ 的导数，说明方程 $f'(x)=0$ 有几个实根，并指出它们所在的区间.

4. 若方程 $a_0x^n+a_1x^{n-1}+\cdots a_{n-1}x=0$ 有一个正根 x_0，证明方程 $a_0nx^{n-1}+a_1(n-1)x^{n-2}+\cdots+a_{n-1}=0$ 必有一个小于 x_0 的正根.

5. 已知函数 $f(x)$ 在 $[a,b]$ 上连续，在 (a,b) 内可导，且 $f(a)=f(b)=0$，试证：在 (a,b) 内至少存在一点 ξ，使得

$$f(\xi)+f'(\xi)=0,\quad \xi\in(a,b).$$

6. 已知函数 $f(x)$ 在 $[a,b]$ 上连续，在 (a,b) 内可导，且 $f(a)=f(b)=0$，试证：在 (a,b) 内至少存在一点 ξ，使得

$$f(\xi)+af'(\xi)=0,\quad \xi\in(a,b).$$

7. 设 $f(a)=f(c)=f(b)$，且 $a<c<b$，$f''(x)$ 在 $[a,b]$ 上存在，证明在 (a,b) 内至少存在一点 ξ，使 $f''(\xi)=0$.

8. 验证拉格朗日中值定理对函数 $f(x)=x^3+2x$ 在区间 $[0,1]$ 上的正确性.

9. 试证明对函数 $y=px^2+qx+r$ 应用拉格朗日中值定理时所求得的点 ξ 总位于区间的正中间.

10. 已知函数 $f(x)$ 在 $[a,b]$ 上连续，在 (a,b) 内可导，且 $f(a)=f(b)$，试证：在 (a,b) 内至少存在一点 ξ，使得

$$f(\xi)+\xi f'(\xi)=f(a),\quad \xi\in(a,b).$$

11. 证明下列不等式：

(1) $a>b>0,n>1$，证明 $nb^{n-1}(a-b)<a^n-b^n<na^{n-1}(a-b)$；

(2) $a>b>0$,证明 $\dfrac{a-b}{a}=\ln\dfrac{a}{b}<\dfrac{a-b}{b}$;

(3) $|\arctan b-\arctan a|\leqslant|b-a|$;

(4) 当 $x>1$ 时,$e^x>e\cdot x$.

12. 设函数 $f(x)$ 在 $[0,1]$ 上连续,在 $(0,1)$ 内可导. 试证明至少存在一点 $\xi\in(0,1)$. 使 $f'(\xi)=2\xi[f(1)-f(0)]$.

$$\left(\text{提示:问题转化为证}\frac{f(1)-f(0)}{1-0}=\frac{f'(\xi)}{2\xi}=\frac{f'(x)}{(x^2)'}\Big|_{x=\xi}\right)$$

人 物 介 绍

◎ **罗尔**(Rolle,1652-1719)是法国数学家. 出生于小店家庭,只受过初等教育,且结婚过早,年轻时贫困潦倒,靠充当公证人与律师抄录员的微薄收入养家糊口,他利用业余时间刻苦自学代数与丢番图的著作,并很有心得. 1682 年,他解决了数学家奥扎南提出一个数论难题,受到了学术界的好评,从而名声鹊起,也使他的生活有了转机,此后担任初等数学教师和陆军部行政官员. 1685 年进入法国科学院,担任低级职务,到 1690 年才获得科学院发给的固定薪水. 此后他一直在科学院供职,1719 年因中风去世.

罗尔在数学上的成就主要是在代数方面,专长于丢番图方程的研究. 罗尔所处的时代正当牛顿、莱布尼茨的微积分诞生不久,由于这一新生事物不存在逻辑上的缺陷,从而遭受多方面的非议,其中也包括罗尔,并且他是反对派中最直言不讳的一员. 1700 年,在法国科学院发生了一场有关无穷小方法是否真实的论战. 在这场论战中,罗尔认为无穷小方法由于缺乏理论基础将导致谬误,并说:"微积分是巧妙的谬论的汇集". 瓦里格农、索弗尔等人之间,展开了异常激烈的争论. 约翰·伯努利还讽刺罗尔不懂微积分. 由于罗尔对此问题表现得异常激动,致使科学院不得不屡次出面干预. 直到 1706 年秋天,罗尔才向瓦里格农、索弗尔等人承认他已经放弃了自己的观点,并且充分认识到无穷小分析新方法价值.

罗尔于 1691 年在题为《任意次方程的一个解法的证明》的论文中指出了:在多项式方程 $f(x)=0$ 的两个相邻的实根之间,方程 $f'(x)=0$ 至少有一个根. 一百多年后,即 1846 年,尤斯托·伯拉维提斯将这一定理推广到可微函数,并把此定理命名为罗尔定理.

◎ **拉格朗日**(Joseph-Louis Lagrange,1736~1813)　据他本人回忆,他幼年家境富裕,到青年时代,在数学家 F. A. 雷维里(R-evelli)指导下学几何学后,萌发了他的数学天才. 17 岁开始专攻当时迅速发展的数学分析. 他的学术生涯可分为三个时期:都灵时期(1766 年以前)、柏林时期(1766~1786 年)、巴黎时期(1787~

1813 年).

拉格朗日在数学、力学和天文学三个学科中都有重大历史性的贡献,但他主要是数学家,研究力学和天文学的目的是表明数学分析的威力. 全部著作、论文、学术报告记录、学术通讯超过 500 篇.

拉格朗日的学术生涯主要在 18 世纪后半期. 当时数学、物理学和天文学是自然科学主体. 数学的主流是由微积分发展起来的数学分析;物理学的主流是力学;天文学的主流是天体力学. 数学分析的发展使力学和天体力学深化,而力学和天体力学的课题又成为数学分析发展的动力. 当时的自然科学代表人物都在此三个学科做出了历史性重大贡献. 下面就拉格朗日的主要贡献介绍如下:

数学分析的开拓者

1. 变分法   这是拉格朗日最早研究的领域,以欧拉的思路和结果为依据,但从纯分析方法出发,得到更完善的结果. 他的第一篇论文"极大和极小的方法研究"是他研究变分法的序幕;1760 年发表的"关于确定不定积分式的极大极小的一种新方法"是用分析方法建立变分法的代表作. 发表前写信给欧拉,称此文中的方法为"变分方法". 欧拉肯定了,并在他自己的论文中正式将此方法命名为"变分法". 变分法这个分支才真正建立起来.

2. 微分方程早在都灵时期,拉格朗日就对变系数微分方程研究作出了重大成果. 他在降阶过程中提出了以后所称的伴随方程,并证明了非齐次线性变系数方程的伴随方程,就是原方程的齐次方程. 在柏林期间,他对常微分方程的奇解和特解作出历史性贡献,在 1774 年完成的"关于微分方程特解的研究"中系统地研究了奇解和通解的关系,明确提出由通解及其对积分常数的偏导数消去常数求出奇解的方法;还指出奇解为原方程积分曲线族的包络线. 当然,他的奇解理论还不完善,现代奇解理论的形式是由 G. 达布等人完成的. 除此之外,他还是一阶偏微分方程理论的建立者.

3. 方程论拉格朗日在柏林的前十年,大量时间花在代数方程和超越方程的解法上.

他把前人解三、四次代数方程的各种解法,总结为一套标准方法,而且还分析出一般三、四次方程能用代数方法解出的原因. 拉格朗日的想法已蕴涵了置换群的概念,他的思想为后来的 N. H. 阿贝尔和 E. 伽罗瓦采用并发展,终于解决了高于四次的一般方程为何不能用代数方法求解的问题. 此外,他还提出了一种拉格朗日级数.

4. 数论   拉格朗日在 1772 年把欧拉 40 多年没有解决的费马另一猜想"一个正整数能表示为最多四个平方数的和"证明出来. 后来还证明了著名的定理:n 是质数的充要条件为 $(n-1)! + 1$ 能被 n 整除.

5. 函数和无穷级数   同 18 世纪的其他数学家一样,拉格朗日也认为函数可以展开为无穷级数,而无穷级数同是多项式的推广.泰勒级数中的拉格朗日余项就是他在这方面的代表作之一.

分析力学的创立者

拉格朗日在这方面的最大贡献是把变分原理和最小作用原理具体化,而且用纯分析方法进行推理,成为拉格朗日方法.

天体力学的奠基者

首先在建立天体运动方程上,他用他在分析力学中的原理,建议起各类天体的运动方程.其中特别是根据他在微分方程解法的任意常数变异法,建立了以天体椭圆轨道根数为基本变量的运动方程,现在仍称作拉格朗日行星运动方程,并在广泛作用.在天体运动方程解法中,拉格朗日的重大历史性贡献是发现三体问题运动方程的五个特解,即拉格朗日平动解.

总之,拉格朗日是 18 世纪的伟大科学家,在数学、力学和天文学三个学科中都有历史性的重大贡献.但主要是数学家,他最突出的贡献是在把数学分析的基础脱离几何与力学方面起了决定性的作用.使数学的独立性更为清楚,而不仅是其他学科的工具.同时使天文学力学化、力学分析上也起了历史性的作用,促使力学和天文学(天体力学)更深入发展.由于历史的局限,严密性不够妨碍着他取得更多成果.

3.2　洛必达法则

本节我们将利用微分中值定理来考虑某些重要类型的极限.

由第 2 章我们知道在某一极限过程中,$f(x)$ 和 $g(x)$ 都是无穷小量或都是无穷大量时,$\dfrac{f(x)}{g(x)}$ 的极限可能存在,也可能不存在.通常称这种极限为**未定式**(或**待定型**),并分别简记为 $\dfrac{0}{0}$ 或 $\dfrac{\infty}{\infty}$.

洛必达(L'HosPital)法则是处理未定式极限的重要工具,是计算 $\dfrac{0}{0}$ 型、$\dfrac{\infty}{\infty}$ 型极限的简单而有效的法则.该法则的理论依据是柯西中值定理.

3.2.1　$\dfrac{0}{0}$ 型未定式

定理 1　设 $f(x),g(x)$ 满足下列条件:

(1) $\lim\limits_{x\to x_0} f(x)=0,\lim\limits_{x\to x_0} g(x)=0$;

(2) $f(x),g(x)$ 在 $\mathring{U}(x_0)$ 内可导,且 $g'(x)\neq 0$;

(3) $\lim\limits_{x \to x_0} \dfrac{f'(x)}{g'(x)}$ 存在(或为 ∞).

则

$$\lim_{x \to x_0} \frac{f(x)}{g(x)} = \lim_{x \to x_0} \frac{f'(x)}{g'(x)}.$$

这就是说,当 $\lim\limits_{x \to x_0} \dfrac{f'(x)}{g'(x)}$ 存在时,$\lim\limits_{x \to x_0} \dfrac{f(x)}{g(x)}$ 也存在且等于 $\lim\limits_{x \to x_0} \dfrac{f'(x)}{g'(x)}$;当 $\lim\limits_{x \to x_0} \dfrac{f'(x)}{g'(x)}$ 为无穷大时,$\lim\limits_{x \to x_0} \dfrac{f(x)}{g(x)}$ 也为无穷大. 这种在一定条件下通过分子分母分别求导再求极限来确定未定式的值的方法称为洛必达(L'HosPital)法则.

证明   由于函数在 x_0 点的极限与函数在该点的定义无关,由条件(1),不妨设 $f(x_0)=0, g(x_0)=0$. 由条件(1)和(2)知 $f(x)$ 与 $g(x)$ 在 $U(x_0)$ 内连续. 设 $x \in \overset{\circ}{U}(x_0)$,则 $f(x)$ 与 $g(x)$ 在 $[x_0, x]$ 或 $[x, x_0]$ 上满足柯西定理的条件,于是

$$\frac{f(x)}{g(x)} = \frac{f(x) - f(x_0)}{g(x) - g(x_0)} = \frac{f'(\xi)}{g'(\xi)} \quad (\xi \text{ 在 } x_0 \text{ 与 } x \text{ 之间}).$$

当 $x \to x_0$ 时,显然有 $\xi \to x_0$,由条件(3)得

$$\lim_{x \to x_0} \frac{f(x)}{g(x)} = \lim_{x \to x_0} \frac{f'(\xi)}{g'(\xi)} = \lim_{x \to x_0} \frac{f'(x)}{g'(x)}.$$

这个定理的结果可以推广到 $x \to x_0^-$ 或 $x \to x_0^+$ 的情形.

注   (1) 如果 $\lim\limits_{x \to x_0} \dfrac{f'(x)}{g'(x)}$ 仍为 $\dfrac{0}{0}$ 型未定式,且 $f'(x), g'(x)$ 满足定理条件,则可继续使用洛必达法则;

(2) 洛必达法则仅适用于未定式求极限,运用洛必达法则时,要验证定理的条件,当 $\lim\limits_{x \to x_0} \dfrac{f'(x)}{g'(x)}$ 既不存在也不为 ∞ 时,不能运用洛必达法则.

例 1   求(1) $\lim\limits_{x \to 0} \dfrac{\sin ax}{\sin bx} (b \neq 0)$;(2) $\lim\limits_{x \to 0} \dfrac{x - \tan x}{x - \sin x}$.

解   (1) 该极限属于 $\dfrac{0}{0}$ 型未定式.

$$\lim_{x \to 0} \frac{\sin ax}{\sin bx} = \lim_{x \to 0} \frac{(\sin ax)'}{(\sin bx)'} = \lim_{x \to 0} \frac{a\cos ax}{a\cos bx} = \frac{a}{b}.$$

注   上式中 $\lim\limits_{x \to 0} \dfrac{a\cos ax}{a\cos bx}$ 已不是未定式,不能对它应用洛必达法则,否则会导致错误结果. 以后使用洛必达法则时应经常注意这一点. 如果不是未定式,就不能用洛必达法则.

(2) 该极限属于 $\dfrac{0}{0}$ 型未定式.

$$\lim_{x\to 0}\frac{x-\tan x}{x-\sin x}=\lim_{x\to 0}\frac{1-\sec^2 x}{1-\cos x}=\lim_{x\to 0}\frac{-\tan^2 x}{\frac{1}{2}x^2}=-\lim_{x\to 0}\frac{x^2}{\frac{1}{2}x^2}=-2.$$

例 2　求 $\lim\limits_{x\to 0}\dfrac{\sin^2 x-x\sin x\cos x}{x^4}$.

解　它是 $\dfrac{0}{0}$ 型未定式,如果直接运用洛必达法则,分子的导数比较复杂,但如果利用极限运算法则进行适当化简,再用洛必达法则就简单多了.

$$\lim_{x\to 0}\frac{\sin^2 x-x\sin x\cos x}{x^4}=\lim_{x\to 0}\frac{\sin x-x\cos x}{x^3}\cdot\lim_{x\to 0}\frac{\sin x}{x}$$

$$=\lim_{x\to 0}\frac{\sin x-x\cos x}{x^3}=\lim_{x\to 0}\frac{\cos x-\cos x+x\sin x}{3x^2}$$

$$=\lim_{x\to 0}\frac{\sin x}{3x}=\frac{1}{3}.$$

例 3　求 $\lim\limits_{x\to 0}\dfrac{x^2\sin\dfrac{1}{x}}{\sin x}$.

解　它是 $\dfrac{0}{0}$ 型未定式,这时若对分子分母分别求导再求极限,得

$$\lim_{x\to 0}\frac{x^2\sin\dfrac{1}{x}}{\sin x}=\lim_{x\to 0}\frac{2x\sin\dfrac{1}{x}-\cos\dfrac{1}{x}}{\cos x}.$$

上式右端的极限不存在且不为 ∞,所以洛必达法则失效. 事实上可以求得

$$\lim_{x\to 0}\frac{x^2\sin\dfrac{1}{x}}{\sin x}=\lim_{x\to 0}\left(\frac{\sin x}{x}\cdot x\cdot\sin\frac{1}{x}\right)$$

$$=\lim_{x\to 0}\frac{\sin x}{x}\cdot\lim_{x\to 0}x\cdot\sin\frac{1}{x}=0.$$

注　(1) 上例说明洛必达法则并不是对所有 $\dfrac{0}{0}$ 型未定式都适用.

(2) 当 $\lim\dfrac{f'(x)}{g'(x)}$ 不存在时,$\lim\dfrac{f'(x)}{g'(x)}$ 仍可能存在.

洛必达法则对 $x\to\infty$ 的情形也成立. 只要把定理中的条件所考虑的点 x_0 的某邻域改成 $|x|$ 充分大.

推论 1　设 $f(x)$ 与 $g(x)$ 满足以下条件:

(1) $\lim\limits_{x\to\infty}f(x)=0,\lim\limits_{x\to\infty}g(x)=0$;

(2) 存在 $X>0$,当 $|x|>X$ 时,$f(x)$ 和 $g(x)$ 可导,且 $g'(x)\neq 0$;

(3) $\lim\limits_{x\to\infty}\dfrac{f'(x)}{g'(x)}$ 存在(或为 ∞).

则

$$\lim_{x\to\infty}\frac{f(x)}{g(x)}=\lim_{x\to\infty}\frac{f'(x)}{g'(x)}.$$

证 令 $x=\dfrac{1}{t}$,则 $x\to\infty$ 时,$t\to0$.

于是

$$\lim_{x\to\infty}\frac{f(x)}{g(x)}=\lim_{t\to0}\frac{f\left(\dfrac{1}{t}\right)}{g\left(\dfrac{1}{t}\right)}=\lim_{t\to0}\frac{f'\left(\dfrac{1}{t}\right)\cdot\left(-\dfrac{1}{t^2}\right)}{g'\left(\dfrac{1}{t}\right)\cdot\left(-\dfrac{1}{t^2}\right)}=\lim_{x\to\infty}\frac{f'(x)}{g'(x)}.$$

上述推论中的结果可推广 $x\to-\infty$,$x\to+\infty$ 的情形.

例 4 求 $\lim\limits_{x\to+\infty}\dfrac{\dfrac{\pi}{2}-\arctan x}{\dfrac{1}{x}}$.

解 它是 $\dfrac{0}{0}$ 型未定式,由洛必达法则有

$$\lim_{x\to+\infty}\frac{\dfrac{\pi}{2}-\arctan x}{\dfrac{1}{x}}=\lim_{x\to+\infty}\frac{-\dfrac{1}{1+x^2}}{-\dfrac{1}{x^2}}=\lim_{x\to+\infty}\frac{x^2}{1+x^2}=1.$$

3.2.2 $\dfrac{\infty}{\infty}$ 型未定式

当 $x\to x_0$(或 $x\to\infty$)时,$f(x)$ 和 $g(x)$ 都是无穷大量,即 $\dfrac{\infty}{\infty}$ 型未定式,它也有与 $\dfrac{0}{0}$ 型未定式类似的方法,我们将其结果叙述如下,而将证明从略.

定理 2 设 $f(x)$,$g(x)$ 满足下列条件:

(1) $\lim\limits_{x\to x_0}f(x)=\infty$,$\lim\limits_{x\to x_0}g(x)=\infty$;

(2) $f(x)$ 和 $g(x)$ 在 $\overset{\circ}{U}(x_0)$ 内可导,且 $g'(x)\neq0$;

(3) $\lim\limits_{x\to x_0}\dfrac{f'(x)}{g'(x)}$ 存在(或为 ∞).

则

$$\lim_{x\to x_0}\frac{f(x)}{g(x)}=\lim_{x\to x_0}\frac{f'(x)}{g'(x)}.$$

推论 2　设 $f(x)$ 与 $g(x)$ 满足

(1) $\lim\limits_{x\to\infty} f(x)=\infty$，$\lim\limits_{x\to\infty} g(x)=\infty$；

(2) 存在 $X>0$，当 $|X|>X$ 时，$f(x)$ 和 $g(x)$ 可导，且 $g'(x)\neq 0$；

(3) $\lim\limits_{x\to\infty}\dfrac{f'(x)}{g'(x)}$ 存在（或为 ∞）.

则

$$\lim_{x\to\infty}\frac{f(x)}{g(x)}=\lim_{x\to\infty}\frac{f'(x)}{g'(x)}.$$

注　上述定理及推论中的结果可分别推广到 $x\to x_0^-$，$x\to x_0^+$ 和 $x\to-\infty$，$x\to+\infty$ 的情形.

例 5　求 $\lim\limits_{x\to 0^+}\dfrac{\ln\cot x}{\ln x}$.

解　这是 $\dfrac{\infty}{\infty}$ 型未定式，由洛必达法则有

$$\lim_{x\to 0^+}\frac{\ln\cot x}{\ln x}=\lim_{x\to 0^+}\frac{\dfrac{1}{\cot x}\cdot(-\csc^2 x)}{\dfrac{1}{x}}$$

$$=\lim_{x\to 0^+}\frac{-x}{\sin x\cdot\cos x}=-\lim_{x\to 0^+}\frac{1}{\cos x}\cdot\lim_{x\to 0^+}\frac{x}{\sin x}=-1.$$

例 6　求 $\lim\limits_{x\to+\infty}\dfrac{\ln x}{x^n}\,(n>0)$.

解　$\lim\limits_{x\to+\infty}\dfrac{\ln x}{x^n}=\lim\limits_{x\to+\infty}\dfrac{\dfrac{1}{x}}{nx^{n-1}}=\lim\limits_{x\to+\infty}\dfrac{1}{nx^n}=0.$

例 7　求 $\lim\limits_{x\to+\infty}\dfrac{x^n}{e^{\lambda x}}\,(n$ 为正整数，$\lambda>0)$.

解　应用洛必达法则 n 次，得

$$\lim_{x\to+\infty}\frac{x^n}{e^{\lambda x}}=\lim_{x\to+\infty}\frac{nx^{n-1}}{\lambda e^{\lambda x}}=\lim_{x\to+\infty}\frac{n(n-1)x^{n-2}}{\lambda^2 e^{\lambda x}}\cdots=\lim_{x\to+\infty}\frac{n!}{\lambda^n\cdot e^{\lambda x}}=0.$$

事实上，当 n 为任意正实数时，结论也成立.

对数函数 $\ln x$、幂函数 $x^\alpha\,(\alpha>0)$、指数函数 e^x 均为无穷大时，但从例 6 和例 7 可以看出，这三个函数增大的"速度"很不一样，幂函数增大的"速度"比对数函数快得多，而指数函数增大的"速度"又比幂函数快得多.

例 8　求 $\lim\limits_{x\to 0^+}\dfrac{e^{-\frac{1}{x}}}{x}$.

解　这是 $\dfrac{0}{0}$ 型未定式.运用洛必达法则有

$$\lim_{x\to 0^+}\frac{\mathrm{e}^{-\frac{1}{x}}}{x}=\lim_{x\to 0^+}\frac{\mathrm{e}^{-\frac{1}{x}}\cdot\dfrac{1}{x^2}}{1}=\lim_{x\to 0^+}\frac{\mathrm{e}^{-\frac{1}{x}}}{x^2}=\lim_{x\to 0^+}\frac{\mathrm{e}^{-\frac{1}{x}}}{2x^3}\left(\frac{0}{0}\text{型}\right).$$

可见,这样做下去得不出结果,但此时我们可以采用下面的变换技巧来求得其极限.

令 $t=\dfrac{1}{x}$,有

$$\lim_{x\to 0^+}\frac{\mathrm{e}^{-\frac{1}{x}}}{x}=\lim_{x\to 0^+}\frac{-\dfrac{1}{x}}{\mathrm{e}^{\frac{1}{x}}}=\lim_{t\to+\infty}\frac{t}{\mathrm{e}^t}\left(\frac{0}{0}\text{型}\right)=\lim_{t\to+\infty}\frac{1}{\mathrm{e}^t}=0.$$

例 9　求 $\lim\limits_{x\to 0^+}\dfrac{\ln\sin 3x}{\ln\sin 2x}$.

解　原式 $=\lim\limits_{x\to 0^+}\dfrac{3\cos 3x\sin 2x}{2\cos 2x\sin 3x}=\dfrac{3}{2}\lim\limits_{x\to 0^+}\dfrac{\sin 2x}{\sin 3x}$

$$=\frac{3}{2}\lim_{x\to 0^+}\frac{2x}{3x}$$

$$=1.$$

3.2.3　其他未定式

若对某极限过程有 $f(x)\to 0$ 且 $g(x)\to\infty$,则称 $\lim[f(x)g(x)]$ 为 $0\cdot\infty$ 型未定式.

若对某极限过程有 $f(x)\to\infty$ 且 $g(x)\to\infty$,则称 $\lim[f(x)-g(x)]$ 为 $\infty-\infty$ 型未定式.

若对某极限过程有 $f(x)\to 0^+$ 且 $g(x)\to 0$,则称 $\lim f(x)^{g(x)}$ 为 0^0 型未定式.

若对某极限过程有 $f(x)\to 1$ 且 $g(x)\to\infty$,则称 $\lim f(x)^{g(x)}$ 为 1^∞ 型未定式.

若对某极限过程有 $f(x)\to+\infty$ 且 $g(x)\to 0$,则称 $\lim f(x)^{g(x)}$ 为 ∞^0 型未定式.

上面这些未定式都可以经过简单的变换转化成 $\dfrac{0}{0}$ 型或 $\dfrac{\infty}{\infty}$ 型.因此常常可以用洛必达法则求出其极限,下面举例说明.

例 10　求 $\lim\limits_{x\to 1^-}[\ln x\cdot\ln(1-x)]$.

解　这是 $0\cdot\infty$ 型未定式.

$$\lim_{x\to 1^-}[\ln x\cdot\ln(1-x)]=\lim_{x\to 1^-}\frac{\ln(1-x)}{(\ln x)^{-1}}\left(\frac{\infty}{\infty}\text{型}\right)=\lim_{x\to 1^-}\frac{-\dfrac{1}{1-x}}{-\dfrac{1}{x\ln^2 x}}=\lim_{x\to 1^-}\frac{x\ln^2 x}{1-x}$$

$$= \lim_{x \to 1^-} x \cdot \lim_{x \to 1^-} \frac{\ln^2 x}{1-x} = \lim_{x \to 1^-} \frac{(2\ln x) \cdot \frac{1}{x}}{-1} = 0.$$

例 11　求 $\displaystyle\lim_{x \to 1^-} \left(\frac{x}{x-1} - \frac{1}{\ln x} \right)$.

解　这是 $\infty - \infty$ 型未定式,通分后可转化成 $\dfrac{0}{0}$ 型.

$$\lim_{x \to 1} \left(\frac{x}{x-1} - \frac{1}{\ln x} \right) = \lim_{x \to 1} \frac{x\ln x - x + 1}{(x-1)\ln x} \left(\frac{0}{0} \text{型} \right)$$

$$= \lim_{x \to 1} \frac{\ln x}{\dfrac{x-1}{x} + \ln x} = \lim_{x \to 1} \frac{\dfrac{1}{x}}{\dfrac{1}{x^2} + \dfrac{1}{x}} = \frac{1}{2}.$$

例 12　求 $\displaystyle\lim_{x \to 0^+} x^{\sin x}$.

解　这是 0^0 型未定式,我们先运用对数恒等式 $x^{\sin x} = \mathrm{e}^{\ln x^{\sin x}} = \mathrm{e}^{\sin x \cdot \ln x}$,再求极限.

$$\lim_{x \to 0^+} x^{\sin x} = \lim_{x \to 0^+} \mathrm{e}^{\sin x \cdot \ln x} = \mathrm{e}^{\lim\limits_{x \to 0^+} \sin x \cdot \ln x} = \mathrm{e}^{\lim\limits_{x \to 0^+} \frac{\ln x}{\frac{1}{\sin x}}}$$

$$= \mathrm{e}^{-\lim\limits_{x \to 0^+} \frac{1}{x} / \frac{\cos x}{\sin^2 x}} = \mathrm{e}^{\lim\limits_{x \to 0^+} \frac{-\sin^2 x}{x^2} \cdot \frac{x}{\cos x}} = \mathrm{e}^{\lim\limits_{x \to 0^+} \frac{\ln x}{\frac{1}{\sin x}}} = 1.$$

例 13　求 $\displaystyle\lim_{x \to 1} (2-x)^{\tan \frac{\pi}{2} x}$.

解　这是 1^∞ 型未定式. 我们还是先运用对数恒等式 $(2-x)^{\tan \frac{\pi}{2} x} = \mathrm{e}^{\ln(2-x)^{\tan \frac{\pi}{2} x}} = \mathrm{e}^{\tan \frac{\pi}{2} x \cdot \ln(2-x)}$,再求极限.

$$\lim_{x \to 1} (2-x)^{\tan \frac{\pi}{2} x} = \mathrm{e}^{\lim\limits_{x \to 1} \tan \frac{\pi}{2} x \cdot \ln(2-x)} = \mathrm{e}^{\lim\limits_{x \to 1} \ln(2-x) / \cot \frac{\pi}{2} x}$$

$$= \mathrm{e}^{\lim\limits_{x \to 1} \left(-\frac{1}{2-x} \right) / \left(-\csc^2 \frac{\pi}{2} x \right) \cdot \frac{\pi}{2}} = \mathrm{e}^{\frac{2}{\pi} \lim\limits_{x \to 1} \sin^2 \frac{\pi}{2} x / (2-x)} = \mathrm{e}^{\frac{2}{\pi}}.$$

注　此例也可结合运用第 2 章中介绍的方法求得

$$\lim_{x \to 1} (2-x)^{\tan \frac{\pi}{2} x} = \lim_{x \to 1} \left[1 + (1-x) \right]^{\frac{1}{1-x} \cdot (1-x)\tan \frac{\pi}{2} x} = \mathrm{e}^{\lim\limits_{x \to 1} (1-x)\tan \frac{\pi}{2} x}$$

$$= \mathrm{e}^{\lim\limits_{x \to 1} (1-x) / \cot \frac{\pi}{2} x} = \mathrm{e}^{\lim\limits_{x \to 1} (-1) / \csc^2 \frac{\pi}{2} x \cdot \frac{\pi}{2}}$$

$$= \mathrm{e}^{\frac{2}{\pi} \lim\limits_{x \to 1} \sin^2 \frac{\pi}{2} x} = \mathrm{e}^{\frac{2}{\pi}}.$$

例 14　求 $\displaystyle\lim_{x \to 0^+} \left(1 + \frac{1}{x} \right)^x$.

解　这是 ∞^0 型未定式,

$$\lim_{x \to 0^+} \left(1 + \frac{1}{x}\right)^x = \lim_{x \to 0^+} e^{x \ln(1 + \frac{1}{x})} = e^{\lim\limits_{x \to 0^+} \frac{\ln\left(1 + \frac{1}{x}\right)}{\frac{1}{x}}} = e^{\lim\limits_{x \to 0^+} \frac{\left(1 + \frac{1}{x}\right)^{-1} \cdot \left(-\frac{1}{x^2}\right)}{-\frac{1}{x^2}}}$$

$$= e^{\lim\limits_{x \to 0^+} \frac{x}{1+x}} = e^0 = 1.$$

注　洛必达法则是求未定式的一种有效方法，但不是万能的. 我们要学会善于根据具体问题采取不同的方法求解，最好能与其他求极限的方法结合使用，例如能化简时应尽可能先化简；可以应用等价无穷小替代换时，应尽可能应用，这样可以使运算简捷.

例 15　求 $\lim\limits_{x \to 0} \dfrac{x - \tan x}{x^2 \cdot \sin x}$.

解　若直接用洛必达法则，则分母的导函数较繁琐. 我们可先进行等价无穷小的代换. 由 $\sin x \sim x (x \to 0)$，则有

$$\lim_{x \to 0} \frac{x - \tan x}{x^2 \cdot \sin x} = \lim_{x \to 0} \frac{x - \tan x}{x^3} = \lim_{x \to 0} \frac{1 - \sec^2 x}{3x^2}$$

$$= \lim_{x \to 0} \frac{-\tan^2 x}{3x^2} = -\lim_{x \to 0} \frac{x^2}{3x^2} = -\frac{1}{3}.$$

习题 3. 2

1. 利用洛必达法则求下列极限：

(1) $\lim\limits_{x \to \pi} \dfrac{\sin 3x}{\tan 5x}$；

(2) $\lim\limits_{x \to 0} \dfrac{e^x - x - 1}{x(e^x - 1)}$；

(3) $\lim\limits_{x \to 0} \dfrac{e^x - e^{-x}}{\sin x}$；

(4) $\lim\limits_{x \to \frac{\pi}{2}} \dfrac{\ln \sin x}{(\pi - 2x)^2}$；

(5) $\lim\limits_{x \to a} \dfrac{\sin x - \sin a}{x - a}$；

(6) $\lim\limits_{x \to 0} \dfrac{\tan x - x}{x - \sin x}$；

(7) $\lim\limits_{x \to 0} \dfrac{(a+x)^x - a^x}{x^2}, (a > 0)$；

(8) $\lim\limits_{x \to a} \dfrac{x^m - a^m}{x^n - a^n}$；

(9) $\lim\limits_{x \to +\infty} \dfrac{\ln\left(1 + \dfrac{1}{x}\right)}{\operatorname{arccot} x}$；

(10) $\lim\limits_{x \to \frac{\pi}{2}} \dfrac{\tan x}{\tan 3x}$；

(11) $\lim\limits_{x \to 0^+} \dfrac{\ln x}{\cot x}$；

(12) $\lim\limits_{x \to 0^+} \sin x \ln x$；

(13) $\lim\limits_{x \to 0} x \cot 2x$；

(14) $\lim\limits_{x \to 0} x^2 e^{\frac{1}{x^2}}$；

(15) $\lim\limits_{x \to 1} \left(\dfrac{x}{x - 1} - \dfrac{1}{\ln x}\right)$；

(16) $\lim\limits_{x \to 0} \left(\dfrac{e^x}{x} - \dfrac{1}{e^x - 1}\right)$；

(17) $\lim\limits_{x \to 0^+} x^{\sin x}$;

(18) $\lim\limits_{x \to 0^+} \left(\dfrac{1}{x}\right)^{\tan x}$;

(19) $\lim\limits_{x \to 0^+} \left(\ln \dfrac{1}{x}\right)^x$;

(20) $\lim\limits_{x \to +\infty} (x + \sqrt{1+x^2}\,)^{\frac{1}{x}}$;

(21) $\lim\limits_{x \to 0} (1 + \sin x)^{\frac{1}{x}}$;

(22) $\lim\limits_{x \to +\infty} \left(\dfrac{2}{\pi} \arctan x\right)^x$;

(23) $\lim\limits_{x \to 0} \left(\dfrac{3-\mathrm{e}^x}{2+x}\right)^{\csc x}$;

(24) $\lim\limits_{x \to \infty} \left(1 + \dfrac{a}{x}\right)^x$.

2. 设 $\lim\limits_{x \to 1} \dfrac{x^2 + mx + n}{x-1} = 5$，求常数 m, n 的值.

3. 验证极限 $\lim\limits_{x \to \infty} \dfrac{x + \sin x}{x}$ 存在，但不能由洛必达法则得出.

4. 设 $f(x)$ 二阶可导，求 $\lim\limits_{h \to 0} \dfrac{f(x+h) - 2f(x) + f(x-h)}{h^2}$.

5. 设 $f(x)$ 具有二阶连续导数，且 $f(0) = 0$，试证

$$g(x) = \begin{cases} \dfrac{f(x)}{x}, & x \neq 0, \\ f'(0), & x = 0 \end{cases}$$

可导，且导函数连续.

6. 讨论函数

$$f(x) = \begin{cases} \left[\dfrac{1}{\mathrm{e}}(1+x)\right]^{\frac{1}{x}}, & x \neq 0, \\ \mathrm{e}^{-\frac{1}{2}}, & x = 0 \end{cases}$$

在 $x = 0$ 处的连续性.

人 物 介 绍

◎ **洛必达**(L' Hospital, 1661~1704)是法国数学家. 青年时期一度任骑兵军官，因眼睛近视自行告退，转向从事学术研究. 洛必达很早即显示出其数学的才华，15 岁时就解决了帕斯卡所提出的一个摆线难题. 洛必达是莱布尼茨微积分的忠实信徒，并且是约翰·伯努利的高足，成功地解答过伯努利提出的"最速降线"问题.

洛必达的最大功绩是撰写了世界上第一本系统的微积分教程——《用于理解曲线的无穷小分析》. 这部著作出版于 1696 年，后来多次修订再版，为微积分在欧洲大陆、特别是在法国普及起了重要作用. 这本书追随欧几里得和阿基米德古典范例，以定义和公理为出发点，同时得益于他的老师约翰·伯努利的著作，其经过是

这样的：约翰·伯努利在 1691～1692 年间写了两篇关于微积分的短论,但未发表. 不久以后,他答应为年轻的洛必达讲授微积分,但定期领取薪金.作为答谢,他把自己的数学发现传授给洛必达,并允许他随时利用.于是洛必达根据约翰·伯努利的传授和未发表的论著以及自己的学习心得,撰写了该书.

洛必达豁达大度,气宇不凡.由于他与当时欧洲各国主要数学家都有交往.从而成为全欧洲传播微积分的著名人物.

3.3 泰 勒 公 式

对于一些比较复杂的函数,往往希望用一些简单的函数来近似表达.多项式函数是最为简单的一类函数,它只要对自变量进行有限次的加、减、乘三种算术运算,就能求出其函数值,因此,多项式经常被用于近似地表达函数,这种近似表达在数学上常称为逼近.英国数学家泰勒的研究结果表明：具有直到 $n+1$ 阶导数的函数在一个点的邻域内的值可以用函数在该点的函数值及各阶导数值组成的 n 次多项式近似表达.本节我们将介绍泰勒公式及其简单应用.

3.3.1 泰勒中值定理

在微分应用中已知近似公式： $f(x) \approx f(x_0) + f'(x_0)(x-x_0)$,即用 x 的一次多项式 $p_1(x) = f(x_0) + f'(x_0)(x-x_0)$ 用来近似计算 $f(x)$. 显然有
$$p_1(x_0) = f(x_0), \quad p'_1(x_0) = f'(x_0).$$
我们如何提高近似计算的精度？ 如何估计误差 ?

为此设函数 $f(x)$ 在含有 x_0 的开区间 (a, b) 内具有直到 $n+1$ 阶导数,找一个 n 次多项式函数
$$p_n(x) = a_0 + a_1(x-x_0) + a_2(x-x_0)^2 + \cdots + a_n(x-x_0)^n$$
使得 $f(x) \approx P_n(x)$,且误差 $R_n(x) = f(x) - p_n(x)$ 是比 $(x-x_0)^n$ 高阶的无穷小,并给出误差估计的具体表达式.

令 $P_n(x_0) = f(x_0), P'_n(x_0) = f'(x_0), P''_n(x_0) = f''(x_0), \cdots, P_n^{(n)}(x_0) = f^{(n)}(x_0)$. 可求出多项式的系数：

$f(x_0) = a_0$,

$f'(x) = a_1 + 2a_2(x-x_0) + \cdots + na_n(x-x_0)^{n-1}, \quad f'(x_0) = a_1$,

$f''(x) = 2a_2 + 2 \times 3a_3(x-x_0)^1 + 4 \times 3(x-x_0)^2 \cdots + n(n-1)(x-x_0)^{n-2}$,

$f''(x_0) = 2a_2$,

$f'''(x) = 3 \times 2 \times 1a_3 + 4 \times 3 \times 2(x-x_0) + \cdots + n \times (n-1)(n-2)(x-x_0)^{n-3}$,

$f'''(x_0) = 3! a_3$,

......

故 $f^{(n)}(x_0)=n!\ a_n$. 所以

$$a_0=f(x_0),a_1=f'(x_0),a_2=\frac{f''(x_0)}{2!},a_3=\frac{f'''(x_0)}{3!},\cdots,a_n=\frac{f^{(n)}(x_0)}{n!}.$$

故

$$P_n(x)=f(x_0)+f'(x_0)(x-x_0)+\frac{f''(x_0)}{2!}(x-x_0)^2+\cdots+\frac{f^{(n)}(x_0)}{n!}(x-x_0)^n,$$

则 $f(x)=P_n(x)+R_n(x)$.

定理 1(泰勒中值定理)　如果函数 $f(x)$ 在含有 x_0 的某个开区间 (a,b) 内具有直到 $(n+1)$ 阶的导数,则对 $\forall x\in(a,b)$ 时,$f(x)$ 可以表示为 $(x-x_0)$ 的一个 n 次多项式与一个余项 $R_n(x)$ 之和

$$f(x)=f(x_0)+f'(x_0)(x-x_0)+\frac{f''(x_0)}{2!}(x-x_0)^2$$

$$+\cdots+\frac{f^{(n)}(x_0)}{n!}(x-x_0)^n+R_n(x) \tag{3-3-1}$$

其中 $R_n(x)=\dfrac{f^{(n+1)}(\xi)}{(n+1)!}(x-x_0)^{n+1}$ 称为**拉格朗日型余项**,其中 ξ 是介于 x_0 与 x 之间的某个值. 且公式(3-3-1)称为 $f(x)$ 按 $(x-x_0)$ 的幂展开的 n 阶泰勒公式,$P_n(x)$ 称为 $f(x)$ 按 $(x-x_0)$ 的幂展开的 n 次近似多项式.

证明　因 $R_n(x)=f(x)-P_n(x)$,只需证

$$R_n(x)=\frac{f^{(n+1)}(\xi)}{(n+1)!}(x-x_0)^{n+1}(\xi 在 x_0 与 x 之间).$$

由已知 $R_n(x)$ 在 (a,b) 内也具有直到 $(n+1)$ 阶导数. 且

$$R_n(x_0)=R'_n(x_0)=R''_n(x_0)=\cdots=R_n^{(n)}(x_0)=0,$$

因 $P_n(x)$ 及 $(x-x_0)^{n+1}$ 在 $[x_0,x]$ 上连续,在 (x_0,x) 内可导. 且 $[(x-x_0)^{n+1}]'$ 在 (x_0,x) 内均不为零,满足柯西定理条件,所以有

$$\frac{R_n(x)-R_n(x_0)}{(x-x_0)^{n+1}-(x_0-x_0)^{n+1}}=\frac{R_n(x)}{(x-x_0)^{n+1}}=\frac{R'_n(\xi_1)}{(\xi_1-x_0)^n\cdot(n+1)},\quad \xi_1\in(x_0,x).$$

同理 $R'_n(x)$ 及 $(n+1)(x-x_0)^n$ 在 $[x_0,\xi_1]$ 上连续,在 (x_0,ξ_1) 内可导且 $[(n+1)\cdot(x-x_0)^n]'$ 在 $[x_0,\xi_1]$ 内处处不为 0,也有

$$\frac{R'_n(\xi_1)-R'_n(x_0)}{(n+1)(\xi_1-x_0)^n-0}=\frac{R'_n(\xi_1)}{(n+1)(\xi_1-x_0)^n}=\frac{R'_n(\xi_2)}{(n+1)\cdot n\cdot(\xi_2-x_0)^{n-1}},\quad \xi_2\in(x_0,\xi_1).$$

依次类推,经 $(n+1)$ 次后,得

$$\frac{R_n(x)}{(x-x_0)^{n+1}}=\frac{R_n^{(n+1)}(\xi)}{(n+1)!},\quad \xi\in(x_0,x).$$

又因为 $R_n^{(n+1)}(x)=f^{(n+1)}(x)$,$P_n(x)$ 为 n 次多项式,故 $[P_n(x)]^{(n+1)}=0$.

故 $R_n(x)=\dfrac{f^{n+1}(\xi)}{(n+1)!}(x-x_0)^{n+1}$, $\xi\in(x_0,x)$, 证毕.

当 $n=0$ 时, 泰勒公式即为
$$f(x)=f(x_0)+f'(\xi)(x-x_0) \quad (\xi 介于 x_0 与 x 之间)$$
可记 $\xi=x_0+\theta(x-x_0)$, $(0<\theta<1)$, 故泰勒中值定理是拉格朗日中值定理的推广.
对于 $|R_n(x)|$, 为用多项式 $P_n(x)$ 近似代替 $f(x)$ 时的误差, 如果对某个固定的 n, 当 $x\in(a,b)$ 时, 都有 $|f^{(n+1)}(x)|\leqslant M(M 为常数)$, 则有估计式
$$|R_n(x)|=\left|\frac{f^{(n+1)}(\xi)}{(n+1)!}(x-x_0)^{n+1}\right|\leqslant\frac{M}{(n+1)!}|x-x_0|^{n+1}$$
以及 $\lim\limits_{x\to x_0}\dfrac{R_n(x)}{(x-x_0)^n}=0$. 所以当 $x\to x_0$ 时 $|R_n(x)|$ 是比 $(x-x_0)^n$ 高阶的无穷小, 即
$R_n(x)=o[(x-x_0)^n]$ 此式称为**佩亚诺(Peano)型余项**.

带有佩亚诺型余项的泰勒公式:
$$f(x)=f(x_0)+f'(x_0)(x-x_0)+\frac{f''(x_0)}{2!}(x-x_0)^2+\cdots+\frac{f^{(n)}(x_0)}{n!}(x-x_0)^n+R_n(x),$$
$$R_n(x)=o[(x-x_0)^n].$$

注1 当 $n=0$ 时, 泰勒公式变为拉格朗日中值公式
$$f(x)=f(x_0)+f'(\xi)(x-x_0) \quad (\xi 在 x_0 与 x 之间).$$

注2 当 $n=1$ 时, 泰勒公式变为
$$f(x)=f(x_0)+f'(x_0)(x-x_0)+\frac{f''(\xi)}{2!}(x-x_0)^2,$$
$$f(x)\approx f(x_0)+f'(x_0)(x-x_0), \quad 误差 R_1(x)=\frac{f''(\xi)}{2!}(x-x_0)^2(\xi 在 x_0 与 x 之间).$$

注3 当不需要余项的精确表达式时, n 阶泰勒公式可写成
$$f(x)=f(x_0)+f'(x_0)(x-x_0)+\cdots+\frac{f^{(n)}(x_0)}{n!}(x-x_0)^n+o[(x-x_0)^n].$$

3.3.2 麦克劳林公式

取 $x_0=0$, Taylor 公式称为**麦克劳林(Maclaurin)公式**, 即
$$f(x)=f(0)+f'(0)+\frac{f'(0)}{2!}x^2+\cdots+\frac{f^{(n)}(0)}{n!}x^n+\frac{f^{(n+1)}(\theta x)}{(n+1)!}x^{n+1} \quad (0<\theta<1),$$
(因 $\xi\in(0,x)$, 故 $\theta\in(0,1)$)或记
$$f(x)=f(0)+f'(0)x+\cdots+\frac{f^{(n)}(0)}{n!}x^n+o(x^n)$$

可得近似公式

$$f(x) \approx f(0) + f'(0)x + \frac{f''(0)}{2!}x^2 + \cdots + \frac{f^{(n)}(0)}{n!}x^n.$$

误差估计式

$$|R_n(x)| \leqslant \left| \frac{f^{(n+1)}(\xi)}{(n+1)!}(x)^{n+1} \right| \leqslant \frac{M}{(n+1)!}|x|^{n+1}.$$

3.3.3　函数的泰勒展开式举例

1. 直接法

例 1　写出函数 $f(x) = \mathrm{e}^x$ 的 n 阶麦克劳林公式,并利用三阶麦克劳林多项式计算 $\sqrt{\mathrm{e}}$ 的近似值,并估计误差.

因为

$$f'(x) = \mathrm{e}^x, f''(x) = \mathrm{e}^x, f'''(x) = \mathrm{e}^x, \cdots, f^{(n)}(x) = \mathrm{e}^x.$$

故

$$f(0) = f'(0) = f''(0) = \cdots = f^{(n)}(0) = 1,$$

且

$$R_n(x) = \frac{f^{(n+1)}(\theta x)}{(n+1)!}x^{n+1} = \frac{\mathrm{e}^{\theta x}}{(n+1)!}x^{n+1} \quad (0 < \theta < 1).$$

故 $f(x) = \mathrm{e}^x$ 的 n 阶麦克劳林公式为

$$\mathrm{e}^x = 1 + x + \frac{x^2}{2!} + \cdots + \frac{x^n}{n!} + \frac{\mathrm{e}^{\theta x}}{(n+1)!}x^{n+1} \quad (0 < \theta < 1).$$

(1) 讨论误差:用公式 $1 + x + \frac{x^2}{2!} + \cdots + \frac{x^n}{n!}$ 代替 e^x,所产生的误差为

$$|R_n(x)| = \left| \frac{\mathrm{e}^{\theta x}}{(n+1)!}x^{n+1} \right| \leqslant \frac{\mathrm{e}^{|x|}}{(n+1)!}|x|^{n+1}.$$

(2) 当 $x = 1$ 时,

$$\mathrm{e}^x = \mathrm{e} \approx 1 + 1 + \frac{1}{2!} + \cdots + \frac{1}{n!}, |R_n| \leqslant \frac{\mathrm{e}}{(n+1)!} < \frac{3}{(n+1)!}.$$

当 $n = 10$ 时,可算出 $\mathrm{e} \approx 2.718282$,其误差不超过 10^{-6}

当 $x = \frac{1}{2}, n = 3$,则

$$\sqrt{\mathrm{e}} \approx 1 + \frac{1}{2} + \frac{1}{3!}\left(\frac{1}{2}\right)^2 + \frac{1}{3!}\left(\frac{1}{2}\right)^3 \approx 1.6458,$$

其误差

$$\left| R_3\left(\frac{1}{2}\right) \right| = \frac{\mathrm{e}^\xi}{4!}\left(\frac{1}{2}\right)^4 < \frac{\mathrm{e}^{\frac{1}{2}}}{4!}\left(\frac{1}{2}\right)^4 < \frac{3^{\frac{1}{2}}}{4!}\left(\frac{1}{2}\right)^4 < \frac{1 \cdot 8}{4!}\left(\frac{1}{2^4}\right) < 0.0047 < 0.005 = 5 \times 10^{-3}.$$

例2　求 $f(x)=\sin x$ 的 n 阶麦克劳林公式.

解　$f'(x)=(\sin x)'=\cos x=\sin\left(x+\dfrac{\pi}{2}\right),$

$$f''(x)=(\sin x)''=\left(\sin\left(x+\dfrac{\pi}{2}\right)\right)'$$

$$=\sin\left(x+\dfrac{\pi}{2}+\dfrac{\pi}{2}\right)=\sin\left(x+2\cdot\dfrac{\pi}{2}\right),$$

$$\cdots\cdots$$

$$f^{(n)}(x)=(\sin x)^{(n)}=\sin\left(x+n\cdot\dfrac{\pi}{2}\right).$$

故

$$f(0)=0,f'(0)=1,f''(0)=0,f'''(0)=-1,f^{(4)}(0)=0,$$

故

$$\sin x=f(0)+f'(0)x+\dfrac{f''(0)}{2!}+\cdots+\dfrac{f^{(2m-1)}(0)}{(2m-1)!}x^{2m-1}+\dfrac{f^{(2m)}(0)}{2m!}\cdot x^{2m}+R_{2m}$$

$$=x-\dfrac{x^3}{3!}+\dfrac{x^5}{5!}+\cdots(-1)^{m-1}\dfrac{x^{2m-1}}{(2m-1)!}+R_{2m},$$

其中 $R_{2m}=\dfrac{\sin\left(\theta x+\dfrac{2m+1}{2}\pi\right)}{(2m+1)!}x^{2m+1}(0<\theta<1).$

取 $m=1$，则 $\sin x\approx x$，误差 $|R_2|=\left|\dfrac{\sin\left(\theta x+\dfrac{3}{2}\pi\right)}{3!}x^3\right|\leqslant\dfrac{|x|^3}{6}(0<\theta<1).$

如果 m 分别取 2 和 3，则可得 $\sin x$ 的 3 次和 5 次近似多项式

$$\sin x\approx x-\dfrac{1}{3!}x^3\ \text{和}\ \sin x\approx x-\dfrac{1}{3!}x^3+\dfrac{1}{5!}x^5,$$

其误差的绝对值依次不超过 $\dfrac{1}{5!}|x^5|$ 和 $\dfrac{1}{7!}|x^7|$.

以上三个近似多项式及正弦函数的图形画在图 3-4 中，以便比较.

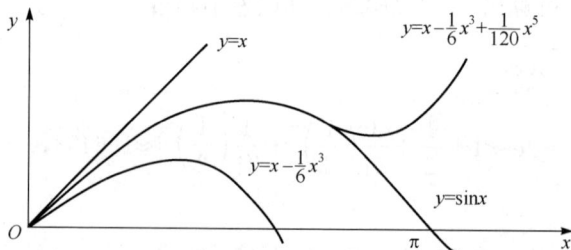

图 3-4

类似地,当 $n=2m+1$ 时,$\cos x$ 的 n 阶麦克劳林展开式为

$$\cos x=1-\frac{x^2}{2!}+\frac{x^4}{4!}-\frac{x^6}{6!}+\cdots+(-1)^m\frac{x^{2m}}{(2m)!}+\frac{\cos[\theta x+(m+1)\pi]}{(2m+2)!}x^{2m+2},0<\theta<1;$$

当 $n=2m$ 时,$\cos x$ 的 n 阶麦克劳林展开式为

$$\cos x=1-\frac{x^2}{2!}+\frac{x^4}{4!}-\frac{x^6}{6!}+\cdots+(-1)^m\frac{x^{2m}}{(2m)!}+\frac{\cos\left[\theta x+(2m+1)\dfrac{\pi}{2}\right]}{(2m+1)!}x^{2m+1}.$$

例 3　求函数 $f(x)=(1+x)^\alpha$(α 为任意实数)在 $x=0$ 点的泰勒公式.

解　由于

$$f'(x)=\alpha(1+x)^{\alpha-1},$$
$$f''(x)=\alpha(\alpha-1)(1+x)^{\alpha-2},\cdots,$$
$$f^{(n)}(x)=\alpha(\alpha-1)\cdots(\alpha-n+1)(1+x)^{\alpha-n},$$

于是有

$$f(0)=1,f'(0)=\alpha,f''(0)=\alpha(\alpha-1),\cdots,$$
$$f^{(n)}(0)=\alpha(\alpha-1)\cdots(\alpha-n+1),\cdots,$$

从而得 $f(x)=(1+x)^\alpha$ 在 $x=0$ 点的泰勒公式为

$$(1+x)^\alpha=1+\alpha x+\frac{\alpha(\alpha-1)}{2!}x^2+\cdots+\frac{\alpha(\alpha-1)\cdots(\alpha-n+1)}{n!}x^n+o(x^n).$$

特别地,当 $\alpha=n$(正整数)时,有

$$(1+x)^n=1+nx+\frac{n(n-1)}{2!}x^2+\cdots+nx^{n-1}+x^n.$$

2. 间接法

例 4　$f(x)=x\cdot e^x$,则

$$f(x)=x\left(1+x+\frac{x^2}{2!}+\cdots+\frac{x^{n-1}}{(n-1)!}+o(x^{n-1})\right)$$
$$=x+x^2+\frac{x^3}{2!}+\cdots+\frac{x^n}{(n-1)!}+o(x^n).$$

利用 $(\sin x)'=\cos x$,也可得 $\cos x$ 的麦克劳林展开式.

3.3.4　泰勒公式的应用

例 5　设 $\lim\limits_{x\to 0}\dfrac{f(x)}{x}=1$,且 $f''(x)>0$,求证 $f(x)\geqslant x$.

证明　易知 $\lim\limits_{x\to 0}f(x)=0$,则 $f(0)=0$,所以 $\lim\limits_{x\to 0}\dfrac{f(x)-f(0)}{x-0}=f'(0)=1.$

由麦克劳林公式有

$$f(x)=f(0)+f'(0)x+\frac{f''(\xi)}{2!}x^2=x+\frac{f''(\xi)}{2!}x^2,$$

因 $f''(x)>0$,故 $f(x)\geqslant x.$

注　写泰勒公式时,余项中含有 $f^{(n+1)}(\xi)$,若 $f(x)$ 为复合函数或此函数可利用已学的 $e^x,\sin x,\cos x$ 的展开式时,则 $f(x)$ 展开式中的余项 $\neq$ 分别余项再复合,必须是整个函数求余项.

例 6　利用带有佩亚诺型余项的麦克劳林公式,求极限 $\lim\limits_{x\to 0}\dfrac{\sin x-x\cos x}{\sin^3 x}$.

解　由 $\sin x=x-\dfrac{x^3}{3!}+o(x^3)$,$x\cos x=x-\dfrac{x^3}{2!}+o(x^3)$,故

$$\lim_{x\to 0}\frac{\sin x-x\cos x}{\sin^3 x}=\lim_{x\to 0}\frac{\dfrac{1}{3}x^3+o(x^3)}{x^3}=\frac{1}{3}.$$

注　两个比 x^3 高阶的无穷小的和仍记为 $o(x^3)$.

3.3.5　常用初等函数的麦克劳林公式

$$e^x=1+x+\frac{x^2}{2!}+\cdots+\frac{x^n}{n!}+\frac{e^{\theta x}}{(n+1)!}x^{n+1}\ (0<\theta<1);$$

$$\sin x=x-\frac{x^3}{3!}+\frac{x^5}{5!}-\cdots+(-1)^n\frac{x^{2n+1}}{(2n+1)!}+o(x^{2n+2});$$

$$\cos x=1-\frac{x^2}{2!}+\frac{x^4}{4!}-\frac{x^6}{6!}+\cdots+(-1)^n\frac{x^{2n}}{(2n)!}+o(x^{2n});$$

$$\ln(1+x)=x-\frac{x^2}{2}+\frac{x^3}{3}-\cdots+(-1)^n\frac{x^{n+1}}{n+1}+o(x^{n+1});$$

$$\frac{1}{1-x}=1+x+x^2+\cdots+x^n+o(x^n);$$

$$(1+x)^\alpha=1+\alpha x+\frac{\alpha(\alpha-1)}{2!}x^2+\cdots+\frac{\alpha(\alpha-1)\cdots(\alpha-n+1)}{n!}x^n+o(x^n).$$

习题 3.3

1. 求函数 $f(x)=xe^x$ 的 n 阶麦克劳林公式.

2. 按 $(x-1)$ 的幂展开多项式 $f(x)=x^4+3x^2+4.$

3. 当 $x_0=-1$ 时,求函数 $f(x)=\dfrac{1}{x}$ 的 n 阶泰勒公式.

4. 求函数 $y=\ln x$ 按 $(x-2)$ 的幂展开的带有皮亚诺余项的 n 阶泰勒公式.

5. 利用泰勒公式求下列极限：

(1) $\lim\limits_{x\to 0}\dfrac{x-\sin x}{x^3}$；

(2) $\lim\limits_{x\to +\infty}\left[x-x^2\ln\left(1+\dfrac{1}{x}\right)\right]$；

(3) $\lim\limits_{x\to 0}\dfrac{e^{x^2}+2\cos x-3}{x^4}$.

人 物 介 绍

◎ **泰勒**（Brook，Taylor，1685～1731）英国数学家. 泰勒出生于英格兰一个富有的且有点贵族血统的家庭. 父亲约翰来自肯特郡的比夫隆家庭. 泰勒是长子. 进大学之前，泰勒一直在家里读书. 泰勒全家尤其是他的父亲，都喜欢音乐和艺术，经常在家里招待艺术家. 这对泰勒一生的工作造成的极大的影响，这从他的两个主要科学研究课题：弦振动问题及透视画法，就可以看出来.

1701 年，泰勒进剑桥大学的圣约翰学院学习. 1709 年，他获得法学学士学位. 1714 年获法学博士学位. 1712 年，他被选为英国皇家学会会员，同年进入促裁牛顿和莱布尼茨发明微积分优先权争论的委员会. 从 1714 年起担任皇家学会第一秘书，1718 年以健康为由辞去这一职务.

泰勒后期的家庭生活是不幸的. 1721 年，因和一位据说是出身名门但没有财产的女人结婚，遭到父亲的严厉反对，只好离开家庭. 两年后，妻子在生产中死去，才又回到家里，1725 年，在征得父亲同意后，他第二次结婚，并于 1729 年继承了父亲在肯特郡的财产. 1730 年，第二个妻子也在生产中死去，不过这一次留下了一个女儿. 妻子的死深深地刺激了他，第二年他也去了，安葬在伦敦圣·安教堂墓地.

由于工作及健康上的原因，泰勒曾几次访问法国并和法国数学家蒙莫尔多次通信讨论级数问题和概率论的问题. 1708 年，23 岁的泰勒得到了"振动中心问题"的解，引起了人们的注意，在这个工作中他用了牛顿的记号方法. 从 1714 年到 1719 年，是泰勒在数学高产的时期. 他的两本著作：《正和反的增量法》及《直线透视》都出版于 1715 年，它们的第二版分别出于 1717 年和 1719 年. 从 1712 年到 1724 年，他在《哲学会报》上共发表了 13 篇文章，其中有些是通信和评论. 文章中还包含毛细管现象、磁学及温度计的实验记录.

在生命的后期，泰勒转向宗教和哲学的写作，他的第三本著作《哲学的沉思》在他死后由外孙 W. 杨于 1793 年出版.

泰勒以微积分学中将函数展开成无穷级数的定理著称于世. 这条定理大致可以叙述为：函数在一个点的邻域内的值可以用函数在该点的值及各阶导数值组成的无穷级数表示出来. 然而，在半个世纪里，数学家们并没有认识到泰勒定理的重大价值.这一重大价值是后来由拉格朗日发现的,他把这一定理刻画为微积分的基本定理.泰勒定理的严格证明是在定理诞生一个世纪之后,由柯西给出的.

◎ **麦克劳林**(Maclaurin,Colin,1689~1746)是英国数学家.他是一位牧师的儿子,半岁丧父,9 岁丧母.由其叔父抚养成人.叔父也是一位牧师.麦克劳林是一个"神童",为了当牧师,他 11 岁考入格拉斯哥大学学习神学,但入校不久却对数学发生了浓厚的兴趣,一年后转攻数学.17 岁取得了硕士学位并为自己关于重力做功的论文做了精彩的公开答辩;19 岁担任阿伯丁大学的数学教授并主持该校马里歇尔学院数学的工作;两年后被选为英国皇家学会会员;1722~1726 年期间在巴黎从事研究工作,并在 1724 年因写了物体碰撞的杰出论文而荣获法国科学院资金,后任爱丁堡大学教授.

1719 年,麦克劳林在访问伦敦时见到了牛顿,从此便成为牛顿的门生.1724年,由于牛顿的大力推荐,他继续获得教授席位.

麦克劳林 21 岁时发表了第一本重要著作《构造几何》,在这本书中描述了作圆锥曲线的一些新的巧妙方法,精辟地讨论了圆锥曲线及高次平面曲线的种种性质.

1742 年撰写的《流数论》以泰勒级数作为基本工具,是对牛顿的流数法作出符合逻辑的、系统解释的第一本书.此书之意是为牛顿流数法提供一个几何框架的,以答复贝克来大主教等人对牛顿的微积分学原理的攻击.

麦克劳林也是一位实验科学家,设计了很多精巧的机械装置.他不但学术成就斐然,而且关心政治,1745 年参加了爱丁堡保卫战.

麦克劳林终生不忘牛顿对他的栽培,并为继承、捍卫、发展牛顿的学说而奋斗.他曾打算写一本《关于伊萨克·牛顿爵士的发现说明》,但未能完成便去世了.死后在他的墓碑上刻有"曾蒙牛顿推荐"字样,以表达他对牛顿的感激之情.

◎ **佩亚诺**,**G.**(Peano,Giuseppe 1858~1932)佩亚诺的父母巴尔托洛梅奥(Bartolomeo)和 C. 罗斯亚(Rosa)有 4 男 1 女,佩亚诺是第二个孩子.他们家以耕作为生,虽处在文盲充斥的农村,但佩亚诺的父母有见识且很开朗,让子女都接受教育.他家住在离省城库内奥 3 英里的地方,每天佩亚诺和其兄米切勒(Michele)必须步行去省城念书.为了方便孩子们上学,他父母把家搬到城内,直到他最小的妹妹小学毕业,才又搬回农场.他的舅舅 M. 卡瓦罗(Cavallo)是一位牧师和律师,住在都灵.由于佩亚诺勤学好问,成绩优异,舅舅接他去都灵读书.开始时他接受私人教育(包括舅舅的教育)和自学,使他能于 1873 年通过卡沃乌尔(Cavour)学校的初中升学考试而入了学.1876 年高中毕业,因成绩优异获得奖学金,进入都灵大学读书.他先读工程学,在修完两年物理与数学之后,决定专攻纯数学.在校 5 年,他学习的科目十分广泛.1880 年 7 月他以高分拿到大学毕业证书,并留校当 E. 奥维迪奥(D'ovidio)的助教,一年后又转为分析学家 A. 杰诺其(Genocchi)教授的助教.1882 年春杰诺其摔坏了膝盖骨,佩亚诺便接替他讲授分析课.1884 年任都灵大学微积分学讲师. 1890 年 12 月经过正规竞争,佩亚诺成为都灵大学的临时性教授,1895 年成为正教授,他一直在都灵大学教书,直到去世.

佩亚诺作为符号逻辑的先驱和公理化方法的推行人而著名. 他的工作是独立于 J. W. R. 戴德金(Dedekind)而做出的. 虽然戴德金也曾发表过一篇自然数方面的文章,观点与佩亚诺的基本相同,但表达得不如佩亚诺明晰,没有引人们注意. 佩亚诺以简明的符号及公理体系为数理逻辑和数学基础的研究开创了新局面. 他在逻辑方面的第一篇文章出现在他 1888 年出版的《几何演算—基于格拉斯曼的"扩张研究"》(*Calcolo geometrico secondo 1'Ausdehnungslehre di H. Grassmann*)一书中. 该文独立成章共 20 页,是关于"演绎逻辑的运算"(Operations of deductivelogic)的. 佩亚诺不同意 B. A. W. 罗素(Russell)的观点,而是 G. 布尔(Boole)、F. W. K. E. 施勒德(Schroder)、C. S. 皮尔斯(Peirce)和 H. 麦科尔(Mccoll)等人工作的综合和发展. 1889 年佩亚诺的名著《算术原理新方法》(*Arithmetices principia, nova methodo exposita*)出版,在这本小册子中他完成了对整数的公理化处理,在逻辑符号上有许多创新,从而使推理更加简洁. 书中他给出了举世闻名的自然数公理,成为经典之作. 1891 年佩亚诺创建了《数学杂志》(*Rivista di Matematica*),并在这个杂志上用数理逻辑符号写下了这组自然数公理,且证明了它们的独立性. 佩亚诺用两个不定义的概念"1"和"后继者"及四个公理来定义自然数,说所谓自然数是指满足以下性质的集合 **N** 中的元素:

(1) 1 是 **N** 的一个元,它不是 **N** 中任何元的后继者,若 a 的后继者用 a^+ 表示,则对于 **N** 中任何 a, $a^+ \neq 1$;

(2) 对于 **N** 中任意元 a,存在而且仅存在一个后继者 a^+;

(3) 对于 **N** 中任何 a, b,若 $a^+ = b^+$,则 $a = b$;

(4) (归纳公理)**N** 的一个子集合 M,若具有以下性质:$1 \in M$;当 $a \in M$ 时,有 $a^+ \in M$,则 $M = N$.

19 世纪 90 年代他继续研究逻辑,并向第一届国际数学家大会投了稿. 1990 年在巴黎的哲学大会上,佩亚诺和他的合作者 C. 布拉利-福尔蒂(Burali-Forti)、A. 帕多阿(Padoa)及 M. 皮耶里(Pieri)主持了讨论. 罗素后来写道:"这次大会是我学术生涯的转折点,因为在这次大会上我遇到了佩亚诺." 佩亚诺对 20 世纪中期的逻辑发展起了很大作用,对数学做出了卓越的贡献.

3.4　函数的单调性与极值

3.4.1　函数的单调性

如果函数在定义域的某个区间内随着自变量的增加而增加(减少),则称函数在这一区间上是单调增加(减少)的. 函数的单调性在几何上表现为图形的升降. 单调增加函数的图形在平面直角坐标系中是一条从左至右(自变量增加的方向)逐渐上升(函数值增加的方向)的曲线,曲线上各点处的切线(如果存在的话)与横轴正向所夹角度为锐角,即曲线切线的斜率为正,也即导数为正. 类似地,单调减少函数的图形是平面直角坐标系中一条从左至右逐渐下降的曲线,其上任一点的导数(如果存在的话)为负. 如图 3-5 所示.

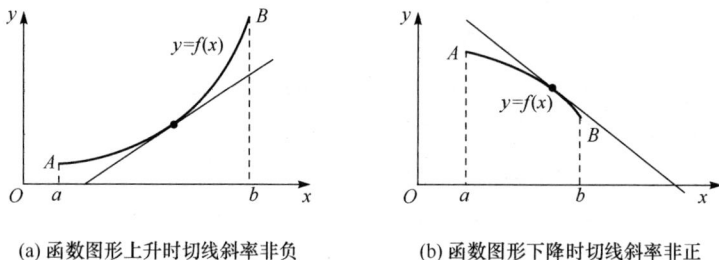

(a) 函数图形上升时切线斜率非负　　　　(b) 函数图形下降时切线斜率非正

图 3-5

由此可见,函数的单调性与导数的符号有着密切的关系. 事实上,有如下定理.

定理 1　设 $f(x)$ 在 $[a,b]$ 上连续,且在 (a,b) 内可导,则

(1) 若对任意 $x \in (a,b)$,有 $f'(x) > 0$,则 $f(x)$ 在 $[a,b]$ 上严格单调增加;

(2) 若对任意 $x \in (a,b)$,有 $f'(x) < 0$,则 $f(x)$ 在 $[a,b]$ 上严格单调减少.

证明　对任意 $x_1, x_2 \in [a,b]$,不妨设 $x_1 < x_2$,由拉格朗日中值定理有

$$f(x_2) - f(x_1) = f'(\xi)(x_2 - x_1), \quad \xi \in (x_1, x_2).$$

由 $f'(x) > 0$,得 $f'(\xi) > 0$,故 $f(x_2) > f(x_1)$,(1)得证. 类似地可证(2).

从上面证明过程可以看到,定理中的闭区间若换成其他区间(如开的、闭的或无穷区间等),结论仍成立.

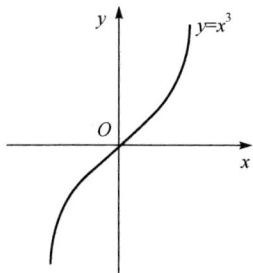

图 3-6

例 1　$y = x - \sin x$ 在 $(0, \pi)$ 内单调增加.

这是因为对任意的 $x \in (0, \pi)$,有 $(x - \sin x)' = 1 - \cos x > 0$ 的缘故.

定理 1 的条件可以适当放宽,若在 (a,b) 内的有限个点上,有 $f'(x) = 0$,其余点处处满足定理 1 条件,则定理 1 的结论仍然成立. 例如 $y = x^3$ 在 $x = 0$ 处有 $f'(0) = 0$,但它在 $(-\infty, +\infty)$ 上单调增加,如图 3-6 所示.

例 2　求函数 $y = 2x^2 - \ln x$ 的单调区间.

解　函数的定义域为 $(0, +\infty)$,函数在整个定义域内可导,且 $y' = 4x - \dfrac{1}{x}$. 令 $y' = 0$ 解得 $x = \pm \dfrac{1}{2}$.

当 $0 < x < \dfrac{1}{2}$ 时,$y' < 0$;当 $x > \dfrac{1}{2}$ 时,$y' > 0$,故函数在 $\left(0, \dfrac{1}{2}\right]$ 内单调减少,在

$\left(\dfrac{1}{2}, +\infty\right)$ 内单调增加.

例 3　讨论函数 $y = \sqrt[3]{x^2}$ 的单调性.

解　函数的定义域为 $(-\infty, +\infty)$, 当 x

$\neq 0$ 时, $y' = \dfrac{2}{3\sqrt[3]{x}}$; 当 $x = 0$ 时, 函数的导数不

存在. 而当 $x > 0$ 时, $y' > 0$; 当 $x < 0$ 时, $y' < 0$,

故函数在 $(-\infty, 0)$ 内单调减少, 在 $(0, +\infty)$

内单调增加. 如图 3-7 所示.

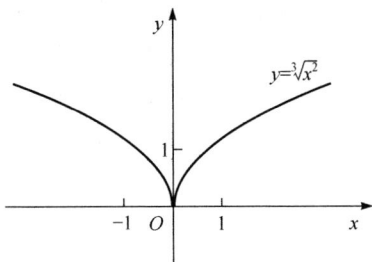

图 3-7

从例 2、例 3 可以看出, 函数单调增减区间的分界点是导数为零的点或导数不存在的点, 一般地, 如果函数在定义域区间上连续, 除去有限个导数不存在的点外导数存在, 那么只要用 $f'(x) = 0$ 的点及 $f'(x)$ 不存在的点来划分函数的定义域区间, 在每一区间上判别导数的符号, 便可求得函数的单调增减区间.

例 4　确定函数 $f(x) = \dfrac{3}{5}x^{\frac{5}{3}} - \dfrac{3}{2}x^{\frac{2}{3}} + 5$ 的单调区间.

解　$f'(x) = x^{\frac{2}{3}} - x^{-\frac{1}{3}} = \dfrac{x-1}{\sqrt[3]{x}}$.

可见, $x_1 = 0$ 处导数不存在, $x_2 = 1$ 处导数为零. 以 x_1 和 x_2 为分点, 将函数定义域 $(-\infty, \infty)$ 分为三个部分区间, 其讨论结果如表 3-1 所示.

表 3-1　单调区间

x	$(-\infty, 0)$	$(0, 1)$	$(1, +\infty)$
$f'(x)$	$+$	$-$	$+$
$f(x)$	↑	↓	↑

由表 3-1 可知, $f(x)$ 的单调增加区间为 $(-\infty, 0)$ 和 $(1, +\infty)$, 单调减少区间为 $[0, 1]$.

例 5　在经济学中, 消费品的需求量 y 与消费者的收入 $x(x > 0)$ 的关系常常简化为函数 $y = f(x)$, 称为恩格尔(Engle)函数, 它有多种形式. 例如有

$$f(x) = Ax^b, \quad A > 0, b \text{ 为常数}.$$

将恩格尔函数求导得

$$f'(x) = Abx^{b-1}.$$

因为 $A > 0$, 故当 $b > 0$ 时, 有 $f'(x) = Abx^{b-1} > 0$, $f(x)$ 为单调增函数; 当 $b < 0$ 时, $f'(x) = Abx^{b-1} < 0$, $f(x)$ 为单调减函数. 恩格尔函数单调性的经济学解释为: 收入越高, 购买力越强, 正常情况下, 该商品的需求量也越多, 即恩格尔函数为增函

数；相反，若收入增加，对该商品的需求量反而减少，只能说明该商品是劣等的. 即因生活水平提高而放弃质量较低的商品转向购买高质量的商品. 因此，恩格尔函数 $f(x)=Ax^b$ 当 $b>0$ 时，该商品为正常品；当 $b<0$ 时，为劣等品.

利用函数的单调性. 可以证明一些不等式. 例如，要证 $f(x)>0$ 在 (a,b) 上成立，只要证明在 $[a,b]$ 上 $f(x)$ 严格单调增加（减少）且 $f(a)\geqslant 0(f(b)\geqslant 0)$，即可.

例 6 证明：当 $x>0$ 时，$1+\dfrac{1}{2}x>\sqrt{1+x}$.

证明 令 $f(x)=1+\dfrac{x}{2}-\sqrt{1+x}$，则

$$f'(x)=\frac{1}{2}-\frac{1}{2\sqrt{1+x}}.$$

由于当 $x>0$ 时，$f'(x)>0$，因此 $f(x)$ 在 $[0,+\infty)$ 上严格单调增加，即当 $x>0$ 时，$f(x)>f(0)$. 而 $f(0)=0$，所以当 $x>0$ 时有 $f(x)>0$，即

$$1+\frac{1}{2}x>\sqrt{1+x}.$$

例 7 证明：当 $0<x<\dfrac{\pi}{2}$ 时，$\sin x+\tan x>2x$.

证明 令 $f(x)=\sin x+\tan x-2x$，则
$$f'(x)=\cos x+\sec^2 x-2,$$
$$f''(x)=-\sin x+2\sec^2 x\tan x=\sin x(2\sec^3 x-1).$$

当 $0<x<\dfrac{\pi}{2}$ 时，$f''(x)>0$，即在 $\left(0,\dfrac{\pi}{2}\right)$ 上 $f'(x)$ 严格单调增加. 由此有 $f'(x)>f'(0)=0$，从而 $f(x)$ 在 $\left(0,\dfrac{\pi}{2}\right)$ 上严格单调增加，即有 $f(x)>f(0)=0$，也即

$$\sin x+\tan x>2x,\quad x\in\left(0,\frac{\pi}{2}\right).$$

3.4.2 函数的极值

函数的极值是一个局部性概念，其确切定义如下：

定义 1 设 $f(x)$ 在 x_0 的某邻域 $U(x_0)$ 内有定义. 若对任意 $x\in\mathring{U}(x_0)$，有 $f(x)<f(x_0)[f(x)>f(x_0)]$，则称 $f(x)$ 在点 x_0 处取得**极大值（极小值）** (maximum；minimum) $f(x_0)$，x_0 称为**极大值点（极小值点）**.

极大值和极小值统称为**极值** (extreme value)，极大值点和极小值点统称为**极值点**. 由定义可知，极值是在一点的邻域内比较函数值的大小而产生的. 因此对于一个定义在 (a,b) 内的函数，极值往往可能有很多个，且某一点取得的极大值可能会比另一点取得的极小值还要小（图 3-8）. 从直观上看，图 3-8 中曲线所对应的函

数在取极值的地方,其切线(如果存在)都是水平的,即该点处的导数为零.

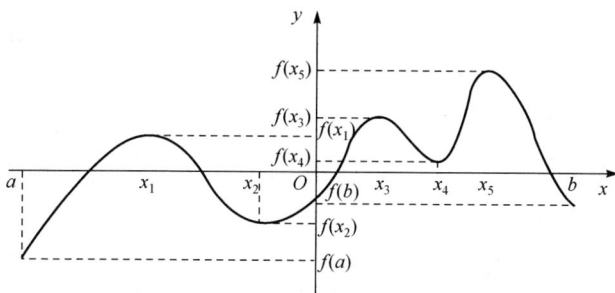

图 3-8

事实上,有下面的费马(Fermat)定理.

定理 2(费马定理)　设函数 $f(x)$ 在某区间 I 内有定义,若 $f(x)$ 在该区间内的点 x_0 处取得极值,且 $f'(x_0)$ 存在,则必有 $f'(x_0)=0$.

证明　不妨设 $f(x_0)$ 为极大值,则由定义,存在 $U(x_0)\subset I$ 使对任意 $x\in\overset{\circ}{U}(x_0)$ 有 $f(x)<f(x_0)$. 从而当 $x<x_0$ 时,有 $\dfrac{f(x)-f(x_0)}{x-x_0}>0$.

故

$$f'_-(x_0)=\lim_{x\to x_0^-}\frac{f(x)-f(x_0)}{x-x_0}\geqslant 0;$$

又当 $x>x_0$ 时,有

$$\frac{f(x)-f(x_0)}{x-x_0}<0,$$

故

$$f'_+(x)=\lim\frac{f(x)-f(x_0)}{x-x_0}\leqslant 0.$$

因 $f'(x_0)$ 存在,故 $f'_+(x_0)=f'_-(x_0)=f'(x_0)$,从而 $f'(x_0)=0$.

通常称 $f'(x)=0$ 的根为函数 $f(x)$ 的**驻点**. 定理 2 告诉我们:可导函数的极值点一定是驻点. 但其逆命题不成立. 例如,$x=0$ 是 $f(x)=x^3$ 的驻点但不是 $f(x)$ 的极值点. 事实上 $f(x)=x^3$ 在 $(-\infty,+\infty)$ 上是单调函数. 另外,连续函数在导数不存在的点处也可能取得极值,例如 $y=|x|$ 在 $x=0$ 处取极小值,而函数在 $x=0$ 处不可导. 因此,对于连续函数来说,驻点和导数不存在的点均有可能成为极值点. 那么,如何判别它们是否确为极值点呢? 我们有以下的判别准则.

定理 3　设 $f(x)$ 在点 x_0 连续,在 $\overset{\circ}{U}(x_0)$ 内可导,

(1) 若对任意 $x\in\overset{\circ}{U}(x_0^-)$,$f'(x)>0$;对任意 $x\in\overset{\circ}{U}(x_0^+)$,$f'(x)<0$,则 $f(x)$ 在 x_0 取得极大值.

(2) 若对任意 $x \in \overset{\circ}{U}(x_0^-)$，$f'(x) < 0$；对任意 $x \in \overset{\circ}{U}(x_0^+)$，$f'(x) > 0$，则 $f(x)$ 在 x_0 取得极小值.

证明 只证(1). 当 $x \in \overset{\circ}{U}(x_0^-)$ 时，因为 $f'(x) > 0$，所以 $f(x)$ 严格单调增加，因而

$$f(x) < f(x_0), \quad x \in \overset{\circ}{U}(x_0^-).$$

当 $x \in \overset{\circ}{U}(x_0^+)$ 时，因为 $f'(x) < 0$，所以 $f(x)$ 严格单调减少，因而同样有 $f(x) < f(x_0)$，$x \in \overset{\circ}{U}(x_0^+)$.

故 $f(x)$ 在 x_0 取极大值.

定理 3 实际上是利用点 x_0 左右两侧邻近的 $f(x)$ 的不同单调性来确定 $f(x)$ 在 x_0 取得极值的. 因此，若 $f'(x)$ 在 $\overset{\circ}{U}(x_0)$ 内不变号，则 $f(x)$ 在 x_0 就不取极值. 我们常把定理 3 称为**极值第一判别法**(或称**极值第一充分条件**).

例 8 例 2 中函数 $y = 2x^2 - \ln x$ 在 $x = \dfrac{1}{2}$ 处导数为零且导数在 $x = \dfrac{1}{2}$ 的左右两边由负变正，故 $x = \dfrac{1}{2}$ 是函数的极小值点. 例 3 中函数 $y = \sqrt[3]{x^2}$ 在 $x = 0$ 处导数不存在，但其导数在该点左右两边由负变正，故 $x = 0$ 是函数的极小值点.

例 9 求函数 $f(x) = \dfrac{1}{\sqrt{2\pi}} e^{-\frac{x^2}{2}}$ 的极值.

解 $f'(x) = -\dfrac{x}{\sqrt{2\pi}} e^{-\frac{x^2}{2}}$，由 $f'(x) = 0$. 解得 $x = 0$. 由于 $x < 0$ 时，$f'(x) > 0$，而 $x > 0$ 时，$f'(x) < 0$，因此 $x = 0$ 是 $f(x)$ 的极大值点，极大值 $f(0) = \dfrac{1}{\sqrt{2\pi}}$.

极值第一判别法和函数单调性判别法有紧密联系. 此判别法在几何上也是很直观的，如图 3-9 所示.

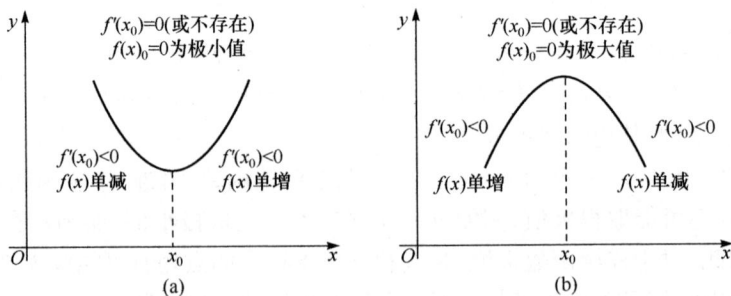

图 3-9

有时候，对于驻点是否为极值点判别利用下面定理更简便.

定理 4　设 $f(x)$ 在 $U(x_0)$ 具有二阶导数且 $f'(x_0)=0$，$f''(x_0)\neq0$，则

(1) 当 $f''(x_0)<0$ 时，$f(x)$ 在 x_0 取得极大值；

(2) 当 $f''(x_0)>0$ 时，$f(x)$ 在 x_0 取得极小值.

证明　将 $f(x)$ 在 x_0 处展开为二阶泰勒公式，并注意到 $f'(x_0)=0$，得

$$f(x)-f(x_0)=\frac{f''(x_0)}{2!}(x-x_0)^2+o\big((x-x_0)^2\big),$$

因 $x\to x_0$ 时，$o((x-x_0)^2)$ 是比 $(x-x_0)^2$ 高阶的无穷小，所以存在 $\overset{\circ}{U}(x_0,\delta)\subset U(x_0)$，使得当 $x\in\overset{\circ}{U}(x_0,\delta)$ 时上式右端的正负取决于第一项，故当 $f''(x_0)>0$ 时，对任意 $x\in\overset{\circ}{U}(x_0,\delta)$，有 $f(x)>f(x_0)$，即 $f(x_0)$ 为极小值；当 $f''(x_0)<0$，对任意 $x\in\overset{\circ}{U}(x_0,\delta)$，有 $f(x)<f(x_0)$，即 $f(x_0)$ 为极大值.

例 10　求 $f(x)=x^3-3x^2-9x+5$ 的极值.

解　$f'(x)=3x^2-6x-9$，$f''(x)=6x-6$.

令 $f'(x)=0$，得 $x_1=-1$，$x_2=3$. 而 $f''(-1)=-12<0$，$f''(3)=12>0$，所以 $f(x)$ 的极大值为 $f(-1)=10$，$f(x)$ 的极小值为 $f(3)=-22$.

定理 4 常称为极值第二判别法（或称极值第二充分条件）.

如果在驻点 x_0 处 $f''(x_0)=0$，那么利用定理 4 不能判别 $f(x)$ 在 x_0 处是否取极值. 例如 $f(x)=x^3$，不仅 $f'(0)=0$，而且 $f''(0)=0$，此时我们可运用定理 3 来判别.

习题 3.4

1. 求下面函数的单调区间与极值：

(1) $f(x)=2x^3-6x^2-18x-7$；

(2) $f(x)=x-\ln x$；

(3) $f(x)=1-(x-2)^{\frac{2}{3}}$；

(4) $f(x)=|x|(x-4)$.

2. 试证方程 $\sin x=x$ 只有一个根.

3. 已知 $f(x)\in C([0,+\infty))$，若 $f(0)=0$，$f'(x)$ 在 $[0,+\infty)$ 内存在且单调增加，证明 $\dfrac{f(x)}{x}$ 在 $(0,+\infty)$ 内也单调增加.

4. 证明下列不等式成立：

(1) $1+\dfrac{1}{2}x>\sqrt{1+x}$，$x>0$；

(2) $x-\dfrac{x^2}{2}<\ln(1+x)<x$，$x>0$；

(3) $(1+x)\ln(1+x)\geqslant\arctan x$，$x\geqslant0$；

(4) $\tan x>x+\dfrac{1}{3}x^3$，$0<x<\dfrac{\pi}{2}$.

5. 试问 a 为何值时，$f(x)=a\sin x+\dfrac{1}{3}\sin 3x$ 在 $x=\dfrac{\pi}{3}$ 处取得极值？是极大值还是极小值？并求出此极值.

3.5 最优化问题

在许多实际问题中,经常提出诸如用料最省、成本最低、效益最大等问题,这就是所谓的最优化问题.这类问题在数学上常归结为求一个函数(称为目标函数)的最大值或最小值问题.

3.5.1 最大值与最小值

若 $f(x)$ 在 $[a,b]$ 上连续,且在 (a,b) 内只有有限个驻点或导数不存在点,设其为 $x_1,x_2,\cdots,x_n$,由闭区间上连续函数的最值定理知 $f(x)$ 在 $[a,b]$ 上必取得最大值和最小值.若最值在区间内部取得,则最值一定也是极值.最值也可能在区间端点 $x=a$ 或 $x=b$ 处达到.而极值点只能是驻点或导数不存在的点,所以 $f(x)$ 在 $[a,b]$ 上的最大值为

$$\max_{x\in[a,b]}f(x)=\max\{f(a),f(x_1),\cdots,f(x_n),f(b)\};$$

最小值为

$$\min_{x\in[a,b]}f(x)=\min\{f(a),f(x_1),\cdots,f(x_n),f(b)\}.$$

求 $f(x)$ 在区间 I 上的最大(小)值的步骤:

(1) 求 $f(x)$ 在区间 I 上的所有驻总和不可导点;

(2) 求驻点和不可导点以及区间端点的函数值比较大小.

例1 求 $f(x)=x^4-8x^2+2$ 在 $[-1,3]$ 上的最大值和最小值.

解 $f'(x)=4x(x-2)(x+2)$.

令 $f'(x)=0$,得驻点 $x_3=0,x_2=2,x_3=-2$(舍去).计算 $f(-1)=-5$, $f(0)=2,f(2)=-14,f(3)=11$.故有 $\max\limits_{x\in[-1,3]}f(x)=f(3)=11$,$\min\limits_{x\in[-1,3]}f(x)=f(2)=-14$.

例2 设 $f(x)=x\mathrm{e}^x$,求它在定义域上的最大值和最小值.

解 $f(x)$ 在定义域 $(-\infty,+\infty)$ 上连续可导,且

$$f'(x)=(x+1)\mathrm{e}^x.$$

令 $f'(x)=0$,得驻点 $x=-1$.

当 $x\in(-\infty,-1)$ 时,$f'(x)<0$;当 $x\in(-1,+\infty)$ 时.$f'(x)>0$,故 $x=-1$ 为极小值点.又 $\lim\limits_{x\to-\infty}f(x)=0$,$\lim\limits_{x\to+\infty}f(x)=+\infty$,从而 $f(-1)=-\mathrm{e}^{-1}$ 为 $f(x)$ 的最小值,$f(x)$ 无最大值.

下面两个结论在解应用问题时特别有用:

(1) 若 $f(x)\in C([a,b])$,且在 (a,b) 内只有唯一的一个极值点 x_0,则当 $f(x_0)$ 为极大值时它就是 $f(x)$ 在 $[a,b]$ 上的最大值;当 $f(x_0)$ 为极小值时,它就是 $f(x)$

在$[a,b]$上的最小值.

(2) 若$f(x)$在$[a,b]$上严格单调增加,则$f(a)$为最小值,$f(b)$为最大值;若$f(x)$在$[a,b]$上严格单调减少,则$f(a)$为最大值,$f(b)$为最小值.

例 3 铁路线上 AB 段的距离为 100km,工厂 C 距 A 处为 20km,$AC \perp AB$,为运输需要,要在 AB 段上选定一点 D 向工厂修筑一条公路. 已知铁路运费与公路运费之比为 3：5,为使货物从供应站 B 运到工厂 C 的运费最省,问 D 点应选在何处?

解 设 $AD = x$(km),则 $DB = 100 - x$. 单位铁路运费为 $3k$,单位公路运费为 $5k$,则总运费 y

$$y = 3k \cdot (100 - x) + 5k\sqrt{20^2 + x^2} \quad (0 \leqslant x \leqslant 100),$$

因 $y' = -3k + \dfrac{5kx}{\sqrt{400 + x^2}}.$

因 $y' = 0$ 时,$x = 15$(km).

比较 $y|_{x=15} = 380k, y|_{x=100} = 400k, y|_{x=100} = 500k\sqrt{1 + \dfrac{1}{5^2}}$. 所以当 $AD = 15$km 时,总费用最省.

下面举例说明经济学中的有关最优化问题.

例 4 注入人体血液的麻醉药浓度随注入时间的长短而变. 据临床观测,某麻醉药在某人血液中的浓度 C 与时间 t 的函数关系为

$$C(t) = 0.29483t + 0.04253t^2 - 0.00035t^3,$$

其中 C 的单位是毫克,t 的单位是秒. 现问:大夫为给这位患者做手术,这种麻醉药从注入人体开始,过多长时间其血液含该麻醉药的浓度最大?

解 我们的问题是要求出函数 $C(t)$ 当 $t > 0$ 时的最大值. 为此

令 $C'(t) = 0.29483 + 0.08506t - 0.00105t^2 = 0$,得 $t_0 = 84.34$（负值已舍）. 又因为 $C''(t_0) = 0.08506 - 0.17711 < 0$,所以当该麻醉药注入患者体内 84.34 秒时,其血液里麻醉剂的浓度最大.

例 5 宽为 2m 的支渠道垂直地流向宽为 3m 的主渠道. 若在其中漂运原木. 问能通过的原木的最大长度最多少?

解 将问题理想化,原木的直径不计.

建立坐标系如图 3-10 所示,AB 是通过点 $C(3,2)$ 且与渠道两侧壁分别交于 A 和 B 的线段.

设 $\angle OAC = t, t \in \left(0, \dfrac{\pi}{2}\right)$,则当原木长度不超过线段 AB 的长度 L 的最小值时,原木就能通过,于是建立目标函数

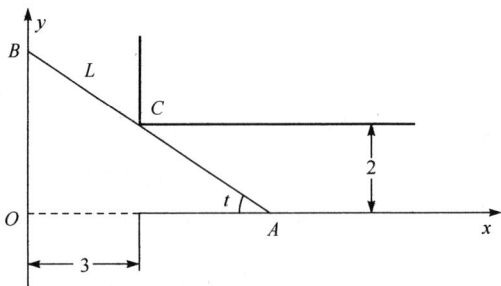

图 3-10

$$L(t) = AC + CB = \frac{2}{\sin t} + \frac{3}{\cos t}, \quad t \in \left(0, \frac{\pi}{2}\right).$$

由于

$$L'(t) = -\frac{2\cos t}{\sin^2 t} - \frac{3(-\sin t)}{\cos^2 t} = \frac{3\sin t}{\cos^2 t} - \frac{2\cos t}{\sin^2 t} = \frac{3\sin t}{\cos^2 t} \times \left(1 - \frac{2}{3}\cot^3 t\right),$$

当 $t \in \left(0, \frac{\pi}{2}\right)$ 时,$\frac{\sin t}{\cos t} > 0.$ 于是从 $L'(t) = 0$ 解得

$$t_0 = \arctan \sqrt[3]{\frac{2}{3}} \approx 48°52'.$$

这个问题的最小值(L 的最小值)一定存在. 而在 $\left(0, \frac{\pi}{2}\right)$ 内只有一个驻点 t_0,故它就是 L 的最小值点,于是

$$\min_{t \in \left(0, \frac{\pi}{2}\right)} L(t) = L(t_0) \approx 7.02.$$

故能通过的原木的最大的长度是 7.02 米.

例 6　巴巴拉小姐得到一份纽约市隧道管理局工作,她的第一项任务是决定每辆汽车以多大速度通过隧道,可使车流量最大. 经观测,她找到了一个很好的描述平均车速 v(km/h)与车流量 $f(v)$(辆/秒)关系的数学模型

$$f(v) = \frac{35v}{1.6v + \frac{v^2}{22} + 31.1}.$$

试问:平均车速多大时,车流量最大? 最大车流量是多少?

解　令 $f'(v) = \dfrac{35 \times 31.1 - \dfrac{35}{32}v^2}{\left(1.6v + \dfrac{v^2}{22} + 31.1\right)^2} = 0$,得唯一驻点 $v = 26.15$(km/h). 由于

这是一个实际问题,所以函数的最大值必存在. 从而可知,当车速 $v = 26.15$km/h

时,车流量最大,且最大车流量为 $f(26.15)=8.8$(辆/秒).

3.5.2　最大利润与最小成本问题

设某种产品的产量为 Q,总成本函数为 $C(Q)$,$C'(Q)$ 称为边际成本. 总收益函数为 $R(Q)$,$R'(Q)$ 称为边际收益,总利润 L 可表示为 $L(Q)=R(Q)-C(Q)$,假如 $L(Q)$ 在 $(0,+\infty)$ 内二阶可导,$L'(Q)$ 称为边际利润,则要使利润最大,必须使产量 Q 满足条件 $L'(Q)=0$,即

$$R'(Q)=C'(Q). \tag{3-5-1}$$

式(3-5-1)表明产出的边际收益等于边际成本,再根据极值存在的第二充分条件,要使利润最大,还要求 $L''(Q)=R''(Q)-C''(Q)<0$,即

$$R''(Q)<C''(Q). \tag{3-5-2}$$

(3-5-1),(3-5-2)两式在经济学中称为"最大利润原则"或"亏损最小原则".

按照经济学的解释,总成本由固定成本和可变成本两部分构成,且可变成本随产量的增加而增加,因此总成本一般来说没有最小值(除非不生产),在经济学上有意义的是单位成本(即平均成本)最小的问题,假设某种产品的总成本为 $C(Q)$,则生产的平均成本为

$$\overline{C(Q)}=\frac{C(Q)}{Q},$$

如果平均成本函数 $\overline{C(Q)}$ 可导,则要使 $\overline{C(Q)}$ 最小,就必须使产量 Q 满足条件 $[\overline{C(Q)}]'=0$,即

$$C'(Q)=\overline{C(Q)}. \tag{3-5-3}$$

式(3-5-3)表明产出的边际成本等于平均成本,这正是微观经济学中的一个重要结论.

例 7　设每日生产某产品的总成本函数为

$$C(Q)=1000+60Q-0.3Q^2+0.001Q^3,$$

产品单价为 60 元,问每日产量为多少时可获最大利润?

解　总收益 $R(Q)=PQ=60Q$,总利润

$$L(Q)=R(Q)-C(Q)=-1000+0.3Q^2-0.001Q^3 \quad (Q>0).$$
$$L'(Q)=0.6Q-0.003Q^2, \quad L''(Q)=0.6-0.006Q.$$

令 $L'(Q)=0$,得唯一驻点 $Q_0=200$,又 $L''(Q_0)=L''(200)=-0.6<0$,所以当日产量为 $Q_0=200$ 单位时可获最大利润,最大利润为

$$L(200)=-1000+0.3\times200^2-0.001\times200^3=3000(元).$$

例 8　设某产品的总成本函数为 $C(Q)=54+18Q+6Q^2$,试求平均成本最小时的产量水平.

解　因为 $C'(Q)=18+12Q$,

$$\overline{C(Q)}=\frac{54}{Q}+18+6Q,$$

令 $C'(Q)=\overline{C}(Q)$，得 $Q=3$（$Q=-3$ 已舍），所以当产量 $Q=3$ 时可使平均成本最小.

3.5.3 库存问题

库存是商品生产与销售过程中不可缺少的一个环节，为了保证正常的生产与销售，必须有适当的库存量，库存量过大，会造成库存费用高，流动资金积压等额外的经济损失，库存量过小，又会造成订货费用增多或生产准备费用增高，甚至造成停工待料的更大损失. 因此控制库存量，使库存总费用降至最低水平是管理中的一个重要问题，下面以一个简单模型为例来讨论这一问题.

假定计划期内货物的总需求为 R，考虑分 n 次均匀进货且不允许缺货的进货模型. 设计划期为 T 天，待求的进货次数为 n，那么每次进货的批量为 $q=\dfrac{R}{n}$，进货周期为 $t=\dfrac{T}{n}$，再设每件物品储存一天的费用为 c_1，每次进货的费用为 c_2，则在计划期（T 天）内总费用 E 由两部分组成（图 3-11）.

(1) 进货费 $E_1=c_2 n=\dfrac{c_2 R}{q}$.

(2) 储存费 $E_2=\dfrac{q}{2}c_1 T$.

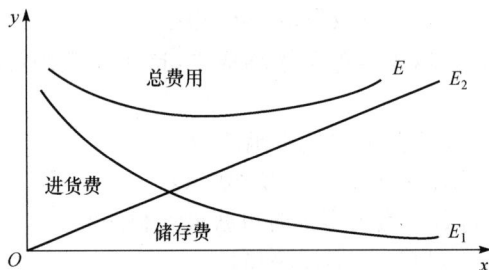

图 3-11

于是总费用 E 可表示为批量 q 的函数

$$E=E_1+E_2=\frac{c_2 R}{q}+\frac{q}{2}c_1 T,$$

最优批量 q^* 应使一元函数 $E=f(q)$ 达到极小值，因而 q^* 满足

$$\frac{\mathrm{d}E}{\mathrm{d}q}=-\frac{c_2 R}{q^2}+\frac{1}{2}c_1 T=0,$$

由此即可求得最优批量 q^* 为

$$q^* = \sqrt{\frac{2c_2 R}{c_1 T}};$$

从而求出最优进货次数为

$$n^* = \frac{R}{q^*} = \sqrt{\frac{c_1 TR}{2C_2}};$$

最优进货周期为

$$t^* = \frac{T}{n^*} = \sqrt{\frac{2c_2 T}{c_1 R}};$$

最小总费用为

$$E^* = c_2 R\sqrt{\frac{c_1 T}{2c_2 R}} + \frac{1}{2}c_1 T\sqrt{\frac{2c_2 TR}{c_1 R}} = \sqrt{2c_1 c_2 TR}.$$

例 9 某厂每月需要某种产品 100 件,每批产品进货费用 5 元,每件产品每月保管费用(储存费)为 0.4 元. 求最优订购批量 q^*,最优批次 n^*,最优进货周期 t^*,最小总费用 E^*.

解 按已知条件知,$R=100, T=1$,$c_1=0.4$,$c_2=5$,因此可得最优批量为

$$q^* = \sqrt{\frac{2c_2 R}{c_1 T}} = \sqrt{\frac{2 \times 5 \times 100}{0.4 \times 1}} = 50(件);$$

最优批次为

$$n^* = \frac{R}{q^*} = \frac{100}{50} = 2(批);$$

最优进货周期为

$$t^* = \frac{T}{n^*} = \frac{1}{2}\ (月);$$

最小总费用为

$$E^* = \sqrt{2c_1 c_2 TR} = 20(元/月).$$

3.5.4 复利问题

第 2 章讨论了连续复利问题,即若期初有一笔钱 A 存入银行,年利率为 r,按连续复利计息,则 t 年末本利和为 Ae^{rt}. 现在反过来看,若 t 年末本利和为 A,则期初本金为 Ae^{-rt}. 下面以一个例子说明极值在连续复利问题中的应用.

例 10 设林场的林木价值是时间 t 的增函数 $V=2^{\sqrt{t}}$,又设在树木生长期间保养费用为零,试求最佳伐木出售的时间.

解 乍一看来,林场的树木越长越大,价值越来越高,若保养费用为零,则应是越晚砍伐获利越大,因此本例的最值不存在.

但是,如果考虑到资金的时间因素,晚砍伐所得收益与早砍伐所得收益不能简单相比,而应折成现值.设年利率为 r,则在时刻 t 伐木所得收益 $V(t)=2^{\sqrt{t}}$ 的现值,按连续复利计算应为

$$A(t)=V(t)\mathrm{e}^{-rt}=2^{\sqrt{t}}\mathrm{e}^{-rt},$$

$$A'(t)=2^{\sqrt{t}}\ln2\cdot\frac{\mathrm{e}^{-rt}}{2\sqrt{t}}-r\cdot2^{\sqrt{t}}\mathrm{e}^{-rt}$$

$$=2^{\sqrt{t}}\mathrm{e}^{-rt}\left(\frac{\ln2}{2\sqrt{t}}-r\right)$$

$$=A(t)\left(\frac{\ln2}{2\sqrt{t}}-r\right).$$

令 $A'(t)=0$,得驻点 $t=\left(\dfrac{\ln2}{2r}\right)^2$. 又

$$A''(t)=\left[A(t)\left(\frac{\ln2}{2\sqrt{t}}-r\right)\right]'$$

$$=A'(t)\left(\frac{\ln2}{2\sqrt{t}}-r\right)+A(t)\left(\frac{\ln2}{2\sqrt{t}}-r\right)'.$$

在驻点处, $A'(t)=0$,从而 $A''(t)=A(t)\left(\dfrac{-\ln2}{4\sqrt{t^3}}\right)<0$,

从而当 $t=\left(\dfrac{\ln2}{2r}\right)^2$ 时,将树木砍伐出售最为有利.

习题 3.5

1. 求下列函数的最大值、最小值:

(1) $y=x^4-8x^2+2$, $-1\leqslant x\leqslant3$; 　　(2) $y=\sin x+\cos x$, $x\in[0,2\pi]$;

(3) $y=x+\sqrt{1-x}$, $-5\leqslant x\leqslant1$; 　　(4) $y=\ln(x^2+1)$, $x\in[-1,2]$.

2. 求 $y=x^2-\dfrac{54}{x}(x<0)$ 的最小值.

3. 制造一个容积为 V 的圆柱形有盖容器,问如何设计用料最省?

4. 某个体户以每条 10 元的价格购进一批牛仔裤,设此批牛仔裤的需求函数为 $Q=40-2P$,问该个体户应将销售价定为多少时,才能获得最大利润?

5. 设 $f(x)=cx^\alpha(c>0,0<\alpha<1)$ 为一生产函数,其中 c 为效率因子,x 为投入量,产品的价格 P 与原料价格 Q 均为常量,问:投入量为多少时可使利润最大?

6. 某产品的成本函数为 $C(Q)=15Q-6Q^2+Q^3$,

(1) 生产数量为多少时,可使平均成本最小?

(2) 求出边际成本,并验证边际成本等于平均成本时平均成本最小.

7. 已知某厂生产 Q 件产品的成本为

$$C = 25000 + 2000Q + \frac{1}{40}Q^2 (元).$$

问：(1) 要使平均成本最小，应生产多少件产品？

(2) 若产品以每件 5000 元售出，要使利润最大，应生产多少件产品？

8. 某厂全年消耗(需求)某种钢材 5170 吨，每次订购费用为 5700 元，每吨钢材单价为 2400 元，每吨钢材一年的库存维护费用为钢材单价的 13.2%，求：

(1) 最优订购批量；(2) 最优批次；(3) 最优进货周期；(4) 最小总费用.

9. 用一块半径为 R 的圆形铁皮，剪去一圆心角为 α 的扇形后，做成一个漏斗形容器，问 α 为何值时，容器的容积最大？

10. 工厂生产出的酒可即刻卖出，售价为 k；也可窖藏一个时期后再以较高的价格卖出.设售价 V 为时间 t 的函数 $V = ke^{\sqrt{t}}$，$k > 0$ 为常数.若储存成本为零，年利率为 r，则应何时将酒售出方获得最大利润(按连续复利计算).

11. 若火车每小时所耗燃料费用与火车速度的三次方成正比，已知速度为 20km/h，每小时的燃料费用 40 元，其他费用每小时 200 元，求最经济的行驶速度.

3.6　函数的凸性、曲线的拐点及渐近线

3.6.1　函数的凸性、曲线的拐点

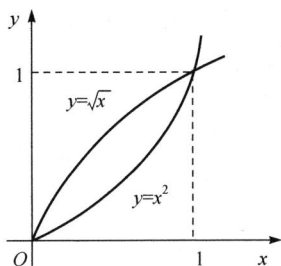

图 3-12

考虑两个函数 $f(x) = x^2$ 和 $g(x) = \sqrt{x}$，它们在 $(0, +\infty)$ 上都是单调递增的(图 3-12)，但它们增长方式不同，从几何上来说，两条曲线弯曲方向不同，$f(x) = x^2$ 的图形往下凸出，而 $g(x) = \sqrt{x}$ 的图形往上凸出.我们把函数图形向上或向下凸的性质称为函数的凸性，对于向下凸的曲线来说，其上任意两点间的弧段总位于联结两点的弦的下方(图 3-13)，而向上凸的情形正好相反.

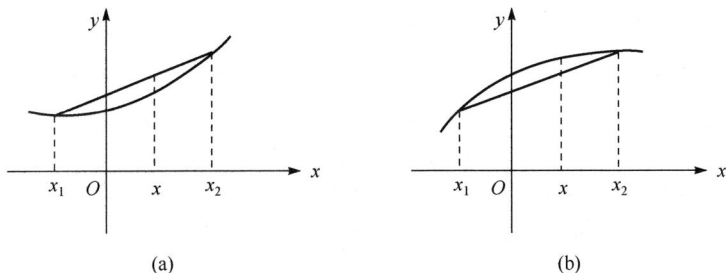

(a)　　　　　　　　(b)

图 3-13

在曲线 $y=f(x)$ 上任取两点 (x_1,y_1) 和 (x_2,y_2)，其中 $y_1=f(x_1)$，$y_2=f(x_2)$，不妨设 $x_1<x_2$，则连接这两点的弦可用下面的参数方程表示：

$$\begin{cases} x=x_2+(x_1-x_2)t, \\ y=y_2+(y_1-y_2)t, \end{cases} t\in[0,1],$$

对任意 $t\in[0,1]$，则可得区间 $[x_1,x_2]$ 内一点

$$x=x_2+(x_1-x_2)t=tx_1+(1-t)x_2.$$

这时曲线上对应点的纵坐标为 $f(tx_1+(1-t)x_2)$，而弦上对应点的坐标为

$$y_2+(y_1-y_2)t=tf(x_1)+(1-t)f(x_2).$$

这样，由前面关于函数凸性的直观描述（弧与弦的位置关系），我们可给出如下关于函数凸性的分析定义.

定义 1　设 $f(x)$ 在 $[a,b]$ 上连续，对任意 $x_1,x_2\in[a,b]$（$x_1\neq x_2$）和任意 $t\in(0,1)$，若有

$$f(tx_1+(1-t)x_2)\leqslant tf(x_1)+(1-t)f(x_2), \tag{3-6-1}$$

则称 $y=f(x)$ 在 $[a,b]$ 上是**下凸的**；若有

$$f(tx_1+(1-t)x_2)\geqslant tf(x_1)+(1-t)f(x_2), \tag{3-6-2}$$

则称 $y=f(x)$ 在 $[a,b]$ 上是**上凸的**.

若上述不等式(3-6-1)[或(3-6-2)]中的不等号"$\leqslant$"（或"$\geqslant$"）为严格的不等号"$<$"（或"$>$"），则称 $y=f(x)$ 在 $[a,b]$ 上是**严格下凸**（或**严格上凸**）的.

直接利用定义来判断函数的凸性是比较困难的. 下面仍以图 3-12 所示两函数为考查对象，不难发现：在上凸函数 $g(x)=\sqrt{x}$ 的图形上任一点处（$x=0$ 除外）的切线总在曲线的上方，且切线的斜率随 x 增大而减小，即 $f''(x)<0$；而在下凸函数 $f(x)=x^2$ 图形上任一点处的切线总在曲线的下方，且切线斜率是不断增加的，即 $f''(x)>0$. 因此发现可以利用二阶导数的符号来研究曲线的凸性. 有如下定理.

定理 1　设 $f(x)$ 在 $[a,b]$ 上连续，且在 (a,b) 内具有二阶导数，那么

(1) 若对任意 $x\in(a,b)$ 有 $f''(x)>0$，则 $y=f(x)$ 在 $[a,b]$ 上是严格下凸的；

(2) 若对任意 $x\in(a,b)$ 有 $f''(x)<0$，则 $y=f(x)$ 在 $[a,b]$ 上是严格上凸的.

定理的证明从略，定理中的闭区间可以换成其他类型的区间. 此外，若在 (a,b) 内除有限个点上有 $f''(x)=0$ 外，其余点处均满足定理的条件，则定理的结论仍然成立. 例如，$y=x^4$ 在 $x=0$ 处有 $f''(x)=0$，但它在 $(-\infty,+\infty)$ 上是严格下凸的.

例 1　$y=e^x$ 是严格下凸的，$y=\ln x$ 是严格上凸的.

事实上，当 $x\in(-\infty,+\infty)$ 时，由 $y=e^x$ 得 $y''=e^x>0$；当 $x\in(0,+\infty)$ 时，由 $y=\ln x$ 得 $y''=-\dfrac{1}{x^2}<0$，故结论成立.

例 2　讨论函数 $y=x^3$ 的凸性.

解　由 $y''=6x$ 知,当 $x\in(0,+\infty)$ 时 $y''>0$,当 $x\in(-\infty,0)$ 时 $y''<0$,因此 $y=x^3$ 在 $(0,+\infty)$ 上是下凸的,在 $(-\infty,0)$ 上是上凸的.

利用函数的凸性,可以证明一些不等式.

例 3　证明当 $x>0,y>0$ 且 $x\neq y$ 时有不等式 $\left(\dfrac{x+y}{2}\right)^n<\dfrac{1}{2}(x^n+y^n)$.

证明　令 $f(x)=x^n,x>0$,则 $f''(x)=n(n-1)x^{n-2}>0$,

因此 $y=f(x)$ 在 $x>0$ 时是严格下凸的,在定义 1 的式(3-6-1)中取 $t=\dfrac{1}{2}$,$x_1=x$,$x_2=y$,则有

$$\left(\frac{x+y}{2}\right)^n<\frac{1}{2}(x^n+y^n).$$

定义 2　设 $f(x)$ 在 x_0 的某邻域 $U(x_0)$ 内连续,若曲线 $y=f(x)$ 在点 $(x_0,f(x_0))$ 的左右两侧凸性相反,则称点 $(x_0,f(x_0))$ 为该曲线的**拐点**.

由于函数的凸性可由其二阶导数的符号来判断,故对于二阶可导函数 $y=f(x)$ 来说,先求出方程 $f''(x)=0$ 的根,再判别 $f''(x)$ 在这些点左、右两侧的符号是否改变,便可求出拐点.

例 4　讨论 $y=3x^4-4x^3+1$ 的凸性,并求拐点.

解　$y'=12x^3-12x^2$,$y''=36x^2-24x=36x\left(x-\dfrac{2}{3}\right)$.令 $y''=0$ 得 $x_1=0,x_2=\dfrac{2}{3}$,这两个点将定义域 $(-\infty,+\infty)$ 分成三个部分区间.

列表考查各部分区间上二阶导数的符号,确定出函数的凸性与曲线的拐点(表 3-2 中"$\cup$"表示下凸,"$\cap$"表示上凸).

表 3-2　函数 $y=3x^4-4x^3+1$

x	$(-\infty,0)$	0	$\left(0,\dfrac{2}{3}\right)$	$\dfrac{2}{3}$	$\left(\dfrac{2}{3},+\infty\right)$
y''	+	0	−	0	+
y	$\cup$	有拐点	$\cap$	有拐点	$\cup$

可见,曲线在 $(-\infty,0)$ 及 $\left(\dfrac{2}{3},+\infty\right)$ 上是下凸的,在 $\left(0,\dfrac{2}{3}\right)$ 上是上凸的,拐点为 $(0,1)$ 及 $\left(\dfrac{2}{3},\dfrac{11}{27}\right)$.

例 5　讨论 $y=\sqrt[3]{x}$ 的凸性,并求拐点.

解   当 $x \neq 0$ 时, $y' = \dfrac{1}{3\sqrt[3]{x^2}}$, $y'' = -\dfrac{1}{9x\sqrt[3]{x^2}}$. 方程 $y''=0$ 无实根. 在 $x=0$ 处, y'' 不存在,当 $x<0$ 时,$y''>0$,故曲线在 $(-\infty,0)$ 内为下凸的;当 $x>0$ 时 $y''<0$,曲线在 $(0,+\infty)$ 内为上凸的. 又函数 $y=\sqrt[3]{x}$ 在 $x=0$ 处连续,故 $(0,0)$ 是曲线的拐点.

由例 4、例 5 可以看出,若 $(x_0,f(x_0))$ 是曲线 $y=f(x)$ 的拐点,则 $f''(x_0)=0$ 或 $f''(x_0)$ 不存在,但要注意的是 $f''(x_0)=0$ 的根或 $f''(x)$ 不存在的点处不一定都是曲线的拐点. 例如 $f(x)=x^4$,由 $f''(x)=12x^2=0$ 得 $x=0$,但在 $x=0$ 的两侧二阶导数的符号不变,即函数的凸性不变,故 $(0,0)$ 不是拐点. 又如函数 $f(x)=\sqrt[3]{x^2}$,它在 $x=0$ 处不可导,但 $(0,0)$ 也不是该曲线的拐点(详细讨论请读者完成).

3.6.2　曲线的渐近线

在中学,我们已学习过双曲线和渐近线的概念,下面对曲线的渐近线作进一步的讨论. 当 $x \to x_0$ 或 $x \to \infty$ 时,有些函数的图形会与某条直线无限地接近.

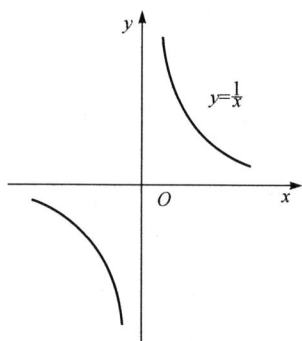

图 3-14

例如,函数 $y=\dfrac{1}{x}$ (图 3-14),当 $x \to \infty$ 时,曲线上的点无限地接近于直线 $y=0$;当 $x \to 0$ 时,曲线上的点无限地接近于直线 $x=0$,数学上把直线 $y=0$ 和 $x=0$ 分别称为曲线 $y=\dfrac{1}{x}$ 的水平渐近线和垂直渐近线. 下面给出一般定义.

1. 水平渐近线

定义 3   设函数 $y=f(x)$ 的定义域为无限区间,如果 $\lim\limits_{x \to +\infty} f(x) = A$ 或 $\lim\limits_{x \to -\infty} f(x) = A$($A$ 为常数),则称直线 $y=A$ 为曲线 $y=f(x)$ 的**水平渐近线**.

例 6   求曲线 $y=\arctan x$ 的水平渐近线.

解   因为 $\lim\limits_{x \to +\infty} \arctan x = \dfrac{\pi}{2}$, $\lim\limits_{x \to -\infty} \arctan x = -\dfrac{\pi}{2}$,所以曲线 $y=\arctan x$ 有水平渐近线 $y=\dfrac{\pi}{2}$ 和 $y=-\dfrac{\pi}{2}$(图 3-15).

2. 铅直渐近线

定义 4   设函数 $y=f(x)$ 在点 x_0 处间断,如果 $\lim\limits_{x \to x_0^-} f(x) = \infty$ 或 $\lim\limits_{x \to x_0^+} f(x) =$

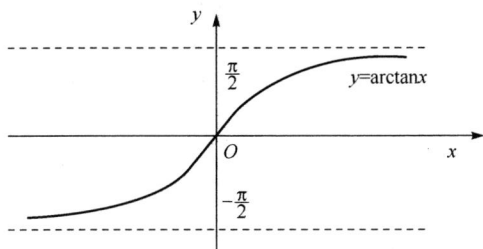

图 3-15

∞,则称直线 $x = x_0$ 为曲线 $y = f(x)$ 的**铅直渐近线**.

例 7　求曲线 $y = \dfrac{2}{x^2 - 2x - 3}$ 的铅直渐近线.

解　因为 $y = \dfrac{2}{x^2 - 2x - 3} = \dfrac{2}{(x-3)(x+1)}$ 有两个间断点 $x = 3$ 和 $x = -1$,而

$$\lim_{x \to 3} y = \lim_{x \to 3} \frac{2}{(x-3)(x+1)} = \infty,$$

$$\lim_{x \to -1} y = \lim_{x \to -1} \frac{2}{(x-3)(x+1)} = \infty,$$

所以曲线有铅直渐近线 $x = 3$ 和 $x = -1$.

3. 斜渐近线

定义 5　设函数 $y = f(x)$ 的定义域为无限区间,且它与直线 $y = ax + b$ 有如下关系:

$$\lim_{x \to +\infty} [f(x) - (ax+b)] = 0 \qquad\qquad (3\text{-}6\text{-}3)$$

或

$$\lim_{x \to -\infty} [f(x) - (ax+b)] = 0, \qquad\qquad (3\text{-}6\text{-}4)$$

则称直线 $y = ax + b$ 为曲线 $y = f(x)$ 的**斜渐近线**.

要求斜渐近线 $y = ax + b$,关键在于确定常数 a 和 b,下面介绍求 a,b 的方法.

由式(3-6-3)得 $\lim\limits_{x \to +\infty} \left[\dfrac{f(x)}{x} - a + \dfrac{b}{x} \right] x = 0$,由于左边两式之积的极限存在,且

当 $x \to +\infty$ 时,因子 x 是无穷大量,从而因子 $\dfrac{f(x)}{x} - a + \dfrac{b}{x}$ 必是无穷小量.

所以

$$a = \lim_{x \to +\infty} \frac{f(x)}{x},$$

将求出的 a 代入式(3-6-3)得

$$\lim_{x \to +\infty} \left[(f(x) - ax) - b \right] = 0,$$

所以

$$b = \lim_{x \to +\infty} \left[f(x) - ax \right].$$

对 $x \to -\infty$,可作类似的讨论.

例 8　求曲线 $y = \dfrac{x^2}{1+x}$ 的渐近线.

解　显见 $x = -1$ 为垂直渐近线,无水平渐近线.

因为 $\lim\limits_{x \to \infty} \dfrac{f(x)}{x} = \lim\limits_{x \to \infty} \dfrac{x}{1+x} = 1$,所以 $a = 1$,又因为 $\lim\limits_{x \to \infty} \left[f(x) - ax \right] =$ $\lim\limits_{x \to \infty} \left(\dfrac{x^2}{1+x} - x \right) = -1$,所以 $b = -1$,故曲线有斜渐近线 $y = x - 1$.

3.6.3　函数图形的描绘

我们借助于函数的一阶、二阶导数讨论了函数的单调性、极值、凸性及曲线的拐点等,利用函数的这些性态,我们可以比较准确地描绘函数的图形,现将描绘图形的一般步骤概括如下:

(1) 确定函数 $y = f(x)$ 的定义域.

(2) 讨论函数的单调性、奇偶性、周期性等.

(3) 求出方程 $f'(x) = 0$,$f''(x) = 0$ 的根及使 $f'(x)$,$f''(x)$ 不存在的点,这些点把函数的定义域分成几个部分区间.

(4) 列表确定函数的单调区间和极值及曲线的凸向区间和拐点.

(5) 确定曲线的渐近线.

(6) 算出方程 $f'(x) = 0$,$f''(x) = 0$ 的根所对应的函数值,定出图形上的相应点(有时需添加一些辅助点以便把曲线描绘得更精确).

(7) 作图.

例 9　作函数 $y = 3x - x^3$ 的图形.

解　(1) 定义域为 $(-\infty, +\infty)$;

(2) 函数是奇函数,所以函数的图形关于原点对称;

(3) 令 $y' = 3 - 3x^2 = 3(1-x)(1+x) = 0$,得驻点 $x_1 = 1$,$x_2 = -1$,令 $y'' = -6x = 0$,得 $x_3 = 0$;

(4) 列表讨论,由于对称性,这里也可以只列 $(0, +\infty)$ 上的点,见表 3-3;

表 3-3　函数 $y=3x-x^3$

x	$(-\infty,-1)$	-1	$(-1,0)$	0	$(0,1)$	1	$(1,+\infty)$
y'	$-$	0	$+$	$+$	$+$	0	$-$
y''	$+$	$+$	$+$	0	$-$	$-$	$-$
y	↘	极小值 $y=-2$	↗	拐点 $(0,0)$	↗	极大值 $y=2$	↘

(5) 无渐近线;

(6) 已知点 $(0,0)$,$(1,2)$,辅助点 $(\sqrt{3},0)$,$(2,-2)$,再利用函数的图形关于原点的对称性,找出对称点 $(-1,-2)$,$(-\sqrt{3},0)$,$(-2,2)$;

(7) 描点作图(图 3-16).

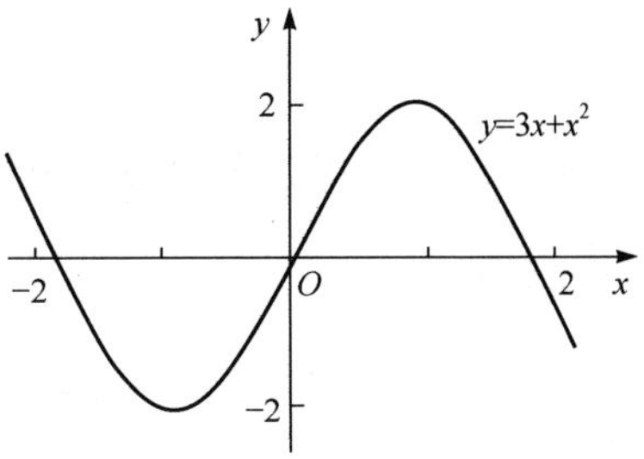

图 3-16

注　表中记号"↘"表示下降上凸曲线;"↘"表示下降下凸曲线;"↗"表示上升下凸曲线;"↗"表示上升上凸曲线.

例 10　描绘 $f(x)=\dfrac{1}{\sqrt{2\pi}}\mathrm{e}^{-\frac{x^2}{2}}$ 的图形.

解　(1)函数的定义域为 $(-\infty,+\infty)$,且 $f(x)$ 在 $(-\infty,+\infty)$ 内连续. $f(x)$ 为偶函数,因此它关于 y 轴对称,可以只讨论 $(0,+\infty)$ 上该函数的图形. 又对任意 $x\in(-\infty,+\infty)$ 有 $f(x)>0$,所以 $y=f(x)$ 的图形位于 x 轴的上方.

(2) $f'(x)=-\dfrac{x}{\sqrt{2\pi}}\mathrm{e}^{-\frac{x^2}{2}}$,$f''(x)=\dfrac{1}{\sqrt{2\pi}}\mathrm{e}^{-\frac{x^2}{2}}(x^2-1)$. 令 $f'(x)=0$ 得 $x=0$;令 $f''(x)=0$ 得 $x=\pm1$.

(3) 列表如下(表 3-4).

表 3-4　函数 $f(x)=\dfrac{1}{\sqrt{2\pi}}\mathrm{e}^{-\frac{x^2}{2}}$

x	0	$(0,1)$	1	$(1,+\infty)$
$f'(x)$	0	$-$	$-$	$-$
$f''(x_0)$	$-$	$-$	0	$+$
$f(x)$	极大值	↘	拐点	↘

(4) 因 $\lim\limits_{x\to+\infty}\dfrac{1}{\sqrt{2\pi}}\mathrm{e}^{-\frac{x^2}{2}}=0$,故有水平渐近线 $y=0$.

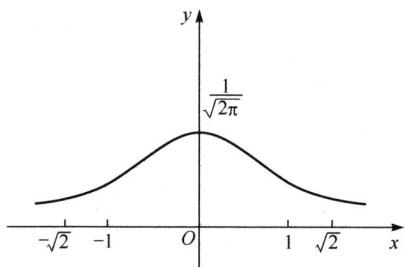

图 3-17

$(5) f(0)=\dfrac{1}{\sqrt{2\pi}}, f(1)=\dfrac{1}{\sqrt{2\pi e}}, f(2)=$

$\dfrac{1}{\sqrt{2\pi e^2}}$，取 辅 助 点 $\left(0,\dfrac{1}{\sqrt{2\pi}}\right), \left(1,\dfrac{1}{\sqrt{2\pi e}}\right),$

$\left(2,\dfrac{1}{\sqrt{2\pi e^2}}\right)$，画出函数在$[0,+\infty)$上的图

形，再利用对称性便得到函数在$(-\infty,0]$

上的图形(图 3-17).

例 10 中的函数是概率论与数理统计

中用到的标准正态分布的密度函数.

习题 3.6

1. 讨论下列函数的凸性，并求曲线的拐点：

(1) $y=x^2-x^3$；

(2) $y=\ln(1+x^2)$；

(3) $y=xe^x$；

(4) $y=(x+1)^4$；

(5) $y=\dfrac{x}{(x+3)^2}$；

(6) $y=e^{\arctan x}$.

2. 利用函数的凸性证明下列不等式：

(1) $\dfrac{e^x+e^y}{2}>e^{\frac{x+y}{2}}$，$x\neq y$；

(2) $x\ln x+y\ln y>(x+y)\ln\dfrac{x+y}{2}$，$x>0,y>0,x\neq y$.

3. 当 a,b 为何值时，点$(1,3)$为曲线 $y=ax^3+bx^2$ 的拐点.

4. 求下列曲线的渐近线：

(1) $y=\ln x$；

(2) $y=\dfrac{1}{\sqrt{2\pi}}e^{-\frac{x^2}{2}}$；

(3) $y=\dfrac{x}{3-x^2}$；

(4) $y=\dfrac{x^2}{2x-1}$.

5. 作出下列函数的图形：

(1) $f(x)=\dfrac{x}{1+x^2}$；

(2) $f(x)=x-2\arctan x$；

(3) $f(x)=2xe^{-x}$，$x\in(0,+\infty)$.

3.7　导数与微分在经济中的简单应用

3.7.1　边际与边际分析

边际概念是经济学中的一个重要概念,通常指经济变量的变化率,即经济函数的导数称为边际.而利用导数研究经济变量的边际变化的方法,就是边际分析方法.

1. 总成本、平均成本、边际成本

总成本是生产一定量的产品所需要的成本总额,通常由固定成本和可变成本两部分构成.用 $c(x)$ 表示,其中 x 表示产品的产量,$c(x)$ 表示当产量为 x 时的总成本.

不生产时,$x=0$,这时 $c(x)=c(0)$,$c(0)$ 就是固定成本.

平均成本是平均每个单位产品的成本,若产量由 x_0 变化到 $x_0+\Delta x$,则

$$\frac{c(x_0+\Delta x)-c(x_0)}{\Delta x}$$

称为 $c(x)$ 在 $(x_0,x_0+\Delta x)$ 内的平均成本,它表示总成本函数 $c(x)$ 在 $(x_0,x_0+\Delta x)$ 内的平均变化率.

而 $c(x)/x$ 称为平均成本函数,表示在产量为 x 时平均每单位产品的成本.

例 1　设有某种商品的成本函数为

$$c(x)=5000+13x+30\sqrt{x},$$

其中 x 表示产量(单位:吨),$c(x)$ 表示产量为 x 吨时的总成本(单位:元),当产量为 400 吨时的总成本及平均成本分别为

$$c(x)\big|_{x=400}=5000+13\times400+30\times\sqrt{400}=10800(元),$$

$$\frac{c(x)}{x}\bigg|_{x=400}=\frac{10800}{400}=27(元/吨).$$

如果产量由 400 吨增加到 450 吨,即产量增加 $\Delta x=50$ 吨时,相应地总成本增加量为

$$\Delta c(x)=c(450)-c(400)=11468.4-10800=686.4,$$

$$\frac{\Delta c(x)}{\Delta x}=\frac{c(x+\Delta x)}{\Delta x}\bigg|_{\substack{x=400\\ \Delta x=500}}=\frac{686.4}{50}=13.728,$$

这表示产量由 400 吨增加到 450 吨时,总成本的平均变化率,即产量由 400 吨增加到 450 吨时,平均每吨增加成本 13.728 元.

类似地计算可得:当产量为 400 吨时再增加 1 吨,即 $\Delta x=1$ 时,总成本的变化为

$$\Delta c(x) = c(401) - c(400) = 13.7495,$$

$$\left.\frac{\Delta c(x)}{\Delta x}\right|_{\substack{x=400 \\ \Delta x=1}} = \frac{13.7495}{1} = 13.7495,$$

这表示在产量为 400 吨时,再增加 1 吨产量所增加的成本.

产量由 400 吨减少 1 吨,即 $\Delta x = -1$ 时,总成本的变化为

$$\Delta c(x) = c(399) - c(400) = -13.7505,$$

$$\left.\frac{\Delta c(x)}{x}\right|_{\substack{x=400 \\ \Delta x=-1}} = \frac{13.7505}{-1} = 13.7505,$$

这表示产量在 400 吨时,减少 1 吨产量所减少的成本.

在经济学中,边际成本定义为产量增加或减少一个单位产品时所增加或减少的总成本.即有如下定义.

定义 1 设总成本函数 $c = c(x)$,且其他条件不变,产量为 x_0 时,增加(减少)1 个单位产量所增加(减少)的成本称为产量为 x_0 时的**边际成本**.即

$$边际成本 = \frac{c(x_0 + \Delta x) - c(x_0)}{\Delta x},$$

其中 $\Delta x = 1$ 或 $\Delta x = -1$.

由例 1 的计算可知,在产量 $x_0 = 400$ 吨时,增加 1 吨($\Delta x = 1$)的产量时,边际成本为 13.7495;减少 1 吨($\Delta x = -1$)的产量时,边际成本为 13.7505. 由此可见,按照上述边际成本的定义,在产量 $x_0 = 400$ 吨时的边际成本不是一个确定的数值. 这在理论和应用上都是一个缺点,需要进一步的完善.

注意到总成本函数中自变量 x 的取值,按经济意义产品的产量通常是取正整数. 如汽车的产量单位"辆",机器的产量单位"台",服装的产量单件"件"等,都是正整数. 因此,产量 x 是一个离散的变量,若在经济学中,假定产量的单位是无限可分的,就可以把产量 x 看作一个连续变量,从而可以引入极限的方法,用导数表示边际成本.

事实上,如果总成本函数 $c(x)$ 是可导函数,则有

$$c'(x_0) = \lim_{\Delta x \to 0} \frac{c(x_0 + \Delta x) - c(x_0)}{\Delta x},$$

由极限存在与无穷小量的关系可知

$$\frac{c(x_0 + \Delta x) - c(x_0)}{\Delta x} = c'(x_0) + \alpha, \tag{3-7-1}$$

其中 $\lim\limits_{\Delta x \to 0} \alpha = 0$,当 $|\Delta x|$ 很小时有

$$\frac{c(x_0 + \Delta x) - c(x_0)}{\Delta x} \approx c'(x_0). \tag{3-7-2}$$

产品的增加 $|\Delta x| = 1$ 时,相对于产品的总产量而言,已经是很小的变化了,故

当 $|\Delta x|=1$ 时(3-7-2)成立,其误差也满足实际问题的需要.这表明可以用总成本函数在 x_0 处的导数近似地代替产量为 x_0 时的边际成本.如在例 1 中,产量 $x_0=400$ 时的边际成本近似地为 $c'(x_0)$,即:

$$c'(x)\big|_{x=400}=\frac{\mathrm{d}c(x)}{\mathrm{d}x}\bigg|_{x=400}=\left(13+\frac{15}{\sqrt{x}}\right)\bigg|_{x=400}=13.75.$$

误差为 0.05,这在经济上是一个很小的数,完全可以忽略不计.而且函数在一点的导数如果存在就是唯一确定的.因此,现代经济学把边际成本定义为总成本函数 $c(x)$ 在 x_0 处的导数,这样不仅克服了定义 1 边际成本不唯一的缺点,也使边际成本的计算更为简便.

定义 2　设总成本函数 $c(x)$ 为一可导函数,称

$$c'(x_0)=\lim_{\Delta x\to 0}\frac{c(x_0+\Delta x)-c(x_0)}{\Delta x}$$

为产量是 x_0 时的**边际成本**.

其经济意义是:$c'(x_0)$ 近似地等于产量为 x_0 时再增加(减少)一个单位产品所增加(减少)的总成本.

若成本函数 $c(x)$ 在区间 I 内可导,则 $c'(x)$ 为 $c(x)$ 在区间 I 内的边际成本函数,产量为 x_0 时的边际 $c'(x_0)$ 为边际成本函数 $c'(x)$ 在 x_0 处的函数值.

例 2　已知某商品的成本函数为

$$c(Q)=100+\frac{1}{4}Q^2(Q\text{ 表示产量})$$

求:(1) 当 $Q=10$ 时的平均成本及 Q 为多少时平均成本最小?

(2) $Q=10$ 时的边际成本并解释其经济意义.

解　(1)由 $c(Q)=100+\frac{1}{4}Q^2$ 得平均成本函数为

$$\frac{c(Q)}{Q}=\frac{100+\frac{1}{4}Q^2}{Q}=\frac{100}{Q}+\frac{1}{4}Q.$$

当 $Q=10$ 时,有

$$\frac{c(Q)}{Q}\bigg|_{Q=10}=\frac{100}{10}+\frac{1}{4}\times 10=12.5.$$

记 $\bar{c}=\frac{c(Q)}{Q}$,则 $\bar{c}'=-\frac{100}{Q^2}+\frac{1}{4}$,$\bar{c}''=\frac{200}{Q^3}$.

令 $\bar{c}'=0$,得 $Q=20$,而

$$\bar{c}''(20)=\frac{200}{(20)^3}=\frac{1}{40}>0,$$

所以当 $Q=20$ 时,平均成本最小.

(2)由 $c(Q)=100+\dfrac{1}{4}Q^2$ 得边际成本函数为

$$c'(Q)=\frac{1}{2}Q,$$

$$c'(Q)\big|_{x=10}=\frac{1}{2}\times 10=5,$$

则当产量 $Q=10$ 时的边际成本为 5,其经济意义为:当产量为 10 时,若再增加(减少)一个单位产品,总成本将近似地增加(减少)5 个单位.

2. 总收益、平均收益、边际收益

总收益是生产者出售一定量产品所得的全部收入,表示为 $R(x)$,其中 x 表示销售量(在以下的讨论中,我们总是假设销售量、产量、需求量均相等).

平均收益函数为 $R(x)/x$,表示销售量为 x 时单位销售量的平均收益.

在经济学中,边际收益指生产者每多(少)销售一个单位产品所增加(减少)的销售总收入.

按照如上边际成本的讨论,可得如下定义.

定义 3　若总收益函数 $R(x)$ 可导,称

$$R'(x_0)=\lim_{\Delta x\to 0}\frac{R(x_0+\Delta x)-R(x_0)}{\Delta x}$$

为销售量为 x_0 时该产品的**边际收益**.

其经济意义是:在销售量为 x_0 时,再增加(减少)一个单位的销售量,总收益将近似地增加(减少) $R'(x_0)$ 个单位.

$R'(x)$ 称为边际收益函数,且 $R'(x_0)=R'(x)\big|_{x=x_0}$.

3. 总利润、平均利润、边际利润

总利润是指销售 x 个单位的产品所获得的净收入,即总收益与总成本之差,记 $L(x)$ 为总利润,则

$$L(x)=R(x)-c(x),$$

其中 x 表示销售量,$L(x)/x$ 称为平均利润函数.

定义 4　若总利润函数 $L(x)$ 为可导函数,称

$$L'(x_0)=\lim_{\Delta x\to 0}\frac{L(x_0+\Delta x)-L(x_0)}{\Delta x}$$

为 $L(x)$ 在 x_0 处的**边际利润**.

其经济意义是:在销售量为 x_0 时,再多(少)销售一个单位产品所增加(减少)

的利润.

根据总利润函数、总收益函数、总成本函数的定义及函数取得最大值的必要条件与充分条件可得如下结论.

由定义,
$$L(x)=R(x)-c(x),$$
$$L'(x)=R'(x)-c'(x).$$

令 $L'(x)=0$, 则 $R'(x)=c'(x)$.

结论 1　函数取得最大利润的必要条件是边际收益等于边际成本.

又由 $L(x)$ 取得最大值的充分条件:
$$L'(x)=0 \quad 且 \quad L''(x)<0,$$
可得 $R''(x)<c''(x)$.

结论 2　函数取得最大利润的充分条件是:边际收益等于边际成本且边际收益的变化率小于边际成本的变化率.

结论 1 与结论 2 称为最大利润原则.

例 3　某工厂生产某种产品,固定成本 2000 元,每生产一单位产品,成本增加 100 元.已知总收益 R 为年产量 Q 的函数,且

$$R=R(Q)=\begin{cases} 400Q-\dfrac{1}{2}Q^2, & 0\leqslant Q\leqslant 400, \\ 80000, & Q>400. \end{cases}$$

问每年生产多少产品时,总利润最大? 此时总利润是多少?

解　由题意总成本函数为
$$c=c(Q)=2000+100Q,$$
从而可得利润函数为

$$\begin{aligned} L&=L(Q)=R(Q)-c(Q)\\ &=\begin{cases} 300Q-\dfrac{1}{2}Q^2, & 0\leqslant Q\leqslant 400, \\ 60000-100Q, & Q>400. \end{cases} \end{aligned}$$

令 $L'(Q)=0$, 得 $Q=300$,
$$L''(Q)\big|_{Q=300}=-1<0.$$

所以 $Q=300$ 时总利润最大,此时 $L(300)=25000$,即当年产量为 300 个单位时,总利润最大,此时总利润为 25000 元.

若已知某产品的需求函数为 $P=P(x)$,P 为单位产品售价,x 为产品需求量,则需求与收益之间的关系为
$$R(x)=x \cdot P(x),$$

这时 $R'(x)=P(x)+xP'(x)$,其中 $P'(x)$ 为边际需求,表示当需求量为 x 时,再增

加一个单位的需求量，产品价格近似地增加 $P'(x)$ 个单位．关于其他经济变量的边际，这里不再赘述．我们以一道例题结束边际的讨论．

例4 设某产品的需求函数为 $x=100-5P$，其中 P 为价格，x 为需求量，求边际收入函数以及 $x=20,50$ 和 70 时的边际收入，并解释所得结果的经济意义．

解 由题设有 $P=\dfrac{1}{5}(100-x)$，于是，总收入函数为

$$R(x)=xP=x\cdot\frac{1}{5}(100-x)=20x-\frac{1}{5}x^2.$$

于是边际收入函数为

$$R'(x)=20-\frac{2}{5}x=\frac{1}{5}(100-2x),$$

$$R'(20)=12,\quad R'(50)=0,\quad R'(70)=-8.$$

由所得结果可知，当销售量（即需求量）为 20 个单位时，再增加销售可使总收入增加，多销售一个单位产品，总收入约增加 12 个单位；当销售量为 50 个单位时，总收入的变化率为零，这时总收入达到最大值，增加一个单位的销售量，总收入基本不变；当销售量为 70 个单位时，再多销售一个单位产品，反而使总收入约减少 8 个单位，或者说，再少销售一个单位产品，将使总收入少损失约 8 个单位．

3.7.2 弹性与弹性分析

弹性概念是经济学中的另一个重要概念，用来定量地描述一个经济变量对另一个经济变量变化的反应程度．

1. 问题的提出

设某商品的需求函数为 $Q=Q(P)$，其中 P 为价格．当价格 P 获得一个增量 ΔP 时，相应地需求量获得增量 ΔQ，比值 $\dfrac{\Delta Q}{\Delta P}$ 表示 Q 对 P 的平均变化率，但这个比值是一个与度量单位有关的量．

比如，假定该商品价格增加 1 元，引起需求量降低 10 个单位，则 $\dfrac{\Delta Q}{\Delta P}=\dfrac{-10}{1}=-10$；若以分为单位，即价格增加 100 分（1 元），引起需求量降低 10 个单位，则 $\dfrac{\Delta Q}{\Delta P}=\dfrac{-10}{100}=-\dfrac{1}{10}$．由此可见，当价格的计算单位不同时，会引起比值 $\dfrac{\Delta Q}{\Delta P}$ 的变化．为了弥补这一缺点，采用价格与需求量的相对增量 $\Delta P/P$ 及 $\Delta Q/Q$，它们分别表示价格和需求量的相对改变量，这时无论价格和需求量的计算单位怎样变化，比值 $\dfrac{\Delta Q}{Q}\bigg/\dfrac{\Delta P}{P}$ 都不会发生变化，它表示 Q 对 P 的平均相对变化率，反映了需求变化对价

格变化的反应程度.

2. 弹性的定义

定义 5 设函数 $y=f(x)$ 在点 $x_0(x_0\neq0)$ 的某邻域内有定义,且 $f(x_0)\neq0$,如果极限

$$\lim_{\Delta x\to0}\frac{\Delta y/f(x_0)}{\Delta x/x_0}=\lim_{\Delta x\to0}\frac{[f(x_0+\Delta x)-f(x_0)]/f(x_0)}{\Delta x/x_0}$$

存在,则称此极限值为函数 $y=f(x)$ 在点 x_0 处的**点弹性**,记作 $\dfrac{Ey}{Ex}\bigg|_{x=x_0}$;

称比值

$$\frac{\Delta y/f(x_0)}{\Delta x/x_0}=\frac{[f(x_0+\Delta x)-f(x_0)]/f(x_0)}{\Delta x/x_0}$$

为函数 $y=f(x)$ 在 x_0 与 $x_0+\Delta x$ 之间的平均相对变化率,经济上也称为点 x_0 与 $x_0+\Delta x$ 之间的**弧弹性**.

由定义可知:$\dfrac{Ey}{Ex}\bigg|_{x=x_0}=\dfrac{x_0}{f(x_0)}\dfrac{\mathrm{d}y}{\mathrm{d}x}\bigg|_{x=x_0}$,且当 $|\Delta x|\ll1$ 时,有

$$\frac{Ey}{Ex}\bigg|_{x=x_0}\approx\frac{\Delta y/f(x_0)}{\Delta x/x_0},$$

即点弹性近似地等于弧弹性.

如果函数 $y=f(x)$ 在区间 (a,b) 内可导,且 $f(x)\neq0$,则称 $\dfrac{Ey}{Ex}=\dfrac{x}{f(x)}f'(x)$ 为函数 $y=f(x)$ 在区间 (a,b) 内的点弹性函数,简称为**弹性函数**.

函数 $y=f(x)$ 在点 x_0 处的点弹性与 $f(x)$ 在 x_0 与 $x_0+\Delta x$ 之间的弧弹性的数值可以是正数,也可以是负数,取决于变量 y 与变量 x 是同方向变化(正数)还是反方向变化(负数).弹性数值绝对值的大小表示变量变化程度的大小,且弹性数值与变量的度量单位无关.下面给出证明.

设 $y=f(x)$ 为一经济函数,变量 x 与 y 的度量单位发生变化后,自变量由 x 变为 x^*,函数值由 y 变为 y^*,且 $x^*=\lambda x,\quad y^*=\mu y$,则 $\dfrac{Ey^*}{Ex^*}=\dfrac{Ey}{Ex}$.

证明 $\dfrac{Ey^*}{Ex^*}=\dfrac{x^*}{y^*}\cdot\dfrac{\mathrm{d}y^*}{\mathrm{d}x^*}$

$$=\frac{\lambda x}{\mu y}\cdot\frac{\mathrm{d}(\mu y)}{\mathrm{d}(\lambda x)}=\frac{\lambda}{\mu}\cdot\frac{\mu}{\lambda}\cdot\frac{x}{y}\cdot\frac{\mathrm{d}y}{\mathrm{d}x}=\frac{x}{y}\frac{\mathrm{d}y}{\mathrm{d}x}=\frac{Ey}{Ex}.$$

即弹性不变.

由此可见,函数的弹性(点弹性与弧弹性)与量纲无关,即与各有关变量所用的计量单位无关.这使得弹性概念在经济学中得到广泛应用,因为经济中各种商品的

计算单位是不尽相同的,比较不同商品的弹性时,可不受计量单位的限制.

下面介绍几个常用的经济函数的弹性.

3. 需求的价格弹性

需求指在一定价格条件下,消费者愿意购买并且有支付能力购买的商品量. 消费者对某种商品的需求受多种因素影响,如价格、个人收入、预测价格、消费嗜好等,而价格是主要因素. 因此在这里我们假设除价格以外的因素不变,讨论需求对价格的弹性.

定义 6 设某商品的市场需求量为 Q,价格为 P,需求函数 $Q=Q(P)$ 可导,则称

$$\frac{EQ}{EP}=\frac{P}{Q}\cdot\frac{\mathrm{d}Q}{\mathrm{d}P}$$

为该商品的需求价格弹性,简称为**需求弹性**,通常记作 ε_P.

需求弹性 ε_P 表示商品需求量 Q 对价格 P 变动的反应强度. 由于需求量与价格 P 反方向变动,即需求函数为价格的减函数,故需求弹性为负值,即 $\varepsilon_P<0$. 因此需求价格弹性表明当商品的价格上涨(下降)1%时,其需求量将减少(增加)约 $|\varepsilon_P|$ %.

在经济学中,为了便于比较需求弹性的大小,通常取 ε_P 的绝对值 $|\varepsilon_P|$,并根据 $|\varepsilon_P|$ 的大小,将需求弹性化分为以下几个范围:

(1) 当 $|\varepsilon_P|=1$(即 $\varepsilon_P=-1$)时,称为**单位弹性**,这时当商品价格增加(减少)1%时,需求量相应地减少(增加)1%,即需求量与价格变动的百分比相等.

(2) 当 $|\varepsilon_P|>1$(即 $\varepsilon_P<-1$)时,称为**高弹性**(或**富于弹性**),这时当商品的价格变动 1%时,需求量变动的百分比大于 1%,价格的变动对需求量的影响较大.

(3) 当 $|\varepsilon_P|<1$(即 $-1<\varepsilon_P<0$)时,称为**低弹性**(或**缺乏弹性**),这时当商品的价格变动 1%,需求量变动的百分比小于 1%,价格的变动对需求量的影响不大.

(4) 当 $|\varepsilon_P|=0$(即 $\varepsilon_P=0$)时,称为需求**完全缺乏弹性**,这时,不论价格如何变动,需求量固定不变. 即需求函数的形式为 $Q=K$(K 为任何既定常数). 如果以纵坐标表示价格,横坐标表示需求量,则需求曲线是垂直于横坐标轴的一条直线(图 3-18(a)).

(5) 当 $|\varepsilon_P|=\infty$(即 $\varepsilon_P=-\infty$)时,称为需求**完全富于弹性**. 表示在既定价格下,需求量可以任意变动. 即需求函数的形式是 $P=K$(K 为任何既定常数),这时需求曲线是与横轴平行的一条直线(图 3-18(b)).

在商品经济中,商品经营者关心的是提价($\Delta P>0$)或降价($\Delta P<0$)对总收益的影响. 下面利用弹性的概念,来分析需求的价格弹性与销售者的收益之间的关系.

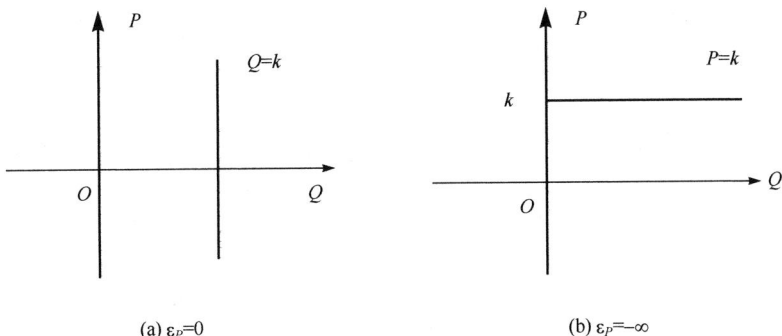

(a) $\varepsilon_P=0$　　　　　　　　　　　(b) $\varepsilon_P=-\infty$

图 3-18

事实上,由于

$$\varepsilon_P=\frac{P}{Q}\cdot\frac{\mathrm{d}Q}{\mathrm{d}P}\quad\text{或}\quad P\mathrm{d}Q=\varepsilon_P Q\mathrm{d}P.$$

可见,由价格 P 的微小变化($|\Delta P|$ 很小时)而引起的销售收益 $R=PQ$ 的改变量为

$$\Delta R\approx\mathrm{d}R=\mathrm{d}(PQ)=Q\mathrm{d}P+P\mathrm{d}Q=Q\mathrm{d}P+\varepsilon_P Q\mathrm{d}P=(1+\varepsilon_P)Q\mathrm{d}P.$$

由 $\varepsilon_P<0$ 可知,$\varepsilon_P=-|\varepsilon_P|$,于是

$$\Delta R\approx(1-|\varepsilon_P|)Q\mathrm{d}P.$$

当 $|\varepsilon_P|=1$ 时(单位弹性)收益的改变量 ΔR 是较价格改变量 ΔP 的高阶无穷小,价格的变动对收益没有明显的影响. 当 $|\varepsilon_P|>1$(高弹性),需求量增加的幅度百分比大于价格下降(上浮)的百分比,降低价格($\Delta P<0$)需求量增加即购买商品的支出增加,即销售者总收益增加($\Delta R>0$),可以采取薄利多销多收益的经济策略;提高价格($\Delta P>0$)会使消费者用于购买商品的支出减少,即销售收益减少($\Delta R<0$).

当 $|\varepsilon_P|<1$ 时,(低弹性)需求量增加(减少)的百分低于价格下降(上浮)的百分比,降低价格($\Delta P<0$)会使消费者用于购买商品的支出减少,即销售收益减少($\Delta R<0$);提高价格会使总收益增加($\Delta R>0$).

综上所述,总收益的变化受需求弹性的制约,随着需求弹性的变化而变化,其关系如图 3-19 所示.

例 5　设某商品的需求函数为 $Q=f(P)=12-\dfrac{1}{2}p$.

(1) 求需求弹性函数及 $P=6$ 时的需求弹性,并给出经济解释.

(2) 当 P 取什么值时,总收益最大? 最大总收益是多少?

解　(1)$\varepsilon_P=\dfrac{EQ}{EP}=\dfrac{P}{Q}\cdot\dfrac{\mathrm{d}Q}{\mathrm{d}P}=\dfrac{P}{12-\dfrac{1}{2}}\cdot\left(-\dfrac{1}{2}\right)=-\dfrac{P}{24-P},$

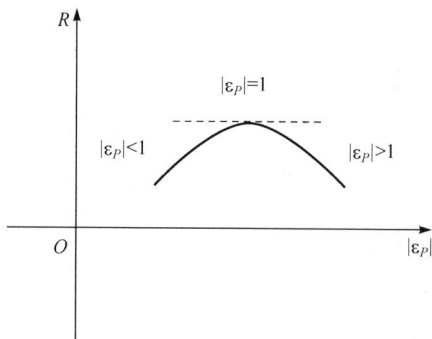

图 3-19

$$\varepsilon(6)=-\frac{6}{24-6}=-\frac{1}{3}.$$

$|\varepsilon(6)|=\dfrac{1}{3}<1$, 低弹性.

经济意义为当价格 $P=6$ 时,若增加 1%,则需求量下降 0.33%,而总收益增加($\Delta R>0$).

(2) $R=PQ=P\left(12-\dfrac{1}{2}P\right)$,$R'=12-P$.

令 $R'=0$,则 $P=12$,$R(12)=72$,且当 $P=12$ 时,$R''<0$. 故当价格 $P=12$ 时,总收益最大,最大总收益为 72.

例 6 已知在某企业某种产品的需求弹性为 $1.3\sim 2.1$,如果该企业准备明年将价格降低 10%,问这种商品的需求量预期会增加多少? 总收益预期会增加多少?

解 由前面的分析可知

$$\frac{\Delta Q}{Q}\approx\varepsilon_P\,\frac{\Delta P}{P}\ (\text{由}\ P\mathrm{d}Q\approx\varepsilon_P Q\mathrm{d}P).$$

$$\frac{\Delta R}{R}\approx(1-|\varepsilon_P|)\frac{\Delta P}{P}\quad(\text{由}\ \Delta R\approx(1-|\varepsilon_P|)Q\Delta P).$$

于是当 $|\varepsilon_P|=1.3$ 时,有

$$\frac{\Delta Q}{Q}\approx(-1.3)\times(-0.1)=13\%,$$

$$\frac{\Delta R}{R}\approx(1-1.3)\times(-0.1)=3\%.$$

当 $|\varepsilon_P|=2.1$ 时,有

$$\frac{\Delta Q}{Q} \approx (-2.1) \times (-0.1) = 21\%,$$

$$\frac{\Delta R}{R} \approx (1 - 2.1) \times (-0.1) = 11\%.$$

可见,明年降价 10% 时,企业销售量预期将增加为 $13\% \sim 21\%$;总收益预期将增加为 $3\% \sim 11\%$.

4. 供给的价格弹性

定义 7　设某商品供给函数 $Q = Q(P)$ 可导(其中 P 表示价格,Q 表示供给量),则称

$$\frac{EQ}{EP} = \frac{P}{Q} \cdot \frac{\mathrm{d}Q}{\mathrm{d}P}$$

为该商品的**供给价格弹性**,简称为**供给弹性**,通常用 ε_s 表示.

由于 ΔP 和 ΔQ 同方向变化,故 $\varepsilon_s > 0$. 它表明当商品价格上涨 1% 时,供给量将增加 $\varepsilon_s \%$.

对 ε_s 的讨论,完全类似于需求弹性 ε_P,这里不再重复.

至于其他经济变量的弹性,读者可根据上面介绍的需求弹性与供给弹性,进行类似的讨论.

📖 习题 3.7

1. 设某商品的需求函数和成本函数分别为

$$P + 0.1x = 80,$$
$$C(x) = 5000 + 20x,$$

其中 x 为销售量(产量),P 为价格. 求边际利润函数,并计算 $x = 150$ 和 $x = 400$ 时的边际利润,解释所得结果的经济意义.

2. 某种商品的需求量 Q 与价格 P(单位:元)的关系式为:$Q = f(P) = 1600 \left(\frac{1}{4} \right)^{P}$

(1) 求需求弹性函数 $\frac{EQ}{EP}$;

(2) 当价格 $P = 10$ 元时,再增加 1%,该商品的需求量 Q 如何变化.

3. 设某种商品的销售额 Q 是价格 P(单位:元)的函数,$Q = f(P) = 300P - 2P^2$. 分别求价格 $P = 50$ 元及 $P = 120$ 元时,销售额对价格 P 的弹性,并说明其经济意义.

4. 设某商品的需求弹性为 $1.5\sim2.0$,现打算明年将该商品的价格下调 12%,那么明年该商品的需求量和总收益将如何变化? 变化多少?

复习题 3

1. 填空题.

(1) 函数 $f(x)=x^3$,在区间 $[-1,2]$ 上满足拉格朗日中值定理的点 ξ 是_____.

(2) 罗尔定理中的三个条件, $f(x)$ 在 $[a,b]$ 上连续,在 (a,b) 内可导,且 $f(a)=f(b).$ $f(x)$ 在 (a,b) 内至少存在一点 ξ,使 $f'(\xi)=0$ 成立的_____条件.

(3) 对于函数 $f(x)=x^2,g(x)=x^3$,在 $[0,1]$ 上满足柯西中值定理的点 ξ 是_____.

(4) 设常数 $k>0$,函数 $f(x)=\ln x-\dfrac{x}{e}+k$ 在 $(0,+\infty)$ 内零点的个数为____.

(5) $\lim\limits_{x\to0}\left(\dfrac{1}{x^2}-\dfrac{1}{x\tan x}\right)=$_____.

(6) 曲线 $\begin{cases}x=e^t,\\y=e^t\sin t\end{cases}$ 在区间 $0\leqslant t\leqslant\pi$ 上的拐点是_____.

(7) 函数 $y=\dfrac{\ln^2 x}{x}$ 在区间_____单调增加,在区间_____单调减少;当 $x=$_____为极小值点,极小值为_____; $x=$_____为极大值点,极大值为_____.

(8) $\lim\limits_{x\to0}\left(\dfrac{1}{x}-\dfrac{1}{e^x-1}\right)=$_____.

(9) 设 $>0,b>0$,则 $\lim\limits_{x\to0}\left(\dfrac{a^x+b^x}{2}\right)^{\frac{1}{x}}=$_____.

(10) 若 $\lim\limits_{x\to a}\dfrac{x^2-bx+3b}{x-a}=8$, 则 a,b 分别为_____.

2. 选择题.

(1) 在下列四个函数中,在 $[-1,1]$ 上满足罗尔定理条件的函数是(　　).

(A) $y=8|x|+1$　　(B) $y=4x^2+1$　　(C) $y=\dfrac{1}{x^2}$　　(D) $y=|\sin x|$

(2) 函数 $f(x)=\dfrac{1}{x}$ 满足拉格朗日中值定理条件的区间是 (　　).

(A) $[-2,2]$　　(B) $[-2,0]$　　(C) $[1,2]$　　(D) $[0,1]$

(3) 若对任意 $x \in (a,b)$，有 $f'(x) = g'(x)$，则（　　）.

(A) 对任意 $x \in (a,b)$，有 $f(x) = g(x)$

(B) 存在 $x_0 \in (a,b)$，使 $f(x_0) = g(x_0)$

(C) 对任意 $x \in (a,b)$，有 $f(x) = g(x) + C_0$（C_0 是某个常数）

(D) 对任意 $x \in (a,b)$，有 $f(x) = g(x) + C$（C 是任意常数）

(4) 设 $f(x)$ 在闭区间 $[-1,1]$ 上连续，在开区间 $(-1,1)$ 上可导，且 $|f'(x)| \leqslant M, f(0) = 0$，则必有（　　）.

(A) $|f(x)| \geqslant M$　　(B) $|f(x)| > M$　　(C) $|f(x)| \leqslant M$　　(D) $|f(x)| < M$

(5) 若函数 $f(x)$ 在 $[a,b]$ 上连续，在 (a,b) 可导，则（　　）.

(A) 存在 $\theta \in (0,1)$，有 $f(b) - f(a) = f'(\theta(b-a))(b-a)$

(B) 存在 $\theta \in (0,1)$，有 $f(a) - f(b) = f'(a + \theta(b-a))(b-a)$

(C) 存在 $\theta \in (a,b)$，有 $f(a) - f(b) = f'(\theta)(a-b)$

(D) 存在 $\theta \in (a,b)$，有 $f(b) - f(a) = f'(\theta)(a-b)$

(6) 若 $a^2 - 3b < 0$，则方程 $f(x) = x^3 + ax^2 + bx + c = 0$（　　）.

(A) 无实根　　　　　(B) 有唯一的实根　　(C) 有三个实根　　(D) 有重实根

(7) 求极限 $\lim\limits_{x \to 0} \dfrac{x^2 \sin \dfrac{1}{x}}{\sin x}$ 时，下列各种解法正确的是（　　）.

(A) 用洛必达法则后，求得极限为 0

(B) 因为 $\lim\limits_{x \to 0} \dfrac{1}{x}$ 不存在，故上述极限不存在

(C) 原式 $= \lim\limits_{x \to 0} \dfrac{x}{\sin x} \cdot x \sin \dfrac{1}{x} = 0$

(D) 因为不能用洛必达法则，故极限不存在

(8) 指出曲线 $y = \dfrac{x}{3 - x^2}$ 的渐近线（　　）.

(A) 没有水平渐近线，也没有斜渐近线

(B) 即有垂直渐近线，又有水平渐近线

(C) $x = \sqrt{3}$ 为其垂直渐近线，但无水平渐近线

(D) 只有水平渐近线

(9) 设 $f(x)$ 在 $[0,1]$ 上连续，在 $(0,1)$ 内可导，且 $f(0) = 1, f(1) = 0$，则在 $(0,1)$ 内至少存在一点 ξ，使（　　）.

(A) $f'(\xi) = -\dfrac{f(\xi)}{\xi}$　　　　　　　　　　(B) $f'(\xi) = \dfrac{f(\xi)}{\xi}$

(C) $f(\xi)=-\dfrac{f'(\xi)}{\xi}$　　　　　　　　　　(D) $f(\xi)=\dfrac{f'(\xi)}{\xi}$

(10) 设 $f'(x)=(x-1)(2x+1),x\in(-\infty,+\infty)$,则在 $\left(\dfrac{1}{2},1\right)$ 内,$f(x)$ 单调
(　　).

(A) 增加,曲线 $y=f(x)$ 为凹　　　　　(B) 减少,曲线 $y=f(x)$ 为凹

(C) 减少,曲线 $y=f(x)$ 为凸　　　　　(D) 增加,曲线 $y=f(x)$ 为凸

3. 若 $f(x)$ 在 $[a,b]$ 上有二阶导数 $f''(x)$,且 $f'(a)=f'(b)=0$,试证:在 (a,b) 内至少存在一点 ξ,满足 $|f''(\xi)|\geqslant\dfrac{4}{(b-a)^2}|f(b)-f(a)|$.

4. 设 $f(x)$ 在 $[0,1]$ 上具有二阶导数,且 $f(0)=f(1)=0$,$\min\limits_{0<x<1}f(x)=-1$,证明:存在一点 $\xi\in(0,1)$ 使 $f''(\xi)\geqslant8$.

5. 设 $f(x)\in C[a,b]$,且 $a<c<d<b$,证明 $\exists\ \xi\in[a,b]$,使
$$(\alpha+\beta)f(\xi)=\alpha\ f(c)+\beta\ f(d).$$

6. 求极限:

(1) $\lim\limits_{x\to0}\dfrac{x-\ln(1+x)}{x^2}$;　　　　　　(2) $\lim\limits_{x\to0}\left(\dfrac{1}{\ln(1+x)}-\dfrac{1}{x}\right)$;

(3) $\lim\limits_{x\to\frac{\pi}{6}}\dfrac{1-2\sin x}{\cos3x}$;　　　　　　(4) $\lim\limits_{x\to0}(1+x^2)^{\frac{1}{x}}$.

(5) $\lim\limits_{x\to0}\dfrac{\mathrm{e}^x-(1+2x)^{\frac{1}{2}}}{\ln(1+x^2)}$.

7. 求函数 $y=x^3-3x^2-9x+14$ 的单调区间.

8. 求函数 $y=\dfrac{\ln^2x}{x}$ 的单调区间与极值.

9. 求函数 $y=2\mathrm{e}^x+\mathrm{e}^{-x}$ 的极值.

10. 函数 $y=ax^3+bx^2+cx+d(a>0)$ 的系数满足什么关系时,这个函数没有极值.

11. 判断函数 $y=\dfrac{x}{1+x}$ 的单调性,并证明 $\dfrac{|a+b|}{1+|a+b|}\leqslant\dfrac{|a|}{1+|a|}+\dfrac{|b|}{1+|b|}$ (a,$b\in\mathbf{R}$).

12. 判断 e^π 及 π^{e} 哪个大.

13. 证明下列不等式:

(1) 若 $x>0$,证明:$\mathrm{e}^x>1+x$;

(2) 设 $x>0$,证明:$x-\dfrac{x^2}{2}<\ln(1+x)<x$.

(3) 当 $0 < x < \dfrac{\pi}{2}$ 时,有 $\tan x + 2\sin x > 3x$ 成立.

14. 求内接于椭圆 $\dfrac{x^2}{a^2} + \dfrac{y^2}{b^2} = 1$,而面积最大的矩形的边长.

15. 在半径为 R 的球内,求体积最大的内接圆柱体的高.

16. 某工厂生产某产品,年产量为 x 百台,总成本为 c 万元,其中固定成本 2 万元,每生产一百台,成本增加 2 万元,市场上可销售此种商品 3 百台,其销售收入

$$R(x) = \begin{cases} 6x - x^2 + 1, & 0 \leqslant x \leqslant 3 (万元), \\ 10, & x > 3 (万元), \end{cases}$$

问每年生产多少台,总利润最大?

17. 某商品的需求函数为 $Q = 80 - p^2$,其中 p 为该商品的价格.

(1) 求 $p = 4$ 时的需求弹性,并说明其经济意义;

(2) 当 $p = 4$ 时的价格上涨 1% 时,总收益将变化百分之几? 是增加还是减少?

18. 试决定 $y = k\left(x^2 - 3\right)^2$ 中的 k 的值,使曲线的拐点处的法线通过原点.

附加题(2014 考研数学一)

(1) 下列曲线有渐近线的是(　　　).

(A) $y = x + \sin x$　　　　　　　　(B) $y = x^2 + \sin x$

(C) $y = x + \sin \dfrac{1}{x}$　　　　　　(D) $y = x^2 + \sin \dfrac{1}{x}$

(2) 设函数 $f(x)$ 具有二阶导数,$g(x) = f(0)(1 - x) + f(1)x$,则在区间 $[0, 1]$ 上(　　　).

(A) 当 $f'(x) \geqslant 0$ 时,$f(x) \geqslant g(x)$　　　　　(B) 当 $f'(x) \geqslant 0$ 时,$f(x) \leqslant g(x)$

(C) 当 $f''(x) \geqslant 0$ 时,$f(x) \geqslant g(x)$　　　　　(D) 当 $f''(x) \geqslant 0$ 时,$f(x) \leqslant g(x)$

(3) 设函数 $y = f(x)$ 由方程 $y^3 + xy^2 + x^2 y + 6 = 0$ 确定,求 $f(x)$ 的极值.

(4) 函数 $y = f(x)$ 由 $y - x = e^{x(1-y)}$ 确定,求 $\lim\limits_{n \to \infty} n\left(f\left(\dfrac{1}{n}\right) - 1\right)$.

第4章

不 定 积 分

Indefinite Integral

前面已经介绍了微分学的基本问题,即已知函数求其导数的问题.但在科学技术及应用领域中,往往会遇到相反问题——已知导数求其函数,即求一个未知函数,使其导数恰好是某一已知函数.这种由导数或微分求原来函数的逆运算称为不定积分.本章将介绍不定积分的概念、性质及其计算方法.

4.1 不定积分的概念与性质

4.1.1 原函数的概念

定义1 设 $f(x)$ 是定义在区间 I 上的函数,若存在函数 $F(x)$,使得对任何 $x \in I$,都有 $F'(x) = f(x)$ 或 $\mathrm{d}F(x) = f(x)\mathrm{d}x$,则 $F(x)$ 称为 $f(x)$ 的一个**原函数**(primitive function).

例如,因为在 $(-\infty, +\infty)$ 上,$(\sin x)' = \cos x$,所以,$\sin x$ 是 $\cos x$ 的一个原函数,显然 $\sin x + 1$,$\sin x - 2$,$\sin x + C$(C 为任意常数)等都是 $\cos x$ 的原函数,由此看出,$\cos x$ 的原函数之间只相差一个常数.于是有如下定理.

定理1 设在区间 I 上,函数 $F(x)$,$\Phi(x)$ 都是 $f(x)$ 的一个原函数,则 $\Phi(x) = F(x) + C$.

证明 设 $g(x) = \Phi(x) - F(x)$,因为函数 $F(x)$,$\Phi(x)$ 都是 $f(x)$ 的一个原函数,所以 $F'(x) = f(x)$,$\Phi'(x) = f(x)$,因此

$$g'(x) = \Phi'(x) - F'(x) = f(x) - f(x) = 0, \quad x \in I,$$

所以在区间 I 上 $g(x) = C$(C 为任意常数),即 $\Phi(x) = F(x) + C$.

定理1可以说明,若函数 $F(x)$ 为 $f(x)$ 在区间 I 上的一个原函数,则 $f(x)$ 的全体原函数为 $F(x) + C$(C 为任意常数).

定理2 如果函数 $f(x)$ 是区间 I 上的连续函数,则 $f(x)$ 在区间 I 上一定有原

函数.

一切初等函数在其定义域区间上都是连续函数,所以初等函数在其定义域区间上的原函数一定存在.

4.1.2　不定积分的概念

定义 2　函数 $f(x)$ 在区间 I 上的全体原函数称为 $f(x)$ 在区间 I 上的**不定积分**(indefinite integral),记作 $\int f(x)\mathrm{d}x$,即

$$\int f(x)\mathrm{d}x = F(x) + C,$$

其中,符号 $\int$ 称为**积分号**;$f(x)$ 称为**被积函数**;$f(x)\mathrm{d}x$ 称为**被积表达式**;x 称为**积分变量**;$F(x)$ 为 $f(x)$ 在区间 I 上的一个原函数;C 为任意常数.

从不积分的定义知,求一个函数的不定积分只需求这个函数的一个原函数即可.

例 1　求下列不定积分:

(1) $\int x^2\mathrm{d}x$;　　(2) $\int \sin x\mathrm{d}x$;　　(3) $\int \dfrac{1}{1+x^2}\mathrm{d}x$;　　(4) $\int \dfrac{1}{\cos^2 x}\mathrm{d}x$.

解　(1) 因为 $\left(\dfrac{x^3}{3}\right)' = x^2$,所以 $\dfrac{x^3}{3}$ 是 x^2 的一个原函数,从而 $\int x^2\mathrm{d}x = \dfrac{x^3}{3} + C$($C$ 为任意常数).

(2) 因为 $(-\cos x)' = \sin x$,所以 $-\cos x$ 是 $\sin x$ 的一个原函数,从而 $\int \sin x\mathrm{d}x = -\cos x + C$($C$ 为任意常数).

(3) 因为 $(\arctan x)' = \dfrac{1}{1+x^2}$,所以 $\arctan x$ 是 $\dfrac{1}{1+x^2}$ 的一个原函数,从而 $\int \dfrac{1}{1+x^2}\mathrm{d}x = \arctan x + C$($C$ 为任意常数).

(4) 因为 $(\tan x)' = \dfrac{1}{\cos^2 x}$,所以 $\tan x$ 是 $\dfrac{1}{\cos^2 x}$ 的一个原函数,从而 $\int \dfrac{1}{\cos^2 x}\mathrm{d}x = \tan x + C$($C$ 为任意常数).

4.1.3　不定积分的几何意义

若 $F(x)$ 为 $f(x)$ 的一个原函数,则称 $y = F(x)$ 为 $f(x)$ 的一条积分曲线(integral curve),称 $y = F(x) + C$ 为 $f(x)$ 的**积分曲线族**.显然,族中的任意一条积分曲线可由另一条积分曲线沿 y 轴方向平移而得到,且族中各条曲线在横坐标相同的点 x_0 处的切线平行(图 4-1).

例 2 已知曲线 $y=f(x)$ 在任一点 x 处的切线斜率为 $2x$,且曲线通过点 $(1,2)$,求此曲线的方程.

解 根据题意知 $f'(x)=2x$,即 $f(x)$ 是 $2x$ 的一个原函数,从而 $f(x)=\int 2x\mathrm{d}x=x^2+C$,又由曲线通过点 $(1,2)$ 得

$$2=1^2+C,$$

于是 $C=1$,故所求曲线方程为 $y=x^2+1$.

积分曲线 $y=x^2+1$ 由另一条积分曲线抛物线 $y=x^2$ 沿 y 轴方向向上平移 1 个单位得到(图 4-2).

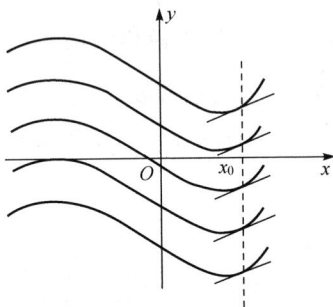

图 4-1

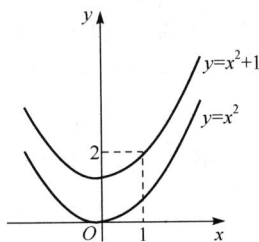

图 4-2

4.1.4 基本积分表

根据不定积分的定义,由导数或微分基本公式,即可得到不定积分的基本公式.这里列出基本积分表,请读者务必熟记.因为许多不定积分最终将归结为这些基本积分公式:

(1) $\int k\mathrm{d}x=kx+C(k$ 为常数$)$;

(2) $\int x^{\mu}\mathrm{d}x=\dfrac{x^{\mu+1}}{\mu+1}+C(\mu\neq-1)$;

(3) $\int \dfrac{\mathrm{d}x}{x}=\ln|x|+C$;

(4) $\int \dfrac{1}{1+x^2}\mathrm{d}x=\arctan x+C$;

(5) $\int \dfrac{1}{\sqrt{1-x^2}}\mathrm{d}x=\arcsin x+C$;

(6) $\int a^x\mathrm{d}x=\dfrac{a^x}{\ln a}+C(a>0,$ 且 $a\neq1)$;

(7) $\int \mathrm{e}^x\mathrm{d}x=\mathrm{e}^x+C$;

(8) $\int \cos x\mathrm{d}x=\sin x+C$;

(9) $\int \sin x\mathrm{d}x=-\cos x+C$;

(10) $\int \sec^2 x\mathrm{d}x=\tan x+C$;

(11) $\int \csc^2 x\mathrm{d}x=-\cot x+C$.

4.1.5 不定积分的性质

设 $\int f(x)\mathrm{d}x = F(x) + C$，由不定积分的定义 $F(x)$ 是 $f(x)$ 的原函数. 即 $F'(x) = f(x)$，所以不定积分有如下性质.

性质 1 $\quad \dfrac{\mathrm{d}}{\mathrm{d}x}\left[\int f(x)\mathrm{d}x\right] = f(x)$ 或 $\mathrm{d}\left[\int f(x)\mathrm{d}x\right] = f(x)\mathrm{d}x$.

又由于 $F(x)$ 是 $F'(x)$ 的原函数，故有：

性质 2 $\quad \int F'(x)\mathrm{d}x = F(x) + C$ 或 $\int \mathrm{d}F(x) = F(x) + C$.

注 由此可见微分运算与积分运算是可逆的. 两个运算连在一起时，$\mathrm{d}\int$ 完全抵消，$\int \mathrm{d}$ 抵消后相差一常数.

利用微分运算法则和不定积分的定义，可得下列运算性质.

性质 3 两函数代数和的不定积分，等于它们各自不定积分的代数和，即

$$\int [f(x) \pm g(x)]\mathrm{d}x = \int f(x)\mathrm{d}x \pm \int g(x)\mathrm{d}x.$$

证明 $\quad \left[\int f(x)\mathrm{d}x \pm \int g(x)\mathrm{d}x\right]' = \left[\int f(x)\mathrm{d}x\right]' \pm \left[\int g(x)\mathrm{d}x\right]'$

$$= f(x) \pm g(x) = \left\{\int [f(x) \pm g(x)]\mathrm{d}x\right\}'.$$

注 此性质可推广到有限多个函数之和的情形.

性质 4 求不定积分时，非零常数因子可提到积分号前面. 即

$$\int kf(x)\mathrm{d}x = k\int f(x)\mathrm{d}x \, (k \neq 0).$$

证明 $\quad \left[k\int f(x)\mathrm{d}x\right]' = k\left[\int f(x)\mathrm{d}x\right]' = kf(x) = \left[\int kf(x)\mathrm{d}x\right]'$.

运用不定积分的性质和基本公式可以直接求一些简单函数的不定积分，有时需将被积函数经过适当的恒等变形后，再利用不定积分的性质和基本公式求出结果. 这种积分法称为**直接积分法**.

例 3 计算不定积分 $\int \dfrac{(x - \sqrt{x})^2}{x^3}\mathrm{d}x$.

解 $\quad \displaystyle\int \frac{(x - \sqrt{x})^2}{x^3}\mathrm{d}x = \int \frac{x^2 - 2x^{\frac{3}{2}} + x}{x^3}\mathrm{d}x = \int \left(\frac{1}{x} - 2x^{-\frac{3}{2}} + \frac{1}{x^2}\right)\mathrm{d}x$

$$= \ln|x| - 2 \times (-2)x^{-\frac{1}{2}} - \frac{1}{x} + C$$

$$= \ln|x| + \frac{4}{\sqrt{x}} - \frac{1}{x} + C.$$

例 4 求不定积分 $\int (3^x \mathrm{e}^x - 5\sin x)\mathrm{d}x$.

解 $\int (3^x \mathrm{e}^x - 5\sin x)\mathrm{d}x = \int (3\mathrm{e})^x \mathrm{d}x - \int 5\sin x \mathrm{d}x$

$$= \frac{(3\mathrm{e})^x}{\ln(3\mathrm{e})} + 5\cos x + C = \frac{3^x \mathrm{e}^x}{1 + \ln 3} + 5\cos x + C.$$

例 5 求不定积分 $\int \frac{1 + x + x^2}{x(1 + x^2)}\mathrm{d}x$.

解 $\int \frac{1 + x + x^2}{x(1 + x^2)}\mathrm{d}x = \int \frac{x + (1 + x^2)}{x(1 + x^2)}\mathrm{d}x$

$$= \int \left(\frac{1}{1 + x^2} + \frac{1}{x} \right)\mathrm{d}x = \int \frac{1}{1 + x^2}\mathrm{d}x + \int \frac{1}{x}\mathrm{d}x$$

$$= \arctan x + \ln|x| + C.$$

例 6 求不定积分 $\int \tan^2 x \mathrm{d}x$.

解 $\int \tan^2 x \mathrm{d}x = \int (\sec^2 x - 1)\mathrm{d}x = \int \sec^2 x \mathrm{d}x - \int 1 \mathrm{d}x = \tan x - x + C.$

习题 4.1

1. 设 $f(x) = (2x + 1)\mathrm{e}^{-x^2}$，则 $\int f'(x)\mathrm{d}x = $ _____.

2. 设 $\sin x$ 是 $f(x)$ 的一个原函数，则 $\int f(x)\mathrm{d}x = $ _____.

3. 求下列不定积分：

(1) $\int (1 - \sqrt[3]{x^2})^2 \mathrm{d}x$;

(2) $\int \left(\frac{x}{2} - \frac{1}{x} + \frac{4}{x^3} \right)\mathrm{d}x$;

(3) $\int (2^x + x^2 + \frac{3}{x})\mathrm{d}x$;

(4) $\int \left(\frac{1}{x} - \frac{3}{\sqrt{1 - x^2}} \right)\mathrm{d}x$;

(5) $\int \frac{\mathrm{d}x}{x^2(1 + x^2)}$;

(6) $\int \frac{1 + 2x^2}{x^2(1 + x^2)}\mathrm{d}x$;

(7) $\int 2^x \mathrm{e}^{-x} \mathrm{d}x$;

(8) $\int \frac{\mathrm{e}^{2x} - 1}{\mathrm{e}^x - 1}\mathrm{d}x$;

(9) $\int \cot^2 x \mathrm{d}x$;

(10) $\int \frac{2 \cdot 3^x - 5 \cdot 2^x}{3^x}\mathrm{d}x$;

(11) $\int \sin^2 \frac{x}{2}\mathrm{d}x$;

(12) $\int \frac{\cos 2x}{\cos x - \sin x}\mathrm{d}x$;

(13) $\displaystyle\int \frac{\mathrm{d}x}{1+\cos 2x}$;　　　　　(14) $\displaystyle\int \frac{1+\cos^2 x}{1+\cos 2x}\mathrm{d}x$.

4. 一曲线通过点 $(\mathrm{e}^2,3)$,且在任一点处的切线的斜率等于该点横坐标的倒数,求该曲线的方程.

5. 对任意 $x\in\mathbf{R}$, $f'(\sin^2 x)=\cos^2 x$ 且 $f(1)=1$,求 $f(x)$.

6. 已知 $F'(x)=\dfrac{\cos 2x}{\sin^2 2x}$ 且 $F\left(\dfrac{\pi}{4}\right)=-1$,求 $F(x)$.

4.2　不定积分的换元积分法

能直接利用或通过适当的变形后利用积分基本公式计算的不定积分是十分有限的. 将复合函数的求导法则反过来用于不定积分,通过适当的变量替换(换元),把某些不定积分化为基本积分公式表中所列的形式,再计算出所求的不定积分——这就是本节介绍的**换元积分法**(integration by substitution).

4.2.1　第一类换元积分法(凑微分法)

定理 1（第一类换元积分法）　设 $f(u)$ 具有原函数 $F(u)$,且 $u=\varphi(x)$ 可导,则有换元公式

$$\int f[\varphi(x)]\varphi'(x)\mathrm{d}x = \int f(u)\mathrm{d}u = F(u)\big|_{u=\varphi(x)}+C = F[\varphi(x)]+C.$$

证明　因为 $F(u)$ 是 $f(u)$ 的原函数,所以 $F'(u)=f(u)$.

根据复合函数的求导法则有

$$[F(\varphi(x))]' = F'(u)\varphi'(x) = f(u)\varphi'(x) = f[\varphi(x)]\varphi'(x).$$

再根据不定积分的定义有

$$\int f[\varphi(x)]\varphi'(x)\mathrm{d}x = F[\varphi(x)]+C.$$

注　在第一类换元积分法中,通过选择新的积分变量 $u=\varphi(x)$,把被积表达式分成两部分,一部分是关于 u 的函数 $f(u)$,另一部分是凑成关于 u 的微分 $\mathrm{d}u$,因而转化成比较容易计算的关于 u 的函数 $f(u)$ 的积分,因而也把第一类换元积分法称为**凑微分法**.

例 1　求不定积分 $\displaystyle\int \cos 2x\,\mathrm{d}x$.

解　设 $u=2x$,则 $\mathrm{d}u=2\mathrm{d}x$,于是

$$\int \cos 2x\,\mathrm{d}x = \frac{1}{2}\int \cos 2x\cdot 2\mathrm{d}x = \frac{1}{2}\int \cos u\,\mathrm{d}u = \frac{1}{2}\sin u + C = \frac{1}{2}\sin 2x + C.$$

例 2　求不定积分 $\displaystyle\int \frac{1}{2+3x}\mathrm{d}x$.

解 设 $u=2+3x$,则 $du=3dx$,于是

$$\int \frac{1}{2+3x}dx = \frac{1}{3}\int \frac{1}{2+3x} \cdot 3dx = \frac{1}{3}\int \frac{1}{u}du = \frac{1}{3}\ln|u|+C = \frac{1}{3}\ln|2+3x|+C.$$

注 一般情形: $\int f(ax+b)dx \xrightarrow[du=adx]{u=ax+b} \frac{1}{a}\int f(u)du.$

例 3 不定积分 $\int xe^{x^2}dx.$

解 $\int xe^{x^2}dx = \frac{1}{2}\int e^{x^2}2xdx = \frac{1}{2}\int e^{x^2}d(x^2) = \frac{1}{2}e^{x^2}+C.$

注 一般情形:

$$\int x^{n-1}f(x^n)dx \xrightarrow[du=nx^{n-1}dx]{u=x^n} \frac{1}{n}\int f(u)du.$$

例 4 求不定积分 $\int \tan x dx.$

解 $\int \tan x dx = \int \frac{\sin x}{\cos x}dx = -\int \frac{d\cos x}{\cos x} = -\ln|\cos x|+C.$

类似地可求得

$$\int \cot x dx = \ln|\sin x|+C.$$

例 5 求不定积分 $\int \frac{1}{x(1+3\ln x)}dx.$

解 $\int \frac{1}{x(1+3\ln x)}dx = \frac{1}{3}\int \frac{1}{1+3\ln x}d(1+3\ln x)$

$$= \frac{1}{3}\ln|1+3\ln x|+C.$$

注 一般情形: $\int f(\ln x)\frac{1}{x}dx = \int f(\ln x)d(\ln x).$

例 6 求不定积分 $\int \frac{1}{\sqrt{a^2-x^2}}dx \ (a>0).$

解 $\int \frac{1}{\sqrt{a^2-x^2}}dx = \int \frac{1}{a} \cdot \frac{1}{\sqrt{1-\left(\frac{x}{a}\right)^2}}dx = \int \frac{1}{\sqrt{1-\left(\frac{x}{a}\right)^2}}d\left(\frac{x}{a}\right)$

$$= \arcsin \frac{x}{a}+C.$$

例 7 求下列不定积分:

(1) $\int \frac{1}{a^2+x^2}dx;$ (2) $\int \frac{1}{x^2-6x+13}dx.$

解　(1) $\displaystyle\int \frac{1}{a^2+x^2}\mathrm{d}x=\int \frac{1}{a^2}\cdot\frac{1}{1+\left(\dfrac{x}{a}\right)^2}\mathrm{d}x=\frac{1}{a}\int\frac{1}{1+\left(\dfrac{x}{a}\right)^2}\mathrm{d}\left(\frac{x}{a}\right)$

$$=\frac{1}{a}\arctan\frac{x}{a}+C;$$

(2) $\displaystyle\int\frac{1}{x^2-6x+13}\mathrm{d}x=\int\frac{1}{(x-3)^2+4}\mathrm{d}x=\int\frac{1}{(x-3)^2+4}\mathrm{d}(x-3)$

$$=\frac{1}{2}\arctan\frac{x-3}{2}+C.$$

例8　求不定积分 $\displaystyle\int\frac{1}{x^2-a^2}\mathrm{d}x$.

解　由于 $\dfrac{1}{x^2-a^2}=\dfrac{1}{2a}\left(\dfrac{1}{x-a}-\dfrac{1}{x+a}\right)$，所以

$$\int\frac{1}{x^2-a^2}\mathrm{d}x=\frac{1}{2a}\int\left(\frac{1}{x-a}-\frac{1}{x+a}\right)\mathrm{d}x=\frac{1}{2a}\left(\int\frac{1}{x-a}\mathrm{d}x-\int\frac{1}{x+a}\mathrm{d}x\right)$$

$$=\frac{1}{2a}\left[\int\frac{1}{x-a}\mathrm{d}(x-a)-\int\frac{1}{x+a}\mathrm{d}(x+a)\right]$$

$$=\frac{1}{2a}\left(\ln|x-a|-\ln|x+a|\right)+C=\frac{1}{2a}\ln\left|\frac{x-a}{x+a}\right|+C.$$

例9　求下列不定积分：

(1) $\displaystyle\int\csc x\mathrm{d}x$;　　　　　(2) $\displaystyle\int\sec x\mathrm{d}x$.

解　(1) $\displaystyle\int\csc x\mathrm{d}x=\int\frac{\mathrm{d}x}{\sin x}=\int\frac{\mathrm{d}x}{2\sin\dfrac{x}{2}\cos\dfrac{x}{2}}=\int\frac{1}{\tan\dfrac{x}{2}\cos^2\dfrac{x}{2}}\mathrm{d}\left(\frac{x}{2}\right)$

$$=\int\frac{1}{\tan\dfrac{x}{2}}\mathrm{d}\left(\tan\frac{x}{2}\right)=\ln\left|\tan\frac{x}{2}\right|+C.$$

因为

$$\tan\frac{x}{2}=\frac{\sin\dfrac{x}{2}}{\cos\dfrac{x}{2}}=\frac{2\sin^2\dfrac{x}{2}}{\sin x}=\frac{1-\cos x}{\sin x}=\csc x-\cot x,$$

所以

$$\int\csc x\mathrm{d}x=\ln|\csc x-\cot x|+C.$$

(2) $\displaystyle\int \sec x \mathrm{d}x = \int \frac{\mathrm{d}x}{\cos x} = \int \frac{\mathrm{d}\left(x+\dfrac{\pi}{2}\right)}{\sin\left(x+\dfrac{\pi}{2}\right)} = \ln\left|\csc\left(x+\frac{\pi}{2}\right)-\cot\left(x+\frac{\pi}{2}\right)\right|+C.$

$$=\ln|\sec x+\tan x|+C.$$

例 10 求下列不定积分：

(1) $\displaystyle\int \sin^3 x \mathrm{d}x$；　　　　(2) $\displaystyle\int \sin^2 x \cdot \cos^5 x \mathrm{d}x.$

解 (1) $\displaystyle\int \sin^3 x \mathrm{d}x = \int \sin^2 x \sin x \mathrm{d}x = -\int(1-\cos^2 x)\mathrm{d}(\cos x)$

$$=-\int \mathrm{d}(\cos x) + \int \cos^2 x \mathrm{d}(\cos x)$$

$$=-\cos x + \frac{1}{3}\cos^3 x + C;$$

(2) $\displaystyle\int \sin^2 x \cdot \cos^5 x \mathrm{d}x = \int \sin^2 x \cdot \cos^4 x \mathrm{d}(\sin x) = \int \sin^2 x \cdot (1-\sin^2 x)^2 \mathrm{d}(\sin x)$

$$=\frac{1}{3}\sin^3 x - \frac{2}{5}\sin^5 x + \frac{1}{7}\sin^7 x + C.$$

注 当被积函数是三角函数的奇数次幂时，拆开奇次项去凑微分.

例 11 求下列不定积分：

(1) $\displaystyle\int \cos^2 x \mathrm{d}x$；　　　　(2) $\displaystyle\int \cos^4 x \mathrm{d}x.$

解 (1) $\displaystyle\int \cos^2 x \mathrm{d}x = \int \frac{1+\cos 2x}{2}\mathrm{d}x = \frac{1}{2}\left(\int \mathrm{d}x + \int \cos 2x \mathrm{d}x\right)$

$$=\frac{1}{2}\int \mathrm{d}x + \frac{1}{4}\int \cos 2x \mathrm{d}(2x)$$

$$=\frac{x}{2} + \frac{\sin 2x}{4} + C;$$

(2) 因为 $\cos^4 x = (\cos^2 x)^2 = \left(\dfrac{1+\cos 2x}{2}\right)^2 = \dfrac{1}{4}(1+2\cos 2x + \cos^2 2x)$

$$=\frac{1}{4}\left(1+2\cos 2x + \frac{1+\cos 4x}{2}\right) = \frac{1}{8}(3+4\cos 2x + \cos 4x).$$

所以

$$\int \cos^4 x \mathrm{d}x = \frac{1}{8}\int(3+4\cos 2x+\cos 4x)\mathrm{d}x = \frac{1}{8}\left(\int 3\mathrm{d}x + \int 4\cos 2x \mathrm{d}x + \int \cos 4x \mathrm{d}x\right)$$

$$=\frac{1}{8}\left[3x + 2\int \cos 2x \mathrm{d}(2x) + \frac{1}{4}\int \cos 4x \mathrm{d}(4x)\right]$$

$$= \frac{3}{8}x + \frac{1}{4}\sin2x + \frac{1}{32}\sin4x + C.$$

注 当被积函数是三角函数的偶数次幂时,常用半角公式降低幂次后再计算.

例 12 求不定积分 $\int \sec^6 x \mathrm{d}x$.

解
$$\int \sec^6 x \mathrm{d}x = \int (\sec^2 x)^2 \sec^2 x \mathrm{d}x = \int (1 + \tan^2 x)^2 \mathrm{d}(\tan x)$$
$$= \int (1 + 2\tan^2 x + \tan^4 x)\mathrm{d}(\tan x)$$
$$= \tan x + \frac{2}{3}\tan^3 x + \frac{1}{5}\tan^5 x + C.$$

例 13 求不定积分 $\int \sin4x\cos3x\mathrm{d}x$.

解 由 $\sin A\cos B = \frac{1}{2}[\sin(A+B) + \sin(A-B)]$,得

$$\sin4x\cos3x = \frac{1}{2}(\sin7x + \sin x).$$

所以 $\int \sin4x\cos3x\mathrm{d}x = \frac{1}{2}\int (\sin7x + \sin x)\mathrm{d}x = \frac{1}{2}\left[\frac{1}{7}\int \sin7x\mathrm{d}(7x) + \int \sin x\mathrm{d}x\right]$

$$= -\frac{1}{14}\cos7x - \frac{1}{2}\cos x + C.$$

常用的凑微分形式如下:

(1) $\int f(ax+b)\mathrm{d}x = \frac{1}{a}\int f(ax+b)\mathrm{d}(ax+b) \ (a \neq 0)$;

(2) $\int f(x^\mu)x^{\mu-1}\mathrm{d}x = \frac{1}{\mu}\int f(x^\mu)\mathrm{d}(x^\mu) \ (\mu \neq 0)$;

(3) $\int f(\ln x)\frac{1}{x}\mathrm{d}x = \int f(\ln x)\mathrm{d}(\ln x)$;

(4) $\int f(\mathrm{e}^x)\mathrm{e}^x\mathrm{d}x = \int f(\mathrm{e}^x)\mathrm{d}\mathrm{e}^x$;

(5) $\int f(a^x)a^x\mathrm{d}x = \frac{1}{\ln a}\int f(a^x)\mathrm{d}a^x$;

(6) $\int f(\sin x)\cos x\mathrm{d}x = \int f(\sin x)\mathrm{d}\sin x$;

(7) $\int f(\cos x)\sin x\mathrm{d}x = -\int f(\cos x)\mathrm{d}\cos x$;

(8) $\int f(\tan x)\sec^2 x\mathrm{d}x = \int f(\tan x)\mathrm{d}\tan x$;

(9) $\int f(\cot x)\csc^2 x\mathrm{d}x = -\int f(\cot x)\mathrm{d}\cot x$;

(10) $\int f(\arctan x)\dfrac{1}{1+x^2}\mathrm{d}x = \int f(\arctan x)\mathrm{d}(\arctan x)$;

(11) $\int f(\arcsin x)\dfrac{1}{\sqrt{1-x^2}}\mathrm{d}x = \int f(\arcsin x)\mathrm{d}(\arcsin x)$.

4.2.2 第二类换元积分法

有些积分的被积表达式要凑成某函数的微分是很困难的,但可以通过适当的变量代换 $x=\varphi(t)$,将积分 $\int f(x)\mathrm{d}x$ 化为 $\int f[\varphi(t))]\varphi'(t)\mathrm{d}t$,而求 $\int f[\varphi(t)]\varphi'(t)\mathrm{d}t$ 很容易,由此有如下定理.

定理 2（第二类换元积分法） 设 $x=\varphi(t)$ 是单调、可导的函数,并且 $\varphi'(t)\neq 0$,又设 $F(t)$ 是 $f[\varphi(t)]\varphi'(t)$ 的一个原函数,则有换元公式

$$\int f(x)\mathrm{d}x = \int f[\varphi(t))]\varphi'(t)\mathrm{d}t = F(t)+C = F[\psi(x)]+C,$$

其中 $t=\psi(x)$ 是 $x=\varphi(t)$ 的反函数.

证明 因为 $F(t)$ 是 $f[\varphi(t)]\varphi'(t)$ 的一个原函数,所以

$$\frac{\mathrm{d}F(t)}{\mathrm{d}t} = f[\varphi(t)]\varphi'(t).$$

于是

$$\frac{\mathrm{d}F[\psi(x)]}{\mathrm{d}x} = \frac{\mathrm{d}F(t)}{\mathrm{d}t}\cdot\frac{\mathrm{d}t}{\mathrm{d}x} = f[\varphi(t))]\varphi'(t)\cdot\frac{1}{\varphi'(t)} = f[\varphi(t)] = f(x).$$

所以

$$\int f(x)\mathrm{d}x = F[\psi(x)]+C.$$

例 14 求不定积分 $\int\sqrt{a^2-x^2}\,\mathrm{d}x\ (a>0)$.

解 令 $x=a\sin t$,则 $\mathrm{d}x=a\cos t\mathrm{d}t, t\in\left(-\dfrac{\pi}{2},\dfrac{\pi}{2}\right)$.

$$\sqrt{a^2-x^2} = \sqrt{a^2-a^2\sin^2 t} = a\cos t.$$

于是

$$\int\sqrt{a^2-x^2}\,\mathrm{d}x = \int a\cos t\cdot a\cos t\mathrm{d}t = a^2\int\cos^2 t\mathrm{d}t = a^2\int\frac{1+\cos 2t}{2}\mathrm{d}t$$

$$= \frac{a^2}{2}\left[t+\frac{1}{2}\sin 2t\right]+C = \frac{a^2}{2}[t+\sin t\cdot\cos t]+C.$$

由 $x=a\sin t$,即 $\sin t=\dfrac{x}{a}$,作直角三角形(图 4-3),由图可得 $\cos t=\dfrac{\sqrt{a^2-x^2}}{a}$. 因此

$$\int \sqrt{a^2-x^2}\,\mathrm{d}x = \frac{a^2}{2}\left[\frac{x}{a}\cdot\sqrt{1-\left(\frac{x}{a}\right)^2}+\arcsin\frac{x}{a}\right]+C$$

$$= \frac{x}{2}\cdot\sqrt{a^2-x^2}+\frac{a^2}{2}\arcsin\frac{x}{a}+C.$$

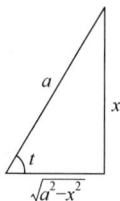

例 15　求不定积分 $\displaystyle\int\frac{1}{\sqrt{x^2+a^2}}\,\mathrm{d}x\ (a>0)$.

图 4-3

解　令 $x=a\tan t$，其中 $t\in\left(-\dfrac{\pi}{2},\dfrac{\pi}{2}\right)$，则 $\mathrm{d}x=a\sec^2 t\mathrm{d}t$，于是

$$\int\frac{1}{\sqrt{x^2+a^2}}\,\mathrm{d}x = \int\frac{1}{a\sec t}\cdot a\sec^2 t\mathrm{d}t = \int\sec t\mathrm{d}t$$

$$= \ln|\sec t+\tan t|+C_1.$$

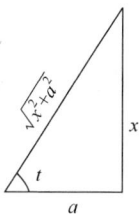

由 $x=a\tan t$，即 $\tan t=\dfrac{x}{a}$，作直角三角形（图 4-4），由图可得

图 4-4　　　$\sec t=\dfrac{\sqrt{x^2+a^2}}{a}$，因此

$$\int\frac{1}{\sqrt{x^2+a^2}}\,\mathrm{d}x = \ln\left|\frac{x}{a}+\frac{\sqrt{x^2+a^2}}{a}\right|+C_1 = \ln\left|x+\sqrt{x^2+a^2}\right|+C,$$

其中，$C=C_1-\ln a$.

例 16　求不定积分 $\displaystyle\int\frac{1}{\sqrt{5+2x+x^2}}\,\mathrm{d}x$.

解　利用例 15 的结果，得

$$\int\frac{1}{\sqrt{5+2x+x^2}}\,\mathrm{d}x = \int\frac{1}{\sqrt{(x+1)^2+4}}\,\mathrm{d}(x+1)$$

$$= \ln\left|x+1+\sqrt{(x+1)^2+4}\right|+C.$$

即

$$\int\frac{1}{\sqrt{5+2x+x^2}}\,\mathrm{d}x = \ln\left|x+1+\sqrt{5+2x+x^2}\right|+C.$$

例 17　求不定积分 $\displaystyle\int\frac{1}{\sqrt{x^2-a^2}}\,\mathrm{d}x\ (a>0)$.

解　令 $x=a\sec t$，则

$$\mathrm{d}x = a\sec t\cdot\tan t\mathrm{d}t，其中\ t\in\left(0,\frac{\pi}{2}\right).$$

$$\int\frac{1}{\sqrt{x^2-a^2}}\,\mathrm{d}x = \int\frac{a\sec t\cdot\tan t}{a\tan t}\,\mathrm{d}t = \int\sec t\mathrm{d}t$$

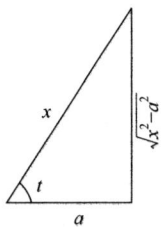

$$= \ln|\sec t + \tan t| + C_1.$$

由 $x = a\sec t$，即 $\sec t = \dfrac{x}{a}$，作直角三角形，由图 4-5 可得 $\tan t =$

$\dfrac{\sqrt{x^2 - a^2}}{a}$，因此

图 4-5

$$\int \frac{1}{\sqrt{x^2 - a^2}} \mathrm{d}x = \ln\left| \frac{x}{a} + \frac{\sqrt{x^2 - a^2}}{a} \right| + C_1$$

$$= \ln\left| x + \sqrt{x^2 - a^2} \right| + C,$$

其中，$C = C_1 - \ln a$.

注 以上几例所使用的均为三角代换，三角代换的目的是化掉根式，其一般规律如下：若当被积函数中含有

(1) $\sqrt{a^2 - x^2}$，可令 $x = a\sin t$；

(2) $\sqrt{a^2 + x^2}$，可令 $x = a\tan t$；

(3) $\sqrt{x^2 - a^2}$，可令 $x = a\sec t$.

例 18 求不定积分 $\displaystyle\int \frac{1}{x(x^7 + 2)} \mathrm{d}x$.

解 令 $x = \dfrac{1}{t}$，则 $\mathrm{d}x = -\dfrac{1}{t^2}\mathrm{d}t$，于是

$$\int \frac{1}{x(x^7 + 2)} \mathrm{d}x = \int \frac{t}{\left(\dfrac{1}{t}\right)^7 + 2} \cdot \left(-\frac{1}{t^2}\right) \mathrm{d}t = -\int \frac{t^6}{1 + 2t^7} \mathrm{d}t$$

$$= -\frac{1}{14}\ln|1 + 2t^7| + C = -\frac{1}{14}\ln|2 + x^7| + \frac{1}{2}\ln|x| + C.$$

注 代换 $x = \dfrac{1}{t}$ 称为**倒代换**，当有理分式函数中分母的阶较高时常使用.

在本节的例题中，有几个结果也可以当作公式使用. 这样常用的积分公式，除了基本积分表中的公式外，再添加下面几个公式：

$$\int \tan x \mathrm{d}x = -\ln|\cos x| + C;$$

$$\int \cot x \mathrm{d}x = \ln|\sin x| + C;$$

$$\int \csc x \mathrm{d}x = \ln|\csc x - \cot x| + C;$$

$$\int \sec x \mathrm{d}x = \ln|\sec x + \tan x| + C;$$

$$\int \frac{1}{\sqrt{a^2 - x^2}}dx = \arcsin \frac{x}{a} + C;$$

$$\int \frac{1}{a^2 + x^2}dx = \frac{1}{a}\arctan \frac{x}{a} + C;$$

$$\int \frac{1}{x^2 - a^2}dx = \frac{1}{2a}\ln\left|\frac{x-a}{x+a}\right| + C;$$

$$\int \frac{1}{\sqrt{x^2 + a^2}}dx = \ln\left|x + \sqrt{x^2 + a^2}\right| + C;$$

$$\int \frac{1}{\sqrt{x^2 - a^2}}dx = \ln\left|x + \sqrt{x^2 - a^2}\right| + C.$$

习题 4.2

1. 填空题.

(1) $dx = $ _____ $d(5x+2)$;　　(2) $\cos 3x dx = $ _____ $d\sin 3x$;

(3) $x^9 dx = $ _____ $d(2x^{10}-5)$;　　(4) $e^{3x}dx = $ _____ de^{3x};

(5) $\dfrac{1}{2x+1}dx = $ _____ $d[7\ln(2x+1)]$;

(6) $\dfrac{1}{x^2}dx = $ _____ $d\left(\dfrac{2}{x}\right)$;

(7) $\dfrac{1}{\sqrt{1-9x^2}}dx = $ _____ $d(\arcsin 3x)$;

(8) $\dfrac{dx}{\cos^2 2x} = $ _____ $d(\tan 2x)$;

(9) $\dfrac{dx}{1+9x^2} = $ _____ $d(\arctan 3x)$.

2. 求下列不定积分:

(1) $\displaystyle\int (3-2x)^{10}dx$;　　(2) $\displaystyle\int \frac{dx}{\sqrt[3]{2-3x}}$;　　　　(3) $\displaystyle\int e^{3x-1}dx$;

(4) $\displaystyle\int \frac{1}{1-5x}dx$;　　(5) $\displaystyle\int \frac{1}{x^2}e^{-\frac{1}{x}}dx$;　　(6) $\displaystyle\int \frac{\sin\sqrt{t}}{\sqrt{t}}dt$;

(7) $\displaystyle\int \frac{dx}{x\ln x\ln\ln x}$;　　(8) $\displaystyle\int x\cos(x^2)dx$;　　(9) $\displaystyle\int \frac{xdx}{\sqrt{2-3x^2}}$;

(10) $\displaystyle\int \frac{1-\tan x}{1+\tan x}dx$;　　(11) $\displaystyle\int \frac{dx}{e^x+e^{-x}}$;　　(12) $\displaystyle\int \frac{3x^3}{1-x^4}dx$;

(13) $\displaystyle\int \frac{\mathrm{d}x}{x\,(2+5\ln x)}$;　(14) $\displaystyle\int \frac{\arccos^2 x}{\sqrt{1-x^2}}\mathrm{d}x$;　(15) $\displaystyle\int \frac{6^x}{4^x+9^x}\mathrm{d}x$;

(16) $\displaystyle\int \frac{\sin x}{\cos^3 x}\mathrm{d}x$;　(17) $\displaystyle\int \cos^3 x\,\mathrm{d}x$;　(18) $\displaystyle\int \frac{10^{\arctan x}}{1+x^2}\mathrm{d}x$;

(19) $\displaystyle\int \frac{1}{1+\mathrm{e}^x}\mathrm{d}x$;　(20) $\displaystyle\int \frac{x+1}{\sqrt{2-x-x^2}}\mathrm{d}x$;　(21) $\displaystyle\int \frac{\mathrm{d}x}{(\arcsin x)^2\,\sqrt{1-x^2}}$;

(22) $\displaystyle\int \frac{1+\ln x}{(x\ln x)^2}\mathrm{d}x$;　(23) $\displaystyle\int \frac{\sin x\cos x}{1+\sin^4 x}\mathrm{d}x$;　(24) $\displaystyle\int \frac{x^2\,\mathrm{d}x}{(x-1)^{100}}$.

3. 求下列不定积分:

(1) $\displaystyle\int \frac{\mathrm{d}x}{1+\sqrt{1-x^2}}$;　(2) $\displaystyle\int \frac{\sqrt{x^2-9}}{x}\mathrm{d}x$;　(3) $\displaystyle\int \frac{\mathrm{d}x}{x^2\,\sqrt{x^2+1}}$;

(4) $\displaystyle\int \frac{\sqrt{a^2-x^2}}{x^2}\mathrm{d}x$;　(5) $\displaystyle\int \frac{\mathrm{d}x}{(x^2+a^2)^{3/2}}$;　(6) $\displaystyle\int \sqrt{5-4x-x^2}\,\mathrm{d}x$.

4.3　分部积分法

前面利用复合函数微分法则的逆运算得到了换元积分法. 下面利用微分乘积法则的逆运算, 推导出求不定积分的另一种非常重要的方法——**分部积分法**(integration by parts).

设函数 $u=u(x), v=v(x)$ 都有连续导数,则
$$\mathrm{d}(uv)=\mathrm{d}u\,v+u\,\mathrm{d}v,$$
移项得
$$v\,\mathrm{d}u=\mathrm{d}(uv)-u\,\mathrm{d}v,$$
对上式两边求不定积分得
$$\int u\,\mathrm{d}v = uv - \int v\,\mathrm{d}u. \tag{4-3-1}$$

公式(4-3-1)称为**分部积分公式**.

利用分部积分公式应注意以下两点:① v 要容易求出;② $\int v\,\mathrm{d}u$ 要比 $\int u\,\mathrm{d}v$ 容易计算. 适当地选择被积表达式中的 u 和 $\mathrm{d}v$ 是利用分部积分公式解题的关键.

例 1　求不定积分 $\displaystyle\int x\cos x\,\mathrm{d}x$.

解　如果令 $u=\cos x, \mathrm{d}v=x\,\mathrm{d}x=\mathrm{d}\left(\dfrac{x^2}{2}\right)$,
$$\int x\cos x\,\mathrm{d}x = \int \cos x\,\mathrm{d}\left(\frac{x^2}{2}\right) = \frac{x^2}{2}\cos x + \int \frac{x^2}{2}\sin x\,\mathrm{d}x,$$

显然，$\int v \mathrm{d}u$ 要比 $\int u \mathrm{d}v$ 更难，所以说明 $u,\mathrm{d}v$ 选择不当.

于是，令 $u=x,\mathrm{d}v=\cos x\mathrm{d}x=\mathrm{d}\sin x$，得

$$\int x\cos x\mathrm{d}x = \int x\mathrm{d}\sin x = x\sin x - \int \sin x\mathrm{d}x = x\sin x + \cos x + C.$$

例 2　求不定积分 $\int x^2 \mathrm{e}^{-x}\mathrm{d}x$.

解　令 $u=x^2,\mathrm{d}v=\mathrm{e}^{-x}\mathrm{d}x=\mathrm{d}(-\mathrm{e}^{-x})$，则

$$\int x^2 \mathrm{e}^{-x}\mathrm{d}x = \int x^2 \mathrm{d}(-\mathrm{e}^{-x}) = -x^2\mathrm{e}^{-x} + 2\int x\mathrm{e}^{-x}\mathrm{d}x = -x^2\mathrm{e}^{-x} + 2\int x\mathrm{e}^{-x}\mathrm{d}x$$

$$= -x^2\mathrm{e}^{-x} + 2\int x\mathrm{d}(-\mathrm{e}^{-x}) = -x^2\mathrm{e}^{-x} - 2x\mathrm{e}^{-x} - 2\mathrm{e}^{-x} + C.$$

注　若被积函数是幂函数（指数为正整数）与指数函数或正（余）弦函数的乘积，可设幂函数为 u，而将其余部分凑微分进入微分号，使得应用分部积分公式后，幂函数的幂次降低一次.

例 3　求不定积分 $\int x^2 \ln x\mathrm{d}x$.

解　令 $u=\ln x,\mathrm{d}v=x^2\mathrm{d}x=\mathrm{d}\left(\dfrac{x^3}{3}\right)$，则

$$\int x^2\ln x\mathrm{d}x = \int \ln x\mathrm{d}\left(\frac{x^3}{3}\right) = \frac{1}{3}x^3\ln x - \frac{1}{3}\int x^2\mathrm{d}x = \frac{1}{3}x^3\ln x - \frac{1}{9}x^3 + C.$$

例 4　求不定积分 $\int \arcsin x\mathrm{d}x$.

解　令 $u=\arcsin x,\mathrm{d}v=\mathrm{d}x$，则

$$\int \arcsin x\mathrm{d}x = x\arcsin x - \int x\mathrm{d}(\arcsin x) = x\arcsin x - \int x\cdot\frac{1}{\sqrt{1-x^2}}\mathrm{d}x$$

$$= x\arcsin x + \frac{1}{2}\int \frac{1}{\sqrt{1-x^2}}\mathrm{d}(1-x^2) = x\arcsin x + \sqrt{1-x^2} + C.$$

例 5　求不定积分 $\int x\arctan x\mathrm{d}x$.

解　令 $u=\arctan x,\mathrm{d}v=x\mathrm{d}x=\mathrm{d}\left(\dfrac{x^2}{2}\right)$，则

$$\int x\arctan x\mathrm{d}x = \int \arctan x\mathrm{d}\left(\frac{x^2}{2}\right) = \frac{x^2}{2}\arctan x - \int \frac{x^2}{2}\mathrm{d}(\arctan x)$$

$$= \frac{x^2}{2}\arctan x - \int \frac{x^2}{2}\cdot\frac{1}{1+x^2}\mathrm{d}x = \frac{x^2}{2}\arctan x - \int \frac{1}{2}\cdot\left(1-\frac{1}{1+x^2}\right)\mathrm{d}x$$

$$= \frac{x^2}{2}\arctan x - \frac{1}{2}(x-\arctan x) + C.$$

注 若被积函数是幂函数与对数函数或反三角函数的乘积,可设对数函数或反三角函数为 u,而将幂函数凑微分进入微分号,使得应用分部积分公式后,对数函数或反三角函数消失.

例 6 求不定积分 $\int e^x \cos x dx$.

解
$$\int e^x \cos x dx = \int e^x d(\sin x) = e^x \sin x - \int e^x \sin x dx$$
$$= e^x \sin x - \int e^x d(-\cos x)$$
$$= e^x \sin x + e^x \cos x - \int e^x \cos x dx.$$

则
$$\int e^x \cos x dx = \frac{e^x}{2}(\sin x + \cos x) + C.$$

注 若被积函数是指数函数与正(余)弦函数的乘积,u,dv 可随意选取,但在两次分部积分中,必须选用同类型的函数为 u,以便经过两次分部积分后产生循环式,从而解出所求积分.

例 7 求不定积分 $\int \sec^3 x dx$.

解
$$\int \sec^3 x dx = \int \sec x d \tan x = \sec x \tan x - \int \sec x \tan^2 x dx$$
$$= \sec x \tan x - \int \sec x (\sec^2 x - 1) dx$$
$$= \sec x \tan x - \int \sec^3 x dx + \int \sec x dx$$
$$= \sec x \tan x + \ln|\sec x + \tan x| - \int \sec^3 x dx.$$

由于上式右端的第三项就是所求的积分 $\int \sec^3 x dx$,把它移到等号左端,两端各除以 2,得

$$\int \sec^3 x dx = \frac{1}{2}(\sec x \tan x + \ln|\sec x + \tan x|) + C.$$

例 8 求不定积分 $I_n = \int \frac{dx}{(x^2 + a^2)^n}$,其中 n 为正整数.

解 用分部积分法,当 $n > 1$ 时有

$$I_{n-1} = \int \frac{dx}{(x^2 + a^2)^{n-1}} = \frac{x}{(x^2 + a^2)^{n-1}} + 2(n-1) \int \frac{x^2}{(x^2 + a^2)^n} dx$$
$$= \frac{x}{(x^2 + a^2)^{n-1}} + 2(n-1) \int \left[\frac{1}{(x^2 + a^2)^{n-1}} - \frac{a^2}{(x^2 + a^2)^n} \right] dx,$$

即

$$I_{n-1} = \frac{x}{(x^2+a^2)^{n-1}} + 2(n-1)(I_{n-1}-a^2 I_n).$$

于是

$$I_n = \frac{1}{2a^2(n-1)}\left[\frac{x}{(x^2+a^2)^{n-1}} + (2n-3)I_{n-1}\right].$$

以此作递推公式,并由 $I_1 = \frac{1}{a}\arctan\frac{x}{a}+C$,即可得 I_n.

例 9 求不定积分 $\int e^{\sqrt{x}}dx$.

解 令 $t=\sqrt{x}$,则 $x=t^2$,$dx=2tdt$,于是

$$\int e^{\sqrt{x}}dx = 2\int e^t t\,dt = 2\int t\,de^t = 2te^t - 2\int e^t dt$$
$$= 2te^t - 2e^t + C = 2e^t(t-1) + C = 2e^{\sqrt{x}}(\sqrt{x}-1) + C.$$

分部积分法实质上就是求两函数乘积的导数(或微分)的逆运算. 一般地,对下列类型的被积函数求不定积分时常考虑应用分部积分法(其中 m,n 都是正整数).

$x^n\sin mx$,$x^n\cos mx$,$e^{nx}\sin mx$,$e^{nx}\cos mx$,$x^n e^{nx}$,$x^n(\ln x)$,$x^n\arcsin mx$,

$x^n\arccos mx$,$x^n\arctan mx$ 等.

📖 习题 4.3

1. 求下列不定积分:

(1) $\int x\cos 2x\,dx$;　　　　(2) $\int xe^{-x}dx$;　　　　(3) $\int\ln(x^2+1)dx$;

(4) $\int\arccos x\,dx$;　　　　(5) $\int\arctan x\,dx$;　　　　(6) $\int\ln^2 x\,dx$;

(7) $\int x\cos^2 x\,dx$;　　　　(8) $\int x\ln(x-1)dx$;　　　(9) $\int\cos\ln x\,dx$;

(10) $\int e^{\sqrt{2x+1}}dx$;　　　(11) $\int e^x\sin^2 x\,dx$;　　　(12) $\int(\arcsin x)^2 dx$;

(13) $\int\frac{\ln\sin x}{\sin^2 x}dx$;　　(14) $\int\frac{\ln(1+x)}{(2-x)^2}dx$;　　(15) $\int\frac{x\arcsin x}{\sqrt{1-x^2}}dx$;

2. 设函数 $f(x)$ 有连续的导函数,且 $\int f(x)dx = e^x\sin x + C$. 求 $\int xf'(x)dx$.

3. 设 $f(x)$ 的一个原函数为 $\frac{\sin x}{x}$,求 $\int xf'(x)dx$.

4.4　有理函数的积分

我们已经学习了求不定积分的换元积分法和分部积分法这两种最基本的方法. 本节还要介绍一些比较简单的特殊类型函数的不定积分,包括有理函数的积分

以及可化为有理函数的积分,如三角函数有理式、简单无理函数的积分等.

4.4.1 有理函数的积分

两个多项式商的函数称为**有理函数**,即 $R(x)=\dfrac{P(x)}{Q(x)}=\dfrac{a_0x^n+a_1x^{n-1}+\cdots+a_n}{b_0x^m+b_1x^{m-1}+\cdots+b_m}$,

其中 m,n 是非负整数,$a_0,a_2,\cdots,a_n,b_0,b_1,\cdots,b_m$ 是常数,且 $a_0\neq0,b_0\neq0$.

当 $m\leqslant n$ 时,$R(x)$ 称为有理函数假分式;

当 $m>n$ 时,$R(x)$ 称为有理函数真分式.

例如,$\dfrac{x^3+1}{x^2+1}$ 是假分式,而

$$\frac{x^3+1}{x^2+1}=\frac{(x^3+x)-(x-1)}{x^2+1}=x-\frac{x-1}{x^2+1}.$$

上例说明,任何一个有理假分式都可以化为多项式与有理真分式的和. 又因为多项式的积分很容易,所以,可以将有理函数的不定积分转化为有理真分式的积分问题. 理论上已证明,任何真分式总能分解为部分分式和,分解方法如下:

设 $R(x)=\dfrac{P(x)}{Q(x)}$ 为真分式,多项式 $Q(x)$ 总能在实数范围内分解为一次因式和二次真因式的乘积,即 $Q(x)$ 总可以分解为下列形式的因式的乘积:$(x-a),\cdots,$ $(x-a)^k,\cdots,(x^2+px+q),\cdots,(x^2+px+q)^k,$

其中,$k=2,3,\cdots;p^2-4q<0.$ 于是真分式必能分解为如下形式的部分分式之和:

$$\frac{A_1}{x-a},\frac{A_k}{(x-a)^k},\frac{Bx+C}{x^2+px+q},\frac{Dx+E}{(x^2+px+q)^2}.$$

其中各函数中 $A_1,\cdots,A_k,B,C,D,E$ 在具体问题中用**待定系数法**求出.

一般地,求有理真分式的不定积分的步骤:

(1) 将有理真分式分解为部分分式和;

(2) 求出各部分分式的原函数.

例 1 求不定积分 $\displaystyle\int\frac{3x+1}{x^2+3x-10}\mathrm{d}x.$

解 因为 $Q(x)=x^2+3x-10=(x-2)(x-5)$,于是设

$$\frac{3x+1}{x^2+3x-10}=\frac{A}{x-2}+\frac{B}{x+5}.$$

其中 A,B 为待定系数,比较上面等式两端,根据分子相等有

$$3x+1=A(x+5)+B(x-2)=(A+B)x+(5A-2B).$$

再由 $A+B=3,5A-2B=1$,解得 $A=1,B=2.$ 有

$$\frac{3x+1}{x^2+3x-10}=\frac{1}{x-2}+\frac{2}{x+5},$$

所以 $\displaystyle\int \frac{3x+1}{x^2+3x-10}dx = \int\left(\frac{1}{x-2}+\frac{2}{x+5}\right)dx = \ln|x-2|+2\ln|x+5|+C$

$\qquad\qquad = \ln|(x-2)(x+5)^2|+C.$

例 2　求不定积分 $\displaystyle\int \frac{1}{x(x-1)^2}dx.$

解　设 $\dfrac{1}{x(x-1)^2} = \dfrac{A}{x}+\dfrac{B}{(x-1)^2}+\dfrac{C}{x-1}$，其中 A,B,C 为待定系数，两端比较,得

$$1=A(x-1)^2+Bx+Cx(x-1),$$

令 $x=0$ 得 $A=1$；令 $x=1$ 得 $B=1$；令 $x=2$，得 $C=-1$ 即

$$\frac{1}{x(x-1)^2} = \frac{1}{x}+\frac{1}{(x-1)^2}-\frac{1}{x-1}.$$

所以

$$\int \frac{1}{x(x-1)^2}dx = \int\left(\frac{1}{x}+\frac{1}{(x-1)^2}-\frac{1}{x-1}\right)dx$$

$$= \ln|x|-\frac{1}{x-1}-\ln|x-1|+C.$$

例 3　求不定积分 $\displaystyle\int \frac{5}{(1+2x)(1+x^2)}dx.$

解　设 $\dfrac{5}{(1+2x)(1+x^2)} = \dfrac{A}{1+2x}+\dfrac{Bx+C}{1+x^2}$，于是有

$$5=A(1+x^2)+(Bx+C)(1+2x),$$

整理得

$$5=(A+2B)x^2+(B+2C)x+C+A,$$

即

$$A+2B=0, B+2C=0, A+C=5,$$

解得

$$A=4, B=-2, C=1,$$

即

$$\frac{5}{(1+2x)(1+x^2)} = \frac{4}{1+2x}+\frac{-2x+1}{1+x^2}.$$

所以

$$\int \frac{5}{(1+2x)(1+x^2)}dx = \int\left(\frac{4}{1+2x}+\frac{-2x+1}{1+x^2}\right)dx$$

$$= \int \frac{4}{1+2x}dx-\int \frac{2x}{1+x^2}dx+\int \frac{1}{1+x^2}dx$$

$$= 2\int \frac{1}{1+2x}\mathrm{d}(1+2x) - \int \frac{1}{1+x^2}\mathrm{d}(1+x^2) + \int \frac{1}{1+x^2}\mathrm{d}x$$

$$= 2\ln|1+2x| - \ln(1+x^2) + \arctan x + C.$$

4.4.2 可化为有理函数的积分

1. 简单无理函数的积分

对简单无理函数的积分,其基本思想是利用适当的变换将其有理化,转化为有理函数的积分. 下面通过例子来说明.

例 4 求不定积分 $\displaystyle\int \frac{4x}{\sqrt[3]{2x+1}}\mathrm{d}x$.

解 令 $t = \sqrt[3]{2x+1}$,则 $x = \dfrac{t^3-1}{2}$,$\mathrm{d}x = \dfrac{3t^2}{2}\mathrm{d}t$,从而

$$\int \frac{4x}{\sqrt[3]{2x+1}}\mathrm{d}x = 4\int \frac{t^3-1}{2t}\frac{3t^2}{2}\mathrm{d}t = 3\int (t^4-t)\mathrm{d}t$$

$$= 3\left(\frac{t^5}{5} - \frac{t^2}{2}\right) + C = \frac{3}{5}(2x+1)^{5/3} - \frac{3}{2}(2x+1)^{2/3} + C.$$

例 5 求不定积分 $\displaystyle\int \frac{1}{\sqrt{x}+\sqrt[3]{x}}\mathrm{d}x$.

解 令 $\sqrt[6]{x} = t$,则 $x = t^6$,所以 $\mathrm{d}x = 6t^5\mathrm{d}t$,从而

$$\int \frac{1}{\sqrt{x}+\sqrt[3]{x}}\mathrm{d}x = \int \frac{6t^5}{t^3+t^2}\mathrm{d}t = \int \frac{6t^3}{t+1}\mathrm{d}t = 6\int \frac{t^3+1-1}{t+1}\mathrm{d}t$$

$$= 6\int \left(t^2-t+1-\frac{1}{t+1}\right)\mathrm{d}t = 6\left(\frac{t^3}{3} - \frac{t^2}{2} + t - \ln|t+1|\right) + C$$

$$= 6\left(\frac{\sqrt{x}}{3} - \frac{\sqrt[3]{x}}{2} + \sqrt[6]{x} - \ln\left|\sqrt[6]{x}+1\right|\right) + C.$$

例 6 求不定积分 $\displaystyle\int \frac{1}{\sqrt{1+\mathrm{e}^x}}\mathrm{d}x$.

解 令 $t = \sqrt{1+\mathrm{e}^x}$,则 $\mathrm{e}^x = t^2-1$,$x = \ln(t^2-1)$,$\mathrm{d}x = \dfrac{2t\mathrm{d}t}{t^2-1}$,所以

$$\int \frac{1}{\sqrt{1+\mathrm{e}^x}}\mathrm{d}x = \int \frac{2}{t^2-1}\mathrm{d}t = \int \left(\frac{1}{t-1} - \frac{1}{t+1}\right)\mathrm{d}t = \ln\left|\frac{t-1}{t+1}\right| + C$$

$$= 2\ln(\sqrt{1+\mathrm{e}^x}-1) - x + C.$$

2. 三角函数有理式的积分

由 $\sin x, \cos x$ 和常数经过有限次四则运算构成的函数称为三角有理函数,记

作 $R(\sin x, \cos x)$. 被积函数是三角有理函数时,可通过变换 $u = \tan \dfrac{x}{2}$, 则

$$\sin x = \frac{2\tan \dfrac{x}{2}}{1+\tan^2 \dfrac{x}{2}} = \frac{2u}{1+u^2}, \quad \cos x = \frac{1-\tan^2 \dfrac{x}{2}}{1+\tan^2 \dfrac{x}{2}} = \frac{1-u^2}{1+u^2},$$

并由 $x = 2\arctan u$, 得 $\mathrm{d}x = \dfrac{2}{1+u^2}\mathrm{d}u$, 将上面三式代入积分表达式,就可得到关于 u 的有理函数的积分.

例 7 求不定积分 $\displaystyle\int \frac{\mathrm{d}x}{2+3\cos x}$.

解 令 $\tan \dfrac{x}{2} = t$, 于是 $\sin x = \dfrac{2t}{1+t^2}$, $\cos x = \dfrac{1-t^2}{1+t^2}$, $\mathrm{d}x = \dfrac{2\mathrm{d}t}{1+t^2}$, 代入可得

$$\int \frac{\mathrm{d}x}{2+3\cos x} = \int \frac{2\mathrm{d}t}{2(1+t^2)+3(1-t^2)} = \int \frac{2\mathrm{d}t}{5-t^2}$$

$$= \frac{1}{\sqrt{5}}\ln\left|\frac{\sqrt{5}+t}{\sqrt{5}+t}\right| + C = \frac{1}{\sqrt{5}}\ln\left|\frac{\sqrt{5}+\tan \dfrac{x}{2}}{\sqrt{5}-\tan \dfrac{x}{2}}\right| + C.$$

在三角有理函数积分中,并非一定要设 $\tan \dfrac{x}{2} = t$, 根据具体问题,有时会设 $t = \sin x$, $t = \cos x$, 或 $t = \tan x$, 从而化为有理函数的积分.

本章介绍了求不定积分的方法,从各类方法的使用中我们看到,求函数的不定积分与求函数的导数不同. 求一个函数的导数总可以循着一定的规则和方法去做,而求一个函数的不定积分却无统一的规则可循,需要具体问题具体分析. 灵活运用各类积分方法和技巧.

最后还要指出:对于初等函数,在其定义区间内,它的原函数一定存在,但并非都能用初等函数表示出来,如以下函数:

$$\int \mathrm{e}^{-x^2}\mathrm{d}x, \int \frac{\sin x}{x}\mathrm{d}x, \int \frac{\mathrm{d}x}{\ln x}, \int \frac{\mathrm{d}x}{\sqrt{1+x^4}}.$$

习题 4.4

1. 求下列不定积分:

(1) $\displaystyle\int \frac{6x+5}{x^2+4}\mathrm{d}x$;　　　　(2) $\displaystyle\int \frac{2x+3}{x^2+8x+16}\mathrm{d}x$;　　　　(3) $\displaystyle\int \frac{x\mathrm{d}x}{(x+2)(x+3)^2}$;

(4) $\int \dfrac{x\mathrm{d}x}{(x+1)(x+2)(x+3)}$;   (5) $\int \dfrac{\mathrm{d}x}{x^3-8}$;   (6) $\int \dfrac{1}{x(x^2+1)}\mathrm{d}x$;

(7) $\int \dfrac{2x^2-3x+1}{(x^2+1)(x^2+x)}\mathrm{d}x$;   (8) $\int \dfrac{\mathrm{d}x}{x(x^6+4)}$;   (9) $\int \dfrac{\mathrm{d}x}{x^8(1-x^2)}$.

2. 求下列不定积分：

(1) $\int \dfrac{\sqrt{x+2}}{x+3}\mathrm{d}x$;   (2) $\int \dfrac{1}{x^2}\sqrt[5]{\left(\dfrac{x}{x+1}\right)^3}\mathrm{d}x$;   (3) $\int \dfrac{\mathrm{d}x}{\sqrt{x}+\sqrt[4]{x}}$;

(4) $\int \sqrt{\dfrac{a+x}{a-x}}\mathrm{d}x$;   (5) $\int \dfrac{\sqrt{x+1}-1}{\sqrt{x+1}-1}\mathrm{d}x$;   (6) $\int \dfrac{\mathrm{d}x}{\sqrt[4]{(x-2)^3(x+1)^5}}$.

📖 复习题 4

1. 填空题.

(1) 已知 $\varphi(x)=2x+\mathrm{e}^{-x}$ 是 $f(x)$ 的原函数；是 $g(x)$ 的导函数，且 $g(0)=1$，则 $f(x)=$ _____ ；$g(x)=$ _____ .

(2) 若 $f''(x)$ 连续，则 $\int xf''(x)\mathrm{d}x=$ _____ .

(3) 若 $\mathrm{d}(\cos x)=f(x)\mathrm{d}x$ ，则 $\int xf(x)\mathrm{d}x=$ _____ .

(4) 若 $\int f(x)$ 可导，则 $\int f(x)\mathrm{d}x$ 一定 _____ .

(5) 若 $f(x)$ 的某个原函数为常数，则 $f(x)=$ _____ .

2. 选择题.

(1) 若 $\int f(x)\mathrm{d}x=x^2\mathrm{e}^{2x}+C$，则 $f(x)=$ ( ).

(A) $2x\mathrm{e}^{2x}$ (B) $2x^2\mathrm{e}^{2x}$ (C) $4x\mathrm{e}^{2x}$ (D) $2x\mathrm{e}^{2x}(1+x)$

(2) 若 $f(x)$ 的一个原函数是 $\dfrac{\ln x}{x}$，则 $\int f'(x)\mathrm{d}x=$ ( ).

(A) $\dfrac{\ln x}{x}+C$ (B) $\dfrac{1}{2}\ln^2 x+C$ (C) $\ln|\ln x|+C$ (D) $\dfrac{1-\ln x}{x^2}+C$

(3) 原函数族 $f(x)+C$ 可写成( )形式.

(A) $\int f'(x)\mathrm{d}x$ (B) $\left[\int f(x)\mathrm{d}x\right]'$ (C) $\mathrm{d}\int f(x)\mathrm{d}x$ (D) $\int F'(x)\mathrm{d}x$

(4) 若 $f'(x^2)=\dfrac{1}{x}(x>0)$，则 $f(x)=$ ( ).

(A) $2x+C$ (B) $\ln|x|+C$ (C) $2\sqrt{x}+C$ (D) $\dfrac{1}{\sqrt{x}}+C$

(5) 若 $F'(x)=\dfrac{1}{\sqrt{1-x^2}}$，$F(1)=\dfrac{3}{2}\pi$，则 $F(x)=($　　$)$.

(A) $\arcsin x$　　(B) $\arcsin x+\dfrac{\pi}{2}$　　(C) $\arccos x=\pi$　　(D) $\arcsin x+\pi$

3. 若 $\displaystyle\int f'(e^x)\mathrm{d}x=e^x+C$，求 $f(x)$.

4. 设 $f(x)=e^{-x}$，求 $\displaystyle\int\dfrac{f'(\ln x)}{x}\mathrm{d}x$.

5. 设 $\displaystyle\int xf(x)\mathrm{d}x=\arcsin x+C$，则 $\displaystyle\int\dfrac{\mathrm{d}x}{f(x)}$.

6. 设 $f(x^2-1)=\ln\dfrac{x^2}{x^2-2}$，且 $f[\varphi(x)]=\ln x$，求 $\displaystyle\int\varphi(x)\mathrm{d}x$.

7. 求不定积分：$\displaystyle\int\left[\dfrac{f(x)}{f'(x)}-\dfrac{f^2(x)f''(x)}{f'^3(x)}\right]\mathrm{d}x$.

8. 已知 $f'(e^x)=1+x$，求 $f(x)$.

9. 设 $f(\ln x)=\dfrac{\ln(x+1)}{x}$，求 $\displaystyle\int f(x)\mathrm{d}x$.

10. 求下列不定积分：

(1) $\displaystyle\int\dfrac{x+\arccos x}{\sqrt{1-x^2}}\mathrm{d}x$;　　(2) $\displaystyle\int\dfrac{x^2}{4+9x^2}\mathrm{d}x$;　　(3) $\displaystyle\int x(1+x)^{100}\mathrm{d}x$;

(4) $\displaystyle\int\dfrac{e^{-1/x^2}}{x^3}\mathrm{d}x$;　　(5) $\displaystyle\int\dfrac{2}{e^x+e^{-x}}\mathrm{d}x$;　　(6) $\displaystyle\int\dfrac{x}{\sqrt{x^2+1}-x}\mathrm{d}x$;

(7) $\displaystyle\int\dfrac{2^x3^x}{9^x-4^x}\mathrm{d}x$;　　(8) $\displaystyle\int\dfrac{\mathrm{d}x}{x(2+x^{10})}$;　　(9) $\displaystyle\int\dfrac{7\cos x-3\sin x}{5\cos x+2\sin x}\mathrm{d}x$;

(10) $\displaystyle\int\dfrac{\mathrm{d}x}{x\sqrt{4-x^2}}$;　　(11) $\displaystyle\int\dfrac{\sqrt{x^2-4}}{x}\mathrm{d}x$;　　(12) $\displaystyle\int\dfrac{\mathrm{d}x}{x\sqrt{1+x^4}}$.

11. 求下列不定积分：

(1) $\displaystyle\int\dfrac{\ln(1+x^2)}{x^3}\mathrm{d}x$;　　(2) $\displaystyle\int\dfrac{x^2}{1+x^2}\arctan x\mathrm{d}x$;　　(3) $\displaystyle\int\dfrac{\ln\ln x}{x}\mathrm{d}x$;

(4) $\displaystyle\int\ln(x+\sqrt{1+x^2})\mathrm{d}x$; (5) $\displaystyle\int\dfrac{xe^x}{\sqrt{e^x-3}}\mathrm{d}x$;　　(6) $\displaystyle\int\dfrac{e^x(1+\sin x)}{1+\cos x}\mathrm{d}x$.

12. 设 $I_n=\displaystyle\int\tan^n x\mathrm{d}x$，求证：$I_n=\dfrac{1}{n-1}\tan^{n-1}x-I_{n-2}$，并求 $\displaystyle\int\tan^5 x\mathrm{d}x$.

13. 求下列不定积分：

(1) $\displaystyle\int\dfrac{3x-1}{x^2-4x+8}\mathrm{d}x$;　　(2) $\displaystyle\int\dfrac{x^{11}\mathrm{d}x}{x^8+3x^4+2}$;　　(3) $\displaystyle\int\dfrac{1-x^8}{x(1+x^8)}\mathrm{d}x$;

(4) $\int \dfrac{x}{(x^2+1)(x^2+4)}\mathrm{d}x$; (5) $\int \dfrac{\mathrm{d}x}{(x^2+1)(x^2+x+1)}$;(6) $\int \dfrac{\sqrt{x(x+1)}}{\sqrt{x}+\sqrt{x+1}}\mathrm{d}x$;

(7) $\int \dfrac{1}{(x-1)\sqrt{x^2-2}}\mathrm{d}x$; (8) $\int \cos\sqrt{3x+2}\,\mathrm{d}x$; (9) $\int \dfrac{\sqrt{x}}{\sqrt[4]{x^3}+1}\mathrm{d}x$;

(10) $\int \dfrac{\sqrt{1+\ln x}}{x\ln x}\mathrm{d}x$.

14. 求 $\int \dfrac{\arcsin\sqrt{x}+\ln x}{\sqrt{x}}\mathrm{d}x$.

15. 设 $f(\sin^2 x)=\dfrac{x}{\sin x}$,求 $\int \dfrac{\sqrt{x}}{\sqrt{1-x}}f(x)\mathrm{d}x$.

16. 设 $f(x)$ 的一个原函数 $F(x)>0$,且 $F(0)=1$,当 $x\geqslant 0$ 时,$f(x)F(x)=\sin^2 2x$,求 $f(x)$.

第5章

定积分及其应用

Definite Integral and Its Applications

积分有两个基本问题:不定积分和定积分. 不定积分是一元函数微分的逆运算,同时也是计算定积分的工具. 本章主要介绍定积分的定义、性质、计算方法和定积分的应用.

5.1 定积分的概念

5.1.1 引例

1. 曲边梯形的面积

在初等数学中,求三角形、矩形、梯形及圆等一些规则图形的面积,并且很容易求得. 但如果将梯形中的一底边换为曲线,那么图形的面积(即曲边梯形的面积)该如何求?

设函数 $f(x)$ 在 $[a,b]$ 上连续,且 $f(x) \geqslant 0$,称由曲线 $y=f(x)$,直线 $x=a$,$x=b(b>a)$ 和 $y=0$ 围成的平面图形为**曲边梯形**(curvilinear trapezoid)(图 5-1).

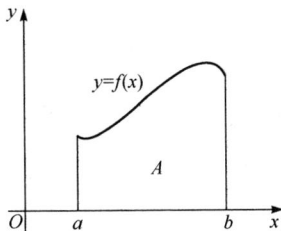

图 5-1

如何求曲边梯形的面积? 具体思想是:将曲边梯形分成许多小竖条(图 5-2),即小曲边梯形,每一小曲边梯形的面积用相应的矩形的面积来代替,把这些矩形的面积加起来就得到曲边梯形面积 A 的近似值. 当小竖条分得越细时,近似程度就越好. 具体方法如下:

(1) 分割:在 $[a,b]$ 中任意插入 $n-1$ 个分点,

$$a=x_0<x_1<x_2<\cdots<x_{i-1}<x_i<\cdots<x_{n-1}<x_n=b$$

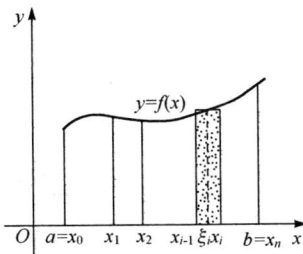

图 5-2

把区间 $[a,b]$ 分割成 n 个小区间

$$[x_0,x_1],[x_1,x_2],\cdots,[x_{i-1},x_i],\cdots,[x_{n-1},x_n],$$

各小区间的长度依次为

$$\Delta x_1 = x_1 - x_0, \Delta x_2 = x_2 - x_1, \cdots,$$

$$\Delta x_i = x_i - x_{i-1}, \cdots, \Delta x_n = x_n - x_{n-1}.$$

（2）近似代替：经过每一个分点作平行于 y 轴的直线段，把曲边梯形分成 n 个窄的小曲边梯形，设它们的面积依次为 $\Delta A_i (i=1,2,\cdots,n)$，在第 i 个小区间 $[x_{i-1}, x_i]$ 上任取一点 $\xi_i \in [x_{i-1},x_i] (i=1,2,\cdots,n)$，用以 Δx_i 为底，$f(\xi_i)$ 为高的矩形的面积 $f(\xi_i)\Delta x_i$ 近似代替第 i 个小曲边梯形的面积 ΔA_i，即 $\Delta A_i \approx f(\xi_i)\Delta x_i (i=1, 2,\cdots,n)$.

（3）求和：把这些矩形的面积 $f(\xi_i)\Delta x_i (i=1,2,\cdots,n)$ 相加，用其和近似地表示曲边梯形的面积 A，即

$$A = \sum_{i=1}^{n} \Delta A_i \approx \sum_{i=1}^{n} f(\xi_i)\Delta x_i.$$

（4）求极限：由于划分越细，用矩形的面积 $\sum_{i=1}^{n} f(\xi_i)\Delta x_i$ 代替曲边梯形的面积 A 就越精确，记 $\lambda = \max\{\Delta x_1, \Delta x_2, \cdots \Delta x_i, \cdots, \Delta x_n\}$，当 $\lambda \to 0$（这时分段数无限增多），即 $n \to \infty$ 时，上式右端取极限，其极限值就为曲边梯形的面积 A

$$A = \lim_{\lambda \to 0} \sum_{i=1}^{n} f(\xi_i)\Delta x_i.$$

2. 变速直线运动的路程

设某物体做直线运动，已知速度 $v(t)$ 是时间间隔 $[T_1,T_2]$ 上的一个连续函数，且 $v(t) \geqslant 0$，求物体在这段时间 $[T_1,T_2]$ 内所经过的路程.

总体思路：把整段时间分割成若干小段，每小段上速度看作不变，求出各小段的路程再相加，便得到路程的近似值，最后通过对时间的无限细分求得路程的精确值. 具体方法如下：

（1）分割：在 $[T_1,T_2]$ 中任意插入 $n-1$ 个分点，

$$T_1 = t_0 < t_1 < t_2 < \cdots < t_{i-1} < t_i < \cdots < t_{n-1} < t_n = T_2,$$

把区间 $[T_1,T_2]$ 分割成 n 个小区间

$$[t_0,t_1],[t_1,t_2],\cdots,[t_{i-1},t_i],\cdots,[t_{n-1},t_n].$$

各小区间的长度依次为

$$\Delta t_1 = t_1 - t_0, \Delta t_2 = t_2 - t_1, \cdots, \Delta t_i = t_i - t_{i-1}, \cdots, \Delta t_n = t_n - t_{n-1}.$$

（2）近似代替：在第 i 个小时间间隔 $[t_{i-1},t_i]$ 上任取一点 $\tau_i \in [t_{i-1},t_i] (i=1, 2,\cdots,n)$，以 τ_i 点的速度 $v(\tau_i)$ 作为平均速度，用 $v(\tau_i)$ 与第 i 个小时间间隔 Δt_i 的

乘积 $v(\tau_i)\Delta t_i$ 近似代替第 i 个小时间间隔内物体走过的路程 Δs_i,即

$$\Delta s_i \approx v(\tau_i)\Delta t_i \quad (i=1,2,\cdots,n).$$

(3) 求和:把这些小时间间隔内走过的路程 $\Delta s_i(i=1,2,\cdots,n)$ 相加,用其和近似地表示物体在时间 $[T_1,T_2]$ 内所经过的路程 s,即

$$s = \sum_{i=1}^{n}\Delta s_i \approx \sum_{i=1}^{n}v(\tau_i)\Delta t_i.$$

(4) 取极限:由于时间间隔分得越细,用 $\sum_{i=1}^{n}v(\tau_i)\Delta t_i$ 代替物体在时间 $[T_1,T_2]$ 内所经过的路程 s 就越精确,记 $\lambda = \max\{\Delta t_1,\Delta t_2,\cdots,\Delta t_i,\cdots,\Delta t_n\}$,当 $\lambda \to 0$(这时分段数无限增多),即 $n\to\infty$ 时,上式右端取极限,其极限值就为物体在时间 $[T_1,T_2]$ 内所经过的路程 s 的精确值,即

$$s = \lim_{\lambda \to 0}\sum_{i=1}^{n}v(\tau_i)\Delta t_i.$$

上面的两个例子从表面上看一个是几何问题,一个是物理问题,是两个不同的实际问题.但是解决的方法是相同的,都是对一个函数在一个区间上分割、近似代替、求和、取极限的过程.从而抽象出定积分的定义.

5.1.2 定积分的定义

定义 1 设 $f(x)$ 在 $[a,b]$ 上有界,在 $[a,b]$ 中任意插入 $n-1$ 个分点

$$a=x_0<x_1<x_2<\cdots<x_{i-1}<x_i<\cdots<x_{n-1}<x_n=b,$$

把区间 $[a,b]$ 分割成 n 个小区间 $[x_0,x_1],[x_1,x_2],\cdots,[x_{i-1},x_i],\cdots,[x_{n-1},x_n]$,各小区间的长度依次为 $\Delta x_1=x_1-x_0,\Delta x_2=x_2-x_1,\cdots,\Delta x_i=x_i-x_{i-1},\cdots,\Delta x_n=x_n-x_{n-1}$,在每个小区间 $[x_{i-1},x_i]$ 上任取一点 $\xi_i(x_{i-1}\leqslant\xi_i\leqslant x_i)$,作函数值 $f(\xi_i)$ 与小区间长度 Δx_i 的乘积 $f(\xi_i)\Delta x_i(i=1,2,\cdots,n)$,并作和式

$$S_n = \sum_{i=1}^{n}f(\xi_i)\Delta x_i,$$

记 $\lambda = \max\{\Delta x_1,\Delta x_2,\cdots,\Delta x_n\}$,如果不论对 $[a,b]$ 怎样的分法,也不论在小区间 $[x_{i-1},x_i]$ 上点 ξ_i 怎样取法,只要当 $\lambda\to 0$ 时,和 S_n 总趋于确定的极限 I,我们就称这个极限 I 为函数 $f(x)$ 在区间 $[a,b]$ 上的**定积分**(definite integral),记作 $\int_a^b f(x)\mathrm{d}x$,即

$$\int_a^b f(x)\mathrm{d}x = I = \lim_{\lambda\to 0}\sum_{i=1}^{n}f(\xi_i)\Delta x_i,$$

其中 $f(x)$ 称为**被积函数**,$f(x)\mathrm{d}x$ 称为**被积表达式**,x 称为**积分变量**,a 称为**积分下限**(lower limit),b 称为**积分上限**(upper limit),$[a,b]$ 称为**积分区间**.

前两个例子就可以用定积分表示为

$$A = \int_a^b f(x)\mathrm{d}x = I \quad (\text{曲边梯形的面积}),$$

$$s = \int_{T_1}^{T_2} v(t)\mathrm{d}t \quad (\text{变速直线运动的路程}).$$

注 1 $\lim\limits_{\lambda \to 0} \sum\limits_{i=1}^{n} f(\xi_i)\Delta x_i$ 存在时,积分 $\int_a^b f(x)\mathrm{d}x$ 是一数值,且该数值与区间 $[a,b]$ 的分法及 ξ_i 的取法无关,仅与被积函数及积分区间有关,而与积分变量的字母无关,即

$$\int_a^b f(x)\mathrm{d}x = \int_a^b f(t)\mathrm{d}t = \int_a^b f(u)\mathrm{d}u.$$

注 2 规定:当 $a = b$ 时,$\int_a^b f(x)\mathrm{d}x = 0$;

当 $a > b$ 时,$\int_a^b f(x)\mathrm{d}x = -\int_b^a f(x)\mathrm{d}x.$

5.1.3 可积的条件

在定积分的概念中,和 $\sum\limits_{i=1}^{n} f(\xi_i)\Delta x_i$ 称为 $f(x)$ 的积分和. 如果 $f(x)$ 在区间 $[a,b]$ 上的定积分存在,则称 $f(x)$ 在区间 $[a,b]$ 上可积,否则称 $f(x)$ 在区间 $[a,b]$ 上不可积. 对于一个定积分来说,有这样一个问题:函数在区间 $[a,b]$ 上满足怎样的条件时,$f(x)$ 在区间 $[a,b]$ 上一定可积? 对此问题,我们不作证明,只给出结论.

定理 1 设 $f(x)$ 在区间 $[a,b]$ 上连续,则 $f(x)$ 在区间 $[a,b]$ 上可积.

定理 2 设 $f(x)$ 在区间 $[a,b]$ 上有界,且只有有限个间断点,则 $f(x)$ 在区间 $[a,b]$ 上可积.

例 1 利用定积分的定义计算定积分 $\int_0^1 x^2 \mathrm{d}x.$

解 因函数 $f(x) = x^2$ 在 $[0,1]$ 上连续,故可积. 从而定积分的值与区间 $[0,1]$ 的分法及 ξ_i 的取法无关. 为便于计算,将 $[0,1]$ n 等分:

$$\left[0, \frac{1}{n}\right], \left[\frac{1}{n}, \frac{2}{n}\right], \cdots, \left[\frac{i-1}{n}, \frac{i}{n}\right], \cdots, \left[\frac{n-1}{n}, \frac{n}{n}\right].$$

取每个小区间的右端点 ξ_i,则 $\xi_i = \dfrac{i}{n} (i = 1, 2, \cdots, n)$,

$$\lim_{\lambda \to 0} \sum_{i=1}^{n} f(\xi_i)\Delta x_i = \lim_{\lambda \to 0} \sum_{i=1}^{n} \xi_i^2 \Delta x_i = \lim_{n \to \infty} \sum_{i=1}^{n} \left(\frac{i}{n}\right)^2 \cdot \frac{1}{n} = \lim_{n \to \infty} \frac{1}{n^3} \sum_{i=1}^{n} i^2,$$

且

$$\lambda = \Delta x_i = \frac{1}{n}.$$

于是当 $\lambda \to 0$ 时，即 $n \to \infty$ 时，有

$$\int_0^1 x^2 dx = \lim_{\lambda \to 0} \sum_{i=1}^n f(\xi_i) \Delta x_i = \lim_{n \to \infty} \frac{1}{n^3} \sum_{i=1}^n i^2 = \lim_{n \to \infty} \frac{1}{n^3} (1^2 + 2^2 + 3^2 + \cdots + n^2)$$

$$= \lim_{n \to \infty} \frac{1}{n^3} \cdot \frac{n(n+1)(2n+1)}{6} = \lim_{n \to \infty} \frac{1}{6} \left(1 + \frac{1}{n}\right)\left(2 + \frac{1}{n}\right) = \frac{1}{3}.$$

5.1.4 定积分的几何意义

当被积函数 $f(x) \geq 0$，定积分 $\int_a^b f(x) dx$ 表示曲线 $y = f(x)$，直线 $x = a, x = b (b > a)$ 和 x 轴围成的平面图形的面积；

当被积函数 $f(x) \leq 0$，定积分 $\int_a^b f(x) dx$ 表示曲线 $y = f(x)$，直线 $x = a, x = b (b > a)$ 和 x 轴围成的平面图形的面积的负值；

所以定积分 $\int_a^b f(x) dx$ 的几何意义是：表示曲线 $y = f(x)$，直线 $x = a, x = b (b > a)$ 和 x 轴围成的平面图形的面积的代数和.

即

$$\int_a^b f(x) dx = A_1 - A_2 + A_3 \ \text{（图 5-3）}.$$

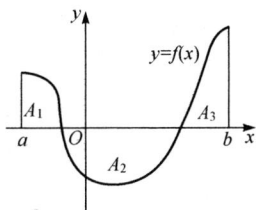

图 5-3

本节例 1 定积分 $\int_0^1 x^2 dx$ 表示抛物线 $y = x^2$，直线 $x = 1$ 和 x 轴围成的平面图形的面积.

例 2 利用定积分的几何意义，计算下列定积分：

(1) $\int_0^a \sqrt{a^2 - x^2} dx \quad (a > 0)$； (2) $\int_{-1}^1 x^3 dx$.

解 (1) 定积分 $\int_0^a \sqrt{a^2 - x^2} dx$ 表示上半个圆周 $y = \sqrt{a^2 - x^2}$ 与两坐标轴围成的图形在第一象限部分的面积，即 $\int_0^a \sqrt{a^2 - x^2} dx = \dfrac{\pi a^2}{4}$.

(2) 定积分 $\int_{-1}^1 x^3 dx$ 表示曲线 $y = x^3$ 与 $x = 1, x = -1$ 以及 x 轴围成面积的代数和，因为曲线 $y = x^3$ 关于坐标原点对称，所以在第一象限和在第三象限围成的面积相等，故 $\int_{-1}^1 x^3 dx = 0$.

📖 习题 5.1

1. 利用定积分的定义，试求下列定积分：

(1) $\int_0^1 2x \mathrm{d}x$；

(2) $\int_0^1 \mathrm{e}^x \mathrm{d}x$.

2. 利用定积分的几何意义，计算下列定积分：

(1) $\int_0^{2\pi} \sin x \mathrm{d}x$；

(2) $\int_{-1}^1 \ln(x + \sqrt{1+x^2}) \mathrm{d}x$；

(3) $\int_{-1}^1 |x| \mathrm{d}x$；

(4) $\int_{\frac{\sqrt{2}}{2}}^1 \sqrt{1-x^2} \mathrm{d}x$.

3. 利用定积分表示下列极限：

(1) $\displaystyle\lim_{n\to\infty} \frac{1}{n} \left[\sin\frac{\pi}{n} + \sin\frac{2\pi}{n} + \cdots + \sin\frac{(n-1)\pi}{n} \right]$；

(2) $\displaystyle\lim_{n\to\infty} \frac{1}{n} \left[\ln\left(1+\frac{1}{n}\right) + \ln\left(1+\frac{2}{n}\right) + \cdots + \ln\left(1+\frac{n-1}{n}\right) \right]$.

5.2　定积分的性质

直接用定积分的定义求积分和的极限的方法计算定积分是很不方便的，在很多情况下是难以求出的，为了更进一步讨论定积分的理论与计算，本节介绍定积分的性质. 下列性质中，均假设所讨论的定积分是存在的，并且积分上下限的大小不加限制.

性质 1　函数的和（差）的定积分等于它们的定积分的和（差），即

$$\int_a^b [f(x) \pm g(x)] \mathrm{d}x = \int_a^b f(x) \mathrm{d}x \pm \int_a^b g(x) \mathrm{d}x.$$

证明　$\displaystyle\int_a^b [f(x) \pm g(x)] \mathrm{d}x = \lim_{\lambda\to 0} \sum_{i=1}^n [f(\xi_i) \pm g(\xi_i)] \Delta x_i$

$$= \lim_{\lambda\to 0} \sum_{i=1}^n f(\xi_i) \Delta x_i \pm \lim_{\lambda\to 0} \sum_{i=1}^n g(\xi_i) \Delta x_i$$

$$= \int_a^b f(x) \mathrm{d}x \pm \int_a^b g(x) \mathrm{d}x.$$

性质 1 可推广到有限个函数代数和的积分.

性质 2　被积函数的常数因子可以提到积分号的外面，即

$$\int_a^b kf(x) \mathrm{d}x = k \int_a^b f(x) \mathrm{d}x \quad (k \text{ 为常数}).$$

证明　$\displaystyle\int_a^b kf(x) \mathrm{d}x = \lim_{\lambda\to 0} \sum_{i=1}^n kf(\xi_i) \Delta x_i$

$$= k \lim_{\lambda\to 0} \sum_{i=1}^n f(\xi_i) \Delta x_i = k \int_a^b f(x) \mathrm{d}x.$$

性质 3　$\displaystyle\int_a^b f(x) \mathrm{d}x = \int_a^c f(x) \mathrm{d}x + \int_c^b f(x) \mathrm{d}x.$

证明　当 $a<c<b$ 时,因为函数 $f(x)$ 在区间 $[a,b]$ 上可积,所以不论 $[a,b]$ 怎样分,积分和的极限总是不变的,因此,在划分区间时,可以使 c 始终作为一个分点,那么, $[a,b]$ 上的积分和等于 $[a,c]$ 上的积分和加上 $[c,b]$ 上的积分和,即

$$\sum_{[a,b]} f(\xi_i)\Delta x_i = \sum_{[a,c]} f(\xi_i)\Delta x_i + \sum_{[c,b]} f(\xi_i)\Delta x_i.$$

令 $\lambda \to 0$,上式两端同时取极限得

$$\int_a^b f(x)\mathrm{d}x = \int_a^c f(x)\mathrm{d}x + \int_c^b f(x)\mathrm{d}x.$$

若 c 在区间 $[a,b]$ 之外,不妨设 $a<b<c$,则由上面已证的结论有

$$\int_a^c f(x)\mathrm{d}x = \int_a^b f(x)\mathrm{d}x + \int_b^c f(x)\mathrm{d}x.$$

即

$$\int_a^b f(x)\mathrm{d}x = \int_a^c f(x)\mathrm{d}x - \int_b^c f(x)\mathrm{d}x = \int_a^c f(x)\mathrm{d}x + \int_c^b f(x)\mathrm{d}x.$$

注　性质 3 表明定积分对积分区间具有**可加性**.

性质 4　如果在 $[a,b]$ 上 $f(x)\equiv 1$,则 $\int_a^b f(x)\mathrm{d}x = \int_a^b 1 \cdot \mathrm{d}x = \int_a^b \mathrm{d}x = b-a.$

由定积分的几何意义可知,定积分 $\int_a^b \mathrm{d}x$ 表示直线 $y=1, x=a, x=b$ 以及 x 轴围成的面积,即底为 $b-a$,高为 1 的矩形的面积.

性质 5　若函数 $f(x)$ 在区间 $[a,b]$ 上可积,且 $f(x)\geqslant 0$,则 $\int_a^b f(x)\mathrm{d}x \geqslant 0.$

证明　因为 $f(x)\geqslant 0$,所以 $f(\xi_i)\geqslant 0$,而 $\Delta x_i>0$.

于是 $\sum_{i=1}^n f(\xi_i)\Delta x_i \geqslant 0$,再由极限的保号性得

$$\lim_{\lambda \to 0}\sum_{i=1}^n f(\xi_i)\Delta x_i \geqslant 0, 即$$

$$\int_a^b f(x)\mathrm{d}x \geqslant 0.$$

推论 1　若在区间 $[a,b]$ 上有 $f(x)\leqslant g(x)$,则 $\int_a^b f(x)\mathrm{d}x \leqslant \int_a^b g(x)\mathrm{d}x.$

证明　设 $h(x)=g(x)-f(x).$

因为在区间 $[a,b]$ 上有 $f(x)\leqslant g(x)$,所以 $h(x)\geqslant 0.$

再由性质 5 有

$$\int_a^b h(x)\mathrm{d}x = \int_a^b [g(x)-h(x)]\mathrm{d}x \geqslant 0,$$

即

$$\int_a^b f(x)\mathrm{d}x \leqslant \int_a^b g(x)\mathrm{d}x.$$

例 1　比较积分值 $\int_0^{-2} \mathrm{e}^x \mathrm{d}x$ 和 $\int_0^{-2} x\mathrm{d}x$ 的大小.

解　当 $x\in[-2,0]$ 时，$\mathrm{e}^x > x$，所以

$$\int_{-2}^0 \mathrm{e}^x \mathrm{d}x > \int_{-2}^0 x\mathrm{d}x.$$

于是

$$\int_0^{-2} \mathrm{e}^x \mathrm{d}x < \int_0^{-2} x\mathrm{d}x.$$

推论 2　$\left| \int_a^b f(x)\mathrm{d}x \right| \leqslant \int_a^b |f(x)|\,\mathrm{d}x \quad (a < b).$

证明　因为在区间 $[a,b]$ 上，$-|f(x)| \leqslant f(x \leqslant |f(x)|$，所以由推论 1 得

$$-\int_a^b |f(x)|\,\mathrm{d}x \leqslant \int_a^b f(x)\mathrm{d}x \leqslant \int_a^b |f(x)|\,\mathrm{d}x,$$

即

$$\left| \int_a^b f(x)\mathrm{d}x \right| \leqslant \int_a^b |f(x)|\,\mathrm{d}x.$$

性质 6　设 M 及 m 分别是函数 $f(x)$ 在区间 $[a,b]$ 上的最大值和最小值，则

$$m(b-a) \leqslant \int_a^b f(x)\mathrm{d}x \leqslant M(b-a).$$

证明　因为 M 及 m 分别是函数 $f(x)$ 在区间 $[a,b]$ 上的最大值和最小值，即 $m \leqslant f(x) \leqslant M$，再由推论 1 得

$$m\int_a^b \mathrm{d}x \leqslant \int_a^b f(x)\mathrm{d}x \leqslant M\int_a^b \mathrm{d}x,$$

即

$$m(b-a) \leqslant \int_a^b f(x)\mathrm{d}x \leqslant M(b-a).$$

注　性质 6 说明根据被积函数在积分区间上的最大值和最小值，可以估计积分值的大致范围，故性质 6 也称为**积分估值定理**.

例 2　估计积分 $\int_{\frac{\pi}{4}}^{\frac{\pi}{2}}(1+\sin^2 x)\mathrm{d}x$ 的值.

解　因为 $f(x) = 1 + \sin^2 x$ 在区间 $\left[\dfrac{\pi}{4}, \dfrac{\pi}{2}\right]$ 上单调递增，故

$$\frac{3}{2} \leqslant 1 + \sin^2 x \leqslant 2.$$

所以

$$\frac{3}{8}\pi \leqslant \int_{\frac{\pi}{4}}^{\frac{\pi}{2}}(1+\sin^2 x)\mathrm{d}x \leqslant \frac{\pi}{2}.$$

性质 7（积分中值定理）　如果函数 $f(x)$ 在闭区间 $[a,b]$ 上连续，则在 $[a,b]$ 上至少存在一个点 ξ，使

$$\int_a^b f(x)\mathrm{d}x = f(\xi)(b-a).$$

证明　因为函数 $f(x)$ 在闭区间 $[a,b]$ 上连续, 所以函数 $f(x)$ 在区间 $[a,b]$ 上的最大值 M 和最小值 m, 根据性质 6 得 $m(b-a) \leqslant \int_a^b f(x)\mathrm{d}x \leqslant M(b-a)$, 即

$$m \leqslant \frac{\int_a^b f(x)\mathrm{d}x}{b-a} \leqslant M.$$

又函数 $f(x)$ 在闭区间 $[a,b]$ 上连续, 由介值性定理可知, 在 $[a,b]$ 上至少存在一个点 ξ, 使

$$\frac{\int_a^b f(x)\mathrm{d}x}{b-a} = f(\xi).$$

从而有 $\int_a^b f(x)\mathrm{d}x = f(\xi)(b-a)$.

注　性质 7 表明, 当 $f(x) \geqslant 0$ 时, 积分中值定理具有简单的几何意义, 即总存在一个高为 $f(\xi)$, 底为 $b-a$ 的矩形, 使得该矩形的面积等于 $\int_a^b f(x)\mathrm{d}x$ 所表示的曲边梯形的面积 (图 5-4).

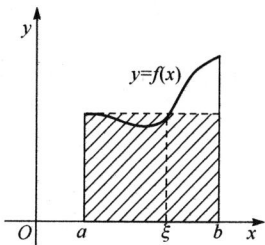

图 5-4

例 3　设 $f(x)$ 在 $[0,1]$ 上可微, 且满足 $f(1) = 2\int_0^{\frac{1}{2}} xf(x)\mathrm{d}x$, 证明存在 $\xi \in (0,1)$, 使得

$$f(\xi) + \xi f'(\xi) = 0.$$

证明　设 $F(x) = xf(x)$, 则由积分中值定理可知, 存在 $\eta \in \left[0, \frac{1}{2}\right]$, 使得

$$2\int_0^{\frac{1}{2}} xf(x)\mathrm{d}x = 2 \times \frac{1}{2}\eta f(\eta) = \eta f(\eta) = F(\eta).$$

因此 $F(1) = f(1) = F(\eta)$.

再由罗尔定理可知, 存在 $\xi \in (\eta, 1) \subset (0,1)$, 使 $F'(\xi) = 0$, 即 $f(\xi) + \xi f'(\xi) = 0$.

习题 5.2

1. 比较下列定积分的大小:

(1) $\int_0^1 x^2 \mathrm{d}x$ 与 $\int_0^1 x^3 \mathrm{d}x$;

(2) $\int_3^4 (\ln x)^2 \mathrm{d}x$ 与 $\int_3^4 (\ln x)^3 \mathrm{d}x$;

(3) $\int_0^1 \mathrm{e}^x \mathrm{d}x$ 与 $\int_0^1 \mathrm{e}^{x^2} \mathrm{d}x$;

(4) $\int_0^{\frac{\pi}{2}} x \mathrm{d}x$ 与 $\int_0^{\frac{\pi}{2}} \sin x \mathrm{d}x$.

2. 估计定积分的值:

(1) $\int_1^4 (x^2+1)\mathrm{d}x$;

(2) $\int_0^{\pi} (1+\sin x)\mathrm{d}x$;

(3) $\displaystyle\int_0^2 e^{x^2-x}dx$;

(4) $\displaystyle\int_0^1 \frac{x^2+3}{x^2+2}dx$;

(5) $\displaystyle\int_0^1 \sqrt{2x-x^2}dx$;

(6) $\displaystyle\int_0^\pi \frac{1}{3+\sin^3 x}dx$.

3. 证明：$\displaystyle\lim_{n\to\infty}\int_0^{\frac{1}{2}}\frac{x^n}{1+x}dx=0$.

4. 设函数 $f(x)$ 在 $[0,1]$ 上连续，在 $(0,1)$ 内可导，且 $k\displaystyle\int_{1-\frac{1}{k}}^1 f(x)dx=f(0)$，$k>1$. 证明：存在 $\xi\in(0,1)$，使 $f'(\xi)=0$.

5. 设 $f(x)$ 在 $[a,b]$ 上连续，证明：

(1) 若在 $[a,b]$ 上，$f(x)\geqslant 0$，且 $\displaystyle\int_a^b f(x)dx=0$，则在 $[a,b]$ 上 $f(x)\equiv 0$；

(2) 若在 $[a,b]$ 上，$f(x)\geqslant 0$，且 $f(x)$ 不恒等于零，则 $\displaystyle\int_a^b f(x)dx>0$.

5.3　微积分基本公式

5.1 节已经定义了定积分的定义，如果要按定积分的定义来计算定积分，那将是十分困难的. 因此寻求一种计算定积分的有效方法便成为积分学发展的关键. 不定积分作为原函数的概念与定积分作为积分和的极限的概念是完全不相干的两个概念. 但是，牛顿和莱布尼茨不仅发现而且找到了这两个概念之间存在着的深刻的内在联系. 即所谓的"微积分基本定理"，并由此巧妙地开辟了求定积分的新途径——牛顿-莱布尼茨公式. 从而使积分学与微分学一起构成变量数学的基础学科——微积分学. 牛顿和莱布尼茨也因此作为微积分学的奠基人而被载入史册.

5.3.1　变速直线运动中位置函数与速度函数之间的联系

有一物体在一直线上运动，在这直线上取定原点、正方向及长度单位，使它成一数轴. 设时刻 t 时物体所在位置为 $s(t)$，速度为 $v(t)$. （为了讨论方便，可以设 $v(t)\geqslant 0$）

由 5.1 节知道：物体在时间间隔 $[T_1,T_2]$ 内经过路程可以用速度函数 $v(t)$ 在 $[T_1,T_2]$ 上的积分

$$\int_{T_1}^{T_2}v(t)dt$$

来表示；另一方面，这段路程又可以通过位置函数 $s(t)$ 在区间 $[T_1,T_2]$ 上的增量 $s(T_2)-s(T_1)$ 来表示. 由此可见，位置函数 $s(t)$ 与速度函数 $v(t)$ 之间有如下关系：

$$\int_{T_1}^{T_2}v(t)dt=s(T_2)-s(T_1). \tag{5-3-1}$$

因为 $s'(t) = v(t)$，即位置函数 $s(t)$ 是速度函数 $v(t)$ 的原函数，所以式(5-3-1)表示，速度函数 $v(t)$ 在区间 $[T_1, T_2]$ 上的定积分等于 $v(t)$ 的原函数 $s(t)$ 在区间 $[T_1, T_2]$ 上的增量

$$s(T_2) - s(T_1).$$

上述从变速直线运动的路程这个特殊问题中得出来的关系，在一定条件下具有普遍性. 事实上，如果函数 $f(x)$ 在区间 $[a, b]$ 上连续，那么 $f(x)$ 在区间 $[a, b]$ 上的定积分就等于 $f(x)$ 的原函数(设为 $F(x)$)在区间 $[a, b]$ 上的增量.

5.3.2 积分上限函数及其导数

设函数 $f(x)$ 在区间 $[a, b]$ 上连续，并且设 x 为 $[a, b]$ 上的一点，现在来考查 $f(x)$ 在区间 $[a, x]$ 上的定积分

$$\int_a^x f(x)\mathrm{d}x.$$

由于 $f(x)$ 在区间 $[a, x]$ 上仍旧连续，因此这个定积分存在，这时，x 既表示定积分的上限，又表示积分变量，因为定积分与积分变量的记法无关，为了明确起见，可以把积分变量改用其他符号，如用 t 表示，则上面的定积分可以写成

$$\int_a^x f(t)\mathrm{d}t.$$

当上限 x 在区间 $[a, b]$ 上任意变动时，对于每一个取定的 x 值，定积分有一个对应值，所以，它在 $[a, b]$ 上定义了一个函数，记作 $\Phi(x)$，即

$$\Phi(x) = \int_a^x f(t)\mathrm{d}t \quad (a \leqslant x \leqslant b), \tag{5-3-2}$$

称该函数为**积分上限函数**(functions with upper limit of integral)或**变上限函数**.

函数 $\Phi(x)$ 具有如下重要性质.

定理 1 如果函数 $f(x)$ 在区间 $[a, b]$ 上连续，则积分上限函数

$$\Phi(x) = \int_a^x f(t)\mathrm{d}t$$

在 $[a, b]$ 上可导，且导数为

$$\Phi'(x) = \frac{\mathrm{d}}{\mathrm{d}x}\int_a^x f(t)\mathrm{d}t = f(x) \quad (a \leqslant x \leqslant b).$$

$$\tag{5-3-3}$$

证明 若 $x \in (a, b)$，设 x 获得增量 Δx，其绝对值足够得小，使得 $x + \Delta x \in (a, b)$，则 $\Phi(x)$ (图 5-5 中 $\Delta x > 0$)在 $x + \Delta x$ 处的函数值为

$$\Phi(x + \Delta x) = \int_a^{x+\Delta x} f(t)\mathrm{d}t,$$

由此得函数的增量

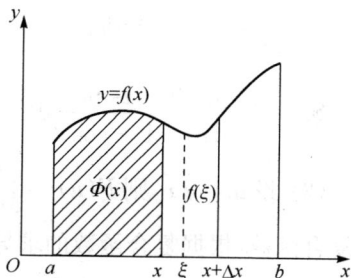

图 5-5

$$\Delta\Phi = \Phi(x+\Delta x) - \Phi(x)$$

$$= \int_a^{x+\Delta x} f(t)\mathrm{d}t - \int_a^x f(t)\mathrm{d}t$$

$$= \int_a^x f(t)\mathrm{d}t + \int_x^{x+\Delta x} f(t)\mathrm{d}t - \int_a^x f(t)\mathrm{d}t$$

$$= \int_x^{x+\Delta x} f(t)\mathrm{d}t,$$

再应用积分中值定理，即有等式 $\Delta\Phi = f(\xi)\Delta x$，这里，$\xi$ 介于 x 与 $x+\Delta x$ 之间. 把式 (5-3-4) 两端同时除以 Δx，得函数增量与自变量增量的比值

$$\frac{\Delta\Phi}{\Delta x} = f(\xi). \tag{5-3-4}$$

由于假设 $f(x)$ 在 $[a,b]$ 上连续，而 $\Delta x \to 0$ 时，$\xi \to x$，所以

$$\lim_{\Delta x \to 0} f(\xi) = f(x).$$

于是，令 $\Delta x \to 0$，对式 (5-3-4) 两端取极限时，左端的极限也应该存在且等于 $f(x)$. 这就是说，函数 $\Phi(x)$ 的导数存在，并且 $\Phi'(x) = f(x)$.

若 $x = a$，取 $\Delta x > 0$，则同理可证 $\Phi'_+(a) = f(a)$；若 $x = b$，取 $\Delta x < 0$，则同理可证

$$\Phi'_-(b) = f(b).$$

这个定理指出了一个重要结论：对连续函数 $f(x)$ 取变上限 x 的定积分然后求导，其结果还原为 $f(x)$ 本身. 联想到原函数的定义，就可以从定理 1 推知 $\Phi(x)$ 是连续函数 $f(x)$ 的一个原函数. 于是，引出如下的原函数的存在定理.

定理 2　如果函数 $f(x)$ 在区间 $[a,b]$ 上连续，则函数

$$\Phi(x) = \int_a^x f(t)\mathrm{d}t$$

是 $f(x)$ 在 $[a,b]$ 上的一个原函数.

例 1　求下列函数的导数：

(1) $\displaystyle\int_0^x \frac{t\sin t}{1+\cos^2 t}\mathrm{d}t$；　　　　(2) $\displaystyle\int_0^{\sqrt{x}} \cos t^2 \mathrm{d}t$；

(3) $\displaystyle\int_{2x}^1 \sin(1+t^2)\mathrm{d}t$；　　　　(4) $\displaystyle\int_{x^2}^{x^3} \frac{\mathrm{d}t}{\sqrt{1+t^2}}$.

解　(1) $\displaystyle\frac{\mathrm{d}}{\mathrm{d}x}\int_0^x \frac{t\sin t}{1+\cos^2 t}\mathrm{d}t = \frac{x\sin x}{1+\cos^2 x}$.

(2) 设 $u = \sqrt{x}$，则 $F(u) = \displaystyle\int_0^u \cos t^2 \mathrm{d}t$，即 $\displaystyle\int_0^{\sqrt{x}} \cos t^2 \mathrm{d}t$ 可以看成关于 u 为中间变量的复合函数，根据复合函数的求导法则，有

$$\frac{\mathrm{d}}{\mathrm{d}x}\int_0^{\sqrt{x}} \cos t^2 \mathrm{d}t = \frac{\mathrm{d}}{\mathrm{d}u}\int_0^u \cos t^2 \mathrm{d}t \cdot \frac{\mathrm{d}u}{\mathrm{d}x}$$

$$= \cos u^2 \cdot \frac{1}{2\sqrt{x}} = \frac{\cos x}{2\sqrt{x}}.$$

(3) 因为 $\int_{2x}^{1} \sin(1+t^2)\mathrm{d}t = -\int_{1}^{2x} \sin(1+t^2)\mathrm{d}t$,所以

$$\frac{\mathrm{d}}{\mathrm{d}x}\int_{2x}^{1} \sin(1+t^2)\mathrm{d}t = -\frac{\mathrm{d}}{\mathrm{d}x}\int_{1}^{2x} \sin(1+t^2)\mathrm{d}t = -\sin(1+4x^2) \cdot 2$$

$$= -2\sin(1+4x^2).$$

(4) 因为 $\int_{x^2}^{x^3} \frac{\mathrm{d}t}{\sqrt{1+t^2}} = \int_{a}^{x^3} \frac{\mathrm{d}t}{\sqrt{1+t^2}} - \int_{a}^{x^2} \frac{\mathrm{d}t}{\sqrt{1+t^2}}$,所以

$$\frac{\mathrm{d}}{\mathrm{d}x}\int_{x^2}^{x^3} \frac{\mathrm{d}t}{\sqrt{1+t^2}} = \frac{3x^2}{\sqrt{1+x^6}} - \frac{2x}{\sqrt{1+x^4}}.$$

例 2　求 $\lim\limits_{x \to 0} \dfrac{\displaystyle\int_{0}^{x^2} \ln(1+2t)\mathrm{d}t}{x^4}$.

解　$\lim\limits_{x \to 0} \dfrac{\displaystyle\int_{0}^{x^2} \ln(1+2t)\mathrm{d}t}{x^4} = \lim\limits_{x \to 0} \dfrac{2x \cdot \ln(1+2x^2)}{4x^3} = \lim\limits_{x \to 0} \dfrac{2x \cdot 2x^2}{4x^3} = 1.$

利用复合函数的求导法则及定积分区间的可加性可以得到如下公式:

(1) $\left(\displaystyle\int_{a}^{v(x)} f(t)\mathrm{d}t\right)' = f[v(x)]v'(x)$;

(2) $\left(\displaystyle\int_{u(x)}^{b} f(t)\mathrm{d}t\right)' = -f[u(x)]u'(x)$;

(3) $\left(\displaystyle\int_{u(x)}^{v(x)} f(t)\mathrm{d}t\right)' = f[v(x)]v'(x) - f[u(x)]u'(x)$.

定理 2 的重要意义是:一方面肯定了连续函数的原函数是存在的,另一方面初步地揭示了积分学中的定积分与原函数之间的联系.因此,通过原函数来计算定积分成为可能.

5.3.3　牛顿-莱布尼茨公式

定理 3　若函数 $F(x)$ 是连续函数 $f(x)$ 在区间 $[a,b]$ 上的一个原函数,则

$$\int_{a}^{b} f(x)\mathrm{d}x = F(b) - F(a) \tag{5-3-5}$$

公式 (5-3-5) 称为**牛顿-莱布尼茨 (Newton-Leibniz) 公式**.

证明　已知函数 $F(x)$ 是连续函数 $f(x)$ 的一个原函数,又根据定理 2 知道,积分上限函数 $\Phi(x) = \displaystyle\int_{a}^{x} f(t)\mathrm{d}t$ 也是 $f(x)$ 的一个原函数.于是这两个原函数之差 $\Phi(x) - F(x)$ 在 $[a,b]$ 上必定是某一个常数 C,即

$$\Phi(x) - F(x) = C \quad (a \leqslant x \leqslant b) \tag{5-3-6}$$

或

$$\int_a^x f(t)\mathrm{d}t = F(x) + C,$$

令 $x = a$，得 $\int_a^a f(t)\mathrm{d}t = F(a) + C$，即 $0 = F(a) + C$，故 $C = -F(a)$，因此

$$\int_a^x f(t)\mathrm{d}t = F(x) - F(a).$$

令 $x = b$，得 $\int_a^b f(t)\mathrm{d}t = F(b) - F(a)$．将上式积分变量 t 改为 x 得公式(5-3-5)，于是定理得证．

为了方便，以后把 $F(b) - F(a)$ 记成 $F(x)\Big|_a^b$，于是式(5-3-5)又可写成

$$\int_a^b f(x)\mathrm{d}x = F(x)\Big|_a^b.$$

公式(5-3-5)进一步揭示了定积分与被积函数的原函数或不定积分之间的联系．它表明：一个连续函数在区间 $[a,b]$ 上的定积分等于它的任一原函数在区间 $[a,b]$ 上的增量．这就给定积分提供了一个有效而简便的计算方法，大大简化了定积分的计算．

通常，公式(5-3-5)也称为**微积分基本公式**．

下面我们举几个应用公式(5-3-5)来计算定积分的简单例子．

例 3　求下列定积分：

(1) $\displaystyle\int_{-1}^1 \frac{\mathrm{d}x}{1+x^2}$；　　　　　　　　(2) $\displaystyle\int_0^\pi \sin x\,\mathrm{d}x$；

(3) $\displaystyle\int_1^4 \frac{1}{x}\mathrm{d}x$；　　　　　　　　　　(4) $\displaystyle\int_0^{\frac{\pi}{4}} \frac{\mathrm{d}x}{\cos^2 x}$．

解　(1) $\displaystyle\int_{-1}^1 \frac{\mathrm{d}x}{1+x^2} = \arctan x\Big|_{-1}^1 = \arctan 1 - \arctan(-1)$

$$= \frac{\pi}{4} - \left(-\frac{\pi}{4}\right) = \frac{\pi}{2}.$$

(2) $\displaystyle\int_0^\pi \sin x\,\mathrm{d}x = (-\cos x)\Big|_{-1}^1 = -[\cos\pi - \cos 0] = 1 - (-1) = 2.$

(3) $\displaystyle\int_1^4 \frac{1}{x}\mathrm{d}x = \ln x\Big|_1^4 = \ln 4 - 0 = 2\ln 2.$

(4) $\displaystyle\int_0^{\frac{\pi}{4}} \frac{\mathrm{d}x}{\cos^2 x} = \tan x\Big|_0^{\frac{\pi}{4}} = \tan\frac{\pi}{4} - \tan 0 = 1 - 0 = 1.$

例 4　求定积分 $\displaystyle\int_0^2 |x - 1|\,\mathrm{d}x.$

解　因为

$$|x-1|=\begin{cases}1-x, & x\leqslant1,\\ x-1, & x>1.\end{cases}$$

所以

$$\int_0^2|x-1|\mathrm{d}x=\int_0^1(1-x)\mathrm{d}x+\int_1^2(x-1)\mathrm{d}x=\left(x-\frac{x^2}{2}\right)\Big|_0^1+\left(\frac{x^2}{2}-x\right)\Big|_1^2=1.$$

例 5　求 $\int_0^\pi\sqrt{1+\cos2x}\mathrm{d}x$.

解　$\int_0^\pi\sqrt{1+\cos2x}\mathrm{d}x=\int_0^\pi\sqrt{1+\cos2x}\mathrm{d}x=\int_0^\pi\sqrt{2\cos^2x}\mathrm{d}x$

$$=\sqrt{2}\int_0^\pi|\cos x|\mathrm{d}x=\sqrt{2}\left(\int_0^{\frac{\pi}{2}}\cos x\mathrm{d}x-\int_{\frac{\pi}{2}}^\pi\cos x\mathrm{d}x\right)$$

$$=\sqrt{2}\left(\sin x\Big|_0^{\frac{\pi}{2}}-\sin x\Big|_{\frac{\pi}{2}}^\pi\right)=2\sqrt{2}.$$

习题 5.3

1. 求下列函数的导数：

(1) $\int_0^x\sin e^t\mathrm{d}t$;

(2) $\int_0^{x^2}\mathrm{e}^{-t^2}\mathrm{d}t$;

(3) $\int_{\sin x}^{\cos x}\cos(\pi t^2)\mathrm{d}t$;

(4) $\int_0^x xf(t)\mathrm{d}t$.

2. 求由 $\int_0^y\mathrm{e}^t\mathrm{d}t+\int_0^x\cos t\mathrm{d}t=0$ 所决定的隐函数对 x 的导数 $\dfrac{\mathrm{d}y}{\mathrm{d}x}$.

3. 求由参数表达式 $x=\int_0^t\sin u\mathrm{d}u, y=\int_0^t\cos u\mathrm{d}u$ 所给定的函数 y 对 x 的导数 $\dfrac{\mathrm{d}y}{\mathrm{d}x}$.

4. 求下列极限：

(1) $\lim\limits_{x\to0}\dfrac{\displaystyle\int_0^x\arctan t\mathrm{d}t}{x^2}$;

(2) $\lim\limits_{x\to0}\dfrac{\displaystyle\int_{\cos x}^1\mathrm{e}^{-t^2}\mathrm{d}t}{x^2}$;

(3) $\lim\limits_{x\to0}\dfrac{\displaystyle\int_0^{\sin x}\sin t\mathrm{d}t}{x^2}$;

(4) $\lim\limits_{x\to+\infty}\dfrac{\displaystyle\int_0^x(\arctan t)^2\mathrm{d}t}{\sqrt{1+x^2}}$.

5. 求下列函数的定积分：

(1) $\int_{-1}^8\left(\sqrt[3]{x}+\dfrac{1}{x^2}\right)\mathrm{d}x$;

(2) $\int_{\frac{1}{\sqrt{3}}}^{\sqrt{3}}\dfrac{1}{1+x^2}\mathrm{d}x$;

(3) $\int_{-\frac{1}{2}}^{\frac{1}{2}} \dfrac{\mathrm{d}x}{\sqrt{1-x^2}}$;
(4) $\int_0^1 |2x-1|\,\mathrm{d}x$.

(5) $\int_0^{2\pi} |\sin x|\,\mathrm{d}x$;
(6) $\int_0^{\frac{\pi}{4}} \tan^2 x\mathrm{d}x$.

6. 设 $f(x)=\begin{cases} x+1, & x\leqslant 1, \\ \dfrac{1}{2}x^2, & x>1, \end{cases}$ 求 $\int_0^2 f(x)\mathrm{d}x$.

7. 设 $f(x)=\begin{cases} x^2, & 0\leqslant x\leqslant 1, \\ 2-x, & 1<x\leqslant 2, \end{cases}$ 求 $\Phi(x)=\int_0^x f(t)\mathrm{d}t (0\leqslant x\leqslant 2)$.

8. 设 $f(x)$ 连续,且 $f(x)=x+2\int_0^1 f(t)\mathrm{d}t$,求 $f(x)$.

9. 设 $f(x)=\begin{cases} x+1, & x<0, \\ x, & x\geqslant 0, \end{cases}$ $F(x)=\int_{-1}^x f(t)\mathrm{d}t$,讨论 $F(x)$ 在 $x=0$ 处的连续性与可导性.

10. 设 $f(x)$ 在 $[a,b]$ 上连续且 $f(x)>0$,$F(x)=\int_a^x f(t)\mathrm{d}t+\int_b^x \dfrac{1}{f(t)}\mathrm{d}t$,证明:

(1) $F'(x)\geqslant 2$;

(2) 方程 $F(x)=0$ 在 (a,b) 内有且只有一个根.

5.4　换元法积分法和分部积分法

根据微积分学的基本公式,求定积分 $\int_a^b f(x)\mathrm{d}x$ 的问题可以转化为求被积函数 $f(x)$ 在区间 $[a,b]$ 上的增量 $F(b)-F(a)$ 问题,即求被积函数 $f(x)$ 在区间 $[a,b]$ 上的一个原函数 $F(x)$. 而在求不定积分时,可以应用换元法和分部积分法求原函数 $F(x)$,所以求定积分也有相应的换元法积分法和分部积分法. 下面介绍这两种方法.

5.4.1　换元积分法

定理 1　设函数 $f(x)$ 在闭区间 $[a,b]$ 上连续,函数 $x=\varphi(t)$ 满足条件:

(1) $\varphi(\alpha)=a,\varphi(\beta)=b$ 且 $a\leqslant\varphi(t)\leqslant b$;

(2) $\varphi(t)$ 在 $[\alpha,\beta]$(或 $[\beta,\alpha]$)上具有连续导数,则有

$$\int_a^b f(x)\mathrm{d}x=\int_\alpha^\beta f[\varphi(t)]\varphi'(t)\mathrm{d}t, \tag{5-4-1}$$

公式(5-4-1)称为**定积分的换元公式**.

证明　由假设知,上式两边的被积函数都是连续的. 因此,不仅上式两边的定积分都存在,而且由 5.3 节的定理 2 知,被积函数的原函数也都存在. 所以,

式(5-4-1)两边的定积分都可应用牛顿-莱布尼茨公式. 假设 $F(x)$ 是 $f(x)$ 的一个原函数,则

$$\int_a^b f(x)\mathrm{d}x = F(b) - F(a).$$

另一方面,$\Phi(t) = F[\varphi(t)]$ 可看作是由 $F(x)$ 与 $x = \varphi(t)$ 复合而成的一个原函数. 因此由复合函数求导法则,得

$$\Phi'(t) = \frac{\mathrm{d}F}{\mathrm{d}x}\frac{\mathrm{d}x}{\mathrm{d}t} = f(x)\varphi'(t) = f[\varphi(t)]\varphi'(t),$$

这表明 $\Phi(t)$ 是 $f[\varphi(t)]\varphi'(t)$ 的一个原函数,因此有

$$\int_\alpha^\beta f[\varphi(t)]\varphi'(t)\mathrm{d}t = \Phi(\beta) - \Phi(\alpha).$$

又由 $\Phi(t) = F[\varphi(t)]$ 及 $\varphi(\alpha) = a, \varphi(\beta) = b$ 可知

$$\Phi(\beta) - \Phi(\alpha) = F[\varphi(\beta)] - F[\varphi(\alpha)] = F(b) - F(a).$$

注　定积分的换元公式与不定积分的换元公式很类似. 但是,在应用定积分的换元公式时应注意以下两点:

(1) 用 $x = \varphi(t)$ 把变量 x 换成新变量 t 时,积分限也要换成相应于新变量 t 的积分限,且上限对应于上限,下限对应于下限;

(2) 求出 $f[\varphi(t)]\varphi'(t)$ 的一个原函数 $\Phi(t)$ 后,不必像计算不定积分那样再把 $\Phi(t)$ 变换成原变量 x 的函数,而只要把新变量 t 的上、下限分别代入 $\Phi(t)$ 然后相减就行了.

例 1　求定积分 $\int_0^a \sqrt{a^2 - x^2}\,\mathrm{d}x\ (a > 0)$.

解　令 $x = a\sin t$,则 $\mathrm{d}x = a\cos t\mathrm{d}t$,且当 $x = 0$ 时,$t = 0$;当 $x = a$ 时,$t = \dfrac{\pi}{2}$,由换元积分公式得

$$\int_0^a \sqrt{a^2 - x^2}\,\mathrm{d}x = a^2 \int_0^{\frac{\pi}{2}} \cos^2 t\,\mathrm{d}t = a^2 \int_0^{\frac{\pi}{2}} \frac{1 + \cos 2t}{2}\mathrm{d}t$$

$$= \frac{a^2}{2}\int_0^{\frac{\pi}{2}}(1 + \cos 2t)\mathrm{d}t = \frac{a^2}{2}\left(t + \frac{1}{2}\sin 2t\right)\Bigg|_0^{\frac{\pi}{2}} = \frac{\pi a^2}{4}.$$

注　根据定积分的几何意义可知 $\int_0^a \sqrt{a^2 - x^2}\,\mathrm{d}x$ 的值为圆 $x^2 + y^2 = a^2$ 面积 πa^2 的 $\dfrac{1}{4}$,与本题得到相同的结果.

例 2　求定积分 $\int_0^8 \dfrac{1}{1 + \sqrt[3]{x}}\mathrm{d}x$.

解　令 $t = \sqrt[3]{x}$,则 $x = t^3$,$\mathrm{d}x = 3t^2\mathrm{d}t$. 当 $x = 0$ 时,$t = 0$;当 $x = 8$ 时,$t = 2$. 从而

$$\int_0^8 \frac{1}{1+\sqrt[3]{x}}dx = \int_0^2 \frac{1}{1+t}3t^2 dt = 3\int_0^2 \frac{t^2-1+1}{1+t}dt = 3\int_0^2 \left(t-1+\frac{1}{1+t}\right)dt$$

$$= 3\left[\frac{t^2}{2}-t+\ln(1+t)\right]\Big|_0^2 = 3\ln3.$$

例3　计算 $\displaystyle\int_1^{e^3} \frac{dx}{x\sqrt{\ln x+1}}$.

解　令 $t=\ln x+1$,则 $dt=\dfrac{1}{x}dx$,且当 $x=1$ 时,$t=1$;当 $x=e^3$ 时,$t=4$,于是

$$\int_1^{e^3} \frac{dx}{x\sqrt{\ln x+1}} = \int_1^4 \frac{dt}{\sqrt{t}} = 2\sqrt{t}\Big|_1^4 = 2.$$

注　本例中,如果不明显写出新变量 t,则定积分的上、下限就不要变,重新计算如下:

$$\int_1^{e^3} \frac{dx}{x\sqrt{\ln x+1}} = \int_1^{e^3} \frac{d(\ln x+1)}{\sqrt{\ln x+1}} = 2\sqrt{\ln x+1}\Big|_1^{e^3} = 2.$$

例4　求定积分 $\displaystyle\int_0^\pi \sqrt{\sin^3 x-\sin^5 x}dx$.

解　因为 $\sqrt{\sin^3 x-\sin^5 x}=|\cos x|(\sin x)^{\frac{3}{2}}$,所以

$$\int_0^\pi \sqrt{\sin^3 x-\sin^5 x}dx = \int_0^\pi |\cos x|(\sin x)^{\frac{3}{2}}dx$$

$$= \int_0^{\frac{\pi}{2}} \cos x(\sin x)^{\frac{3}{2}}dx - \int_{\frac{\pi}{2}}^\pi \cos x(\sin x)^{\frac{3}{2}}dx$$

$$= \int_0^{\frac{\pi}{2}} (\sin x)^{\frac{3}{2}}d\sin x - \int_{\frac{\pi}{2}}^\pi (\sin x)^{\frac{3}{2}}d\sin x$$

$$= \frac{2}{5}(\sin x)^{\frac{5}{2}}\Big|_0^{\frac{\pi}{2}} - \frac{2}{5}(\sin x)^{\frac{5}{2}}\Big|_{\frac{\pi}{2}}^\pi = \frac{4}{5}.$$

例5　证明:若 $f(x)$ 在 $[-a,a]$ 上连续,则

(1) 当 $f(x)$ 为偶函数时,有 $\displaystyle\int_{-a}^a f(x)dx = 2\int_0^a f(x)dx$;

(2) 当 $f(x)$ 为奇函数时,有 $\displaystyle\int_{-a}^a f(x)dx = 0$.

证明　$\displaystyle\int_{-a}^a f(x)dx = \int_{-a}^0 f(x)dx + \int_0^a f(x)dx$.

在上式右端第一项中令 $x=-t$,则

$$\int_{-a}^0 f(x)dx = -\int_a^0 f(-t)dt = \int_0^a f(-t)dt = \int_0^a f(-x)dx.$$

(1) 若 $f(x)$ 为偶函数,即 $f(-x)=f(x)$,则

$$\int_{-a}^{a} f(x)\mathrm{d}x = \int_{-a}^{0} f(x)\mathrm{d}x + \int_{0}^{a} f(x)\mathrm{d}x = 2\int_{0}^{a} f(x)\mathrm{d}x;$$

(2) 若 $f(x)$ 为奇函数,即 $f(-x)=-f(x)$,则

$$\int_{-a}^{a} f(x)\mathrm{d}x = \int_{-a}^{0} f(x)\mathrm{d}x + \int_{0}^{a} f(x)\mathrm{d}x = 0.$$

例 6 计算定积分 $\int_{-1}^{1} (|x|+\sin x)x^2 \mathrm{d}x$.

解 因为积分区间关于原点对称,且 $|x|x^2$ 为偶函数,$\sin x \cdot x^2$ 为奇函数,所以

$$\int_{-1}^{1} (|x|+\sin x)x^2 \mathrm{d}x = \int_{-1}^{1} |x| \cdot x^2 \mathrm{d}x = 2\int_{0}^{1} x^3 \mathrm{d}x = 2 \cdot \frac{x^4}{4}\bigg|_{0}^{1} = \frac{1}{2}.$$

例 7 若 $f(x)$ 在 $[0,1]$ 上连续,证明:

(1) $\int_{0}^{\frac{\pi}{2}} f(\sin x)\mathrm{d}x = \int_{0}^{\frac{\pi}{2}} f(\cos x)\mathrm{d}x$;

(2) $\int_{0}^{\pi} xf(\sin x)\mathrm{d}x = \frac{\pi}{2}\int_{0}^{\pi} f(\sin x)\mathrm{d}x$,由此计算 $\int_{0}^{\pi} \frac{x\sin x}{1+\cos^2 x}\mathrm{d}x$.

证明 (1) 设 $x = \frac{\pi}{2}-t$,则 $\mathrm{d}x=-\mathrm{d}t$,当 $x=0$ 时,$t=\frac{\pi}{2}$;当 $x=\frac{\pi}{2}$ 时,$t=0$. 于是,

$$\int_{0}^{\frac{\pi}{2}} f(\sin x)\mathrm{d}x = -\int_{\frac{\pi}{2}}^{0} f\left[\sin\left(\frac{\pi}{2}-t\right)\right]\mathrm{d}t = \int_{0}^{\frac{\pi}{2}} f(\cos t)\mathrm{d}t = \int_{0}^{\frac{\pi}{2}} f(\cos x)\mathrm{d}x.$$

(2) 设 $x=\pi-t$,则 $\mathrm{d}x=-\mathrm{d}t$,当 $x=0$ 时,$t=\pi$;当 $x=\pi$ 时,$t=0$,于是,

$$\int_{0}^{\pi} xf(\sin x)\mathrm{d}x = -\int_{\pi}^{0} (\pi-t)f[\sin(\pi-t)]\mathrm{d}t = \int_{0}^{\pi} (\pi-t)f(\sin t)\mathrm{d}t$$

$$= \pi\int_{0}^{\pi} f(\sin t)\mathrm{d}t - \int_{0}^{\pi} tf(\sin t)\mathrm{d}t = \pi\int_{0}^{\pi} f(\sin x)\mathrm{d}x - \int_{0}^{\pi} xf(\sin x)\mathrm{d}x.$$

所以 $\int_{0}^{\pi} xf(\sin x)\mathrm{d}x = \frac{\pi}{2}\int_{0}^{\pi} f(\sin x)\mathrm{d}x.$

由于 $g(x) = \frac{\sin x}{1+\cos^2 x}$ 是关于 $\sin x$ 的函数,因此

$$\int_{0}^{\pi} \frac{x\sin x}{1+\cos^2 x}\mathrm{d}x = \frac{\pi}{2}\int_{0}^{\pi} \frac{\sin x}{1+\cos^2 x}\mathrm{d}x = -\frac{\pi}{2}\int_{0}^{\pi} \frac{1}{1+\cos^2 x}\mathrm{d}(\cos x)$$

$$= -\frac{\pi}{2}\arctan(\cos x)\bigg|_{0}^{\pi} = -\frac{\pi}{2}\left(-\frac{\pi}{4}-\frac{\pi}{4}\right) = \frac{\pi^2}{4}.$$

5.4.2 定积分的分部积分法

根据不定积分的分部积分法,有

$$\int_{a}^{b} u\,\mathrm{d}v = (uv)\bigg|_{a}^{b} - \int_{a}^{b} v\,\mathrm{d}u \quad \text{或} \quad \int_{a}^{b} uv'\,\mathrm{d}x = (uv)\bigg|_{a}^{b} - \int_{a}^{b} vu'\,\mathrm{d}x.$$

设函数 $u=u(x),v=v(x)$ 在区间 $[a,b]$ 上具有连续导数，则
$$d(uv)=udv+vdu.$$

移项得
$$udv=d(uv)-vdu.$$

于是
$$\int_a^b u\,dv = \int_a^b d(uv) - \int_a^b v\,du,$$

即
$$\int_a^b u\,dv = (uv)\Big|_a^b - \int_a^b v\,du,$$

或
$$\int_a^b uv'\,dx = (uv)\Big|_a^b - \int_a^b vu'\,dx.$$

这就是**定积分的分部积分公式**. 与不定积分的分部积分公式不同的是，这里可将原函数已经积出的部分 uv 先用上下限代入.

例 8 求定积分 $\int_0^1 xe^{-x}\,dx$.

解
$$\int_0^1 xe^{-x}\,dx = -\int_0^1 x\,d(e^{-x}) = -\left[(xe^{-x})\Big|_0^1 - \int_0^1 e^{-x}\,dx\right]$$
$$= -\left[(e^{-1}-0) + \int_0^1 e^{-x}\,d(-x)\right]$$
$$= -(e^{-1} + e^{-x}\Big|_0^1) = -[e^{-1}+(e^{-1}-1)] = 1-2e^{-1}.$$

例 9 求定积分 $\int_0^1 \arctan x\,dx$.

解 设 $u=\arctan x, dv=dx$，则 $du=\dfrac{dx}{1+x^2}, v=x$，于是
$$\int_0^1 \arctan x\,dx = (x\arctan x)\Big|_0^1 - \int_0^1 \frac{x\,dx}{1+x^2} = \frac{\pi}{4} - \frac{1}{2}\int_0^1 \frac{d(1+x^2)}{1+x^2}$$
$$= \frac{\pi}{4} - \frac{1}{2}\left[\ln(1+x^2)\right]\Big|_0^1 = \frac{\pi}{4} - \frac{1}{2}\ln 2.$$

例 10 求定积分 $\int_0^4 e^{\sqrt{x}}\,dx$.

解 设 $\sqrt{x}=t$，则当 $x=0$ 时，$t=0$；当 $x=4$ 时，$t=2$，$dx=2t\,dt$. 于是
$$\int_0^4 e^{\sqrt{x}}\,dx = 2\int_0^2 te^t\,dt = 2\int_0^2 t\,de^t = 2(te^t)\Big|_0^2 - 2\int_0^2 e^t\,dt$$
$$= 4e^2 - 2e^t\Big|_0^2 = 2(e^2+1).$$

例 11 导出 $I_n = \int_0^{\frac{\pi}{2}} \sin^n x\,dx$（$n$ 为非负整数）的递推公式.

解 易见 $I_0 = \int_0^{\frac{\pi}{2}} \mathrm{d}x = \dfrac{\pi}{2}, I_1 = \int_0^{\frac{\pi}{2}} \sin x \mathrm{d}x = 1,$

当 $n \geqslant 2$ 时，

$$\begin{aligned}
I_n &= \int_0^{\frac{\pi}{2}} \sin^n x \mathrm{d}x = -\int_0^{\frac{\pi}{2}} \sin^{n-1} x \mathrm{d}\cos x \\
&= (-\sin^{n-1} x \cos x) \Big|_0^{\frac{\pi}{2}} + (n-1)\int_0^{\frac{\pi}{2}} \sin^{n-2} x \cos^2 x \mathrm{d}x \\
&= (n-1)\int_0^{\frac{\pi}{2}} \sin^{n-2} x (1 - \sin^2 x) \mathrm{d}x \\
&= (n-1)\int_0^{\frac{\pi}{2}} \sin^{n-2} x \mathrm{d}x - (n-1)\int_0^{\frac{\pi}{2}} \sin^n x \mathrm{d}x \\
&= (n-1)I_{n-2} - (n-1)I_n.
\end{aligned}$$

从而得到递推公式 $I_n = \dfrac{n-1}{n} I_{n-2}.$

反复用此公式直到下标为 0 或 1,得

$$I_n = \begin{cases} \dfrac{2m-1}{2m} \cdot \dfrac{2m-3}{2m-2} \cdot \cdots \cdot \dfrac{5}{6} \cdot \dfrac{3}{4} \cdot \dfrac{1}{2} \cdot \dfrac{\pi}{2}, & n = 2m, \\[3mm] \dfrac{2m}{2m+1} \cdot \dfrac{2m-2}{2m-1} \cdot \cdots \cdot \dfrac{6}{7} \cdot \dfrac{4}{5} \cdot \dfrac{2}{3}, & n = 2m+1, \end{cases}$$

其中 m 为自然数.

注 根据例 7 的结果,有 $\int_0^{\frac{\pi}{2}} \sin^n x \mathrm{d}x = \int_0^{\frac{\pi}{2}} \cos^n x \mathrm{d}x.$

习题 5.4

1. 计算下列定积分：

(1) $\displaystyle\int_0^{\sqrt{2}} \sqrt{2 - x^2} \mathrm{d}x$；

(2) $\displaystyle\int_0^1 x^2 \sqrt{1 - x^2} \mathrm{d}x$；

(3) $\displaystyle\int_1^{\sqrt{3}} \dfrac{\mathrm{d}x}{x^2 \sqrt{1 + x^2}}$；

(4) $\displaystyle\int_{-1}^1 \dfrac{x \mathrm{d}x}{\sqrt{5 - 4x}}$；

(5) $\displaystyle\int_0^4 \dfrac{x + 2}{\sqrt{2x + 1}} \mathrm{d}x$；

(6) $\displaystyle\int_0^\pi \cos^4 x \sin x \mathrm{d}x$；

(7) $\displaystyle\int_0^1 t \mathrm{e}^{-t^2} \mathrm{d}t$；

(8) $\displaystyle\int_1^{\mathrm{e}} \dfrac{1 + \ln x}{x} \mathrm{d}x$；

(9) $\displaystyle\int_0^\pi \sqrt{\sin^2 x - \sin^4 x} \mathrm{d}x$；

(10) $\displaystyle\int_0^1 \dfrac{\mathrm{d}x}{\mathrm{e}^x + \mathrm{e}^x}$.

2. 设 $f(x) = \begin{cases} x\mathrm{e}^{-x^2}, & x \geqslant 0, \\[2mm] \dfrac{1}{1 + \cos x}, & -1 < x < 0, \end{cases}$ 求 $\displaystyle\int_1^4 f(x - 2) \mathrm{d}x.$

3. 利用函数的奇偶性计算下列定积分:

(1) $\int_{-5}^{5} \dfrac{x^3 \sin^2 x}{x^4 + 2x^2 + 1} dx$;

(2) $\int_{-\frac{1}{2}}^{\frac{1}{2}} \dfrac{(\arcsin x)^2}{\sqrt{1 - x^2}} dx$;

(3) $\int_{-1}^{1} \dfrac{2x^2 + x\cos x}{1 + \sqrt{1 - x^2}} dx$;

(4) $\int_{-2}^{2} \dfrac{x + |x|}{2 + x^2} dx$.

4. 计算下列定积分:

(1) $\int_{0}^{\frac{\pi}{2}} x^2 \sin x \, dx$;

(2) $\int_{1}^{e} x \ln x \, dx$;

(3) $\int_{0}^{1} x \arctan x \, dx$;

(4) $\int_{0}^{\frac{1}{2}} \text{acrsin} x \, dx$;

(5) $\int_{0}^{\frac{\pi}{4}} \dfrac{x \, dx}{1 + \cos 2x}$;

(6) $\int_{\frac{1}{e}}^{e} |\ln t| \, dt$;

(7) $\int_{1}^{e} \sin(\ln x) \, dx$;

(8) $\int_{0}^{1} \dfrac{x e^x}{(1 + x)^2} dx$.

5. 讨论函数 $y = \int_{0}^{x} t e^{-t^2} dt$ 的极值点与拐点.

6. 已知 $f(x)$ 连续且满足方程 $f(x) = x e^{-x} + 2 \int_{0}^{1} f(t) dt$, 求 $f(x)$.

7. 设 $f(x)$ 在 $[a, b]$ 上连续, 证明 $\int_{a}^{b} f(x) dx = (b - a) \int_{0}^{1} f[a + (b - a)x] dx$.

8. 证明 $\int_{0}^{1} x^m (1 - x)^n dx = \int_{0}^{1} x^n (1 - x)^m dx$.

9. 证明 $\int_{0}^{\frac{\pi}{2}} \dfrac{\sin^3 x}{\sin x + \cos x} dx = \int_{0}^{\frac{\pi}{2}} \dfrac{\cos^3 x}{\sin x + \cos x} dx$, 并求出积分值.

10. 若 $f(t)$ 连续且为奇函数, 证明 $\int_{0}^{x} f(t) dt$ 是偶函数; 若 $f(t)$ 连续且为偶函数, 证明 $\int_{0}^{x} f(t) dt$ 是奇函数.

11. 若 $f''(x)$ 在 $[0, \pi]$ 连续, $f(0) = 2, f(\pi) = 1$, 证明: $\int_{0}^{\pi} [f(x) + f''(x)] \sin x \, dx = 3$.

5.5 反常积分

前面的定积分有两个前提: 一个是积分区间是有限的, 另一个是被积函数是有界的. 但在某些实际问题中, 常常需要突破这两个前提条件. 因此在定积分的计算中, 也要研究无穷区间上的积分和无界函数的积分. 这两类积分通称为**反常积分**或广义积分,相应地,前面的定积分则称为**正常积分**或**常义积分**.

5.5.1　无穷区间上的反常积分

定义 1　设对于任何大于 a 的实数 b,$f(x)$ 在 $[a,b]$ 上可积,则称极限 $\lim\limits_{b\to+\infty}\int_a^b f(x)\mathrm{d}x$ 为 $f(x)$ 在无穷区间 $[a,+\infty]$ 上的**反常积分**(improper integral),或**广义积分**,记作 $\int_a^{+\infty} f(x)\mathrm{d}x$,即

$$\int_a^{+\infty} f(x)\mathrm{d}x = \lim_{b\to+\infty}\int_a^b f(x)\mathrm{d}x.$$

当此极限存在时,则称反常积分 $\int_a^{+\infty} f(x)\mathrm{d}x$ **收敛**,否则称为**发散**.

类似地,定义反常积分

$$\int_{-\infty}^b f(x)\mathrm{d}x = \lim_{a\to-\infty}\int_a^b f(x)\mathrm{d}x,$$

$$\int_{-\infty}^{+\infty} f(x)\mathrm{d}x = \int_{-\infty}^c f(x)\mathrm{d}x + \int_c^{+\infty} f(x)\mathrm{d}x,$$

其中 c 为任一实常数,反常积分 $\int_{-\infty}^{+\infty} f(x)\mathrm{d}x$ 收敛的充要条件是 $\int_{-\infty}^c f(x)\mathrm{d}x$ 与 $\int_c^{+\infty} f(x)\mathrm{d}x$ 同时收敛.

例 1　计算反常积分 $\int_0^{+\infty} \dfrac{\mathrm{d}x}{1+x^2}$.

解　$\displaystyle\int_0^{+\infty} \frac{\mathrm{d}x}{1+x^2} = \lim_{b\to+\infty}\int_0^b \frac{\mathrm{d}x}{1+x^2}$

$$= \lim_{b\to+\infty}\arctan x\Big|_0^b = \lim_{b\to+\infty}\arctan b = \frac{\pi}{2}.$$

反常积分 $\int_0^{+\infty} \dfrac{\mathrm{d}x}{1+x^2}$ 的几何意义是:位于曲线 $y=\dfrac{1}{1+x^2}$ 的下方,x 轴上方以及 y 轴右方,并向右延伸至无穷的阴影部分的面积且面积为 $\dfrac{\pi}{2}$(图 5-6).

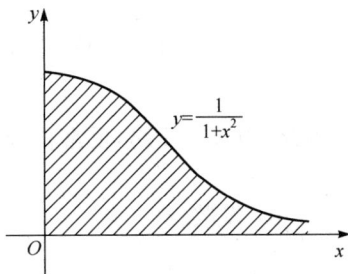

图 5-6

有时也将 $\lim\limits_{b\to+\infty}F(x)\Big|_a^b$ 简记作 $F(x)\Big|_a^{+\infty}$ 或 $F(+\infty)-F(a)$.因此若 $F(x)$ 是连续函数 $f(x)$ 的原函数,则有

$$\int_a^{+\infty} f(x)\mathrm{d}x = F(x)\Big|_a^{+\infty} = F(+\infty) - F(a),$$

$$\int_{-\infty}^b f(x)\mathrm{d}x = F(x)\Big|_{-\infty}^b = F(b) - F(-\infty),$$

$$\int_{-\infty}^{+\infty} f(x)\mathrm{d}x = F(x)\Big|_{-\infty}^{+\infty} = F(+\infty) - F(-\infty).$$

于是 $\displaystyle\int_{-\infty}^{+\infty} \frac{\mathrm{d}x}{1+x^2} = (\arctan x)\Big|_{-\infty}^{+\infty} = \frac{\pi}{2} - \left(-\frac{\pi}{2}\right) = \pi$.

例2　讨论反常积分 $\displaystyle\int_{-\infty}^1 \frac{x}{1+x^2}\mathrm{d}x$ 的敛散性.

解　$\displaystyle\int_{-\infty}^1 \frac{x}{1+x^2}\mathrm{d}x = \frac{1}{2}\int_{-\infty}^1 \frac{\mathrm{d}(1+x^2)}{1+x^2} = \frac{1}{2}\ln(1+x^2)\Big|_{-\infty}^1 = -\infty$.

例3　计算反常积分 $\displaystyle\int_0^{+\infty} t\mathrm{e}^{-pt}\mathrm{d}t$($p$ 是常数,且 $p>0$ 时收敛).

解　$\displaystyle\int_0^{+\infty} t\mathrm{e}^{-pt}\mathrm{d}t = -\frac{1}{p}\int_0^{+\infty} t\mathrm{d}\mathrm{e}^{-pt} = -\frac{1}{p}t\mathrm{e}^{-pt}\Big|_0^{+\infty} + \frac{1}{p}\int_0^{+\infty} \mathrm{e}^{-pt}\mathrm{d}t$

$$= -\frac{1}{p}t\mathrm{e}^{-pt}\Big|_0^{+\infty} - \frac{1}{p^2}\mathrm{e}^{-pt}\Big|_0^{+\infty}$$

$$= -\frac{1}{p}\lim_{t\to+\infty} t\mathrm{e}^{-pt} + 0 - \frac{1}{p^2}(0-1) = \frac{1}{p^2}.$$

注　其中不定式 $\displaystyle\lim_{t\to+\infty} t\mathrm{e}^{-pt} = \lim_{t\to+\infty}\frac{t}{\mathrm{e}^{pt}} = \lim_{t\to+\infty}\frac{1}{p\mathrm{e}^{pt}} = 0$.

例4　讨论反常积分 $\displaystyle\int_1^{+\infty} \frac{1}{x^p}\mathrm{d}x$ 的敛散性.

证明　(1) 当 $p=1$ 时,$\displaystyle\int_1^{+\infty} \frac{1}{x^p}\mathrm{d}x = \int_1^{+\infty} \frac{1}{x}\mathrm{d}x = \ln x\Big|_1^{+\infty} = +\infty$.

(2) 当 $p\neq 1$ 时,

$$\int_1^{+\infty} \frac{1}{x^p}\mathrm{d}x = \frac{x^{1-p}}{1-p}\Big|_1^{+\infty} = \begin{cases} +\infty, & p<1, \\ \dfrac{1}{p-1}, & p>1. \end{cases}$$

因此,当 $p>1$ 时,反常积分 $\displaystyle\int_1^{+\infty} \frac{1}{x^p}\mathrm{d}x$ 收敛,其值为 $\dfrac{1}{p-1}$;当 $p\leqslant 1$ 时,反常积分 $\displaystyle\int_1^{+\infty} \frac{1}{x^p}\mathrm{d}x$ 发散.

5.5.2　无界函数的反常积分

下面再把定积分推广到无界函数的情形.

如果函数 $f(x)$ 在点 a 的任一邻域内都无界,那么 a 称为函数 $f(x)$ 的瑕点(也称无界间断点),无界函数的反常积分也称为**瑕积分**.

定义 2　设函数 $f(x)$ 在 $[a,b)$ 上连续,b 为瑕点.若对任意的 $\varepsilon>0$ 且 $b-\varepsilon>a$,称极限 $\lim\limits_{\varepsilon\to 0^+}\int_a^{b-\varepsilon} f(x)\mathrm{d}x$ 为无界函数 $f(x)$ 在 $[a,b)$ 上的**反常函数**(或**瑕积分**),记作 $\int_a^b f(x)\mathrm{d}x$,即

$$\int_a^b f(x)\mathrm{d}x = \lim_{\varepsilon\to 0^+}\int_a^{b-\varepsilon} f(x)\mathrm{d}x.$$

当这个极限存在时,则称反常积分 $\int_a^b f(x)\mathrm{d}x$ 收敛,若极限不存在,则称反常积分 $\int_a^b f(x)\mathrm{d}x$ 发散.

类似地,若函数 $f(x)$ 在 $(a,b]$ 上连续,且 a 为瑕点,则定义无界函数的积分为

$$\int_a^b f(x)\mathrm{d}x = \lim_{\varepsilon\to 0^+}\int_{a+\varepsilon}^b f(x)\mathrm{d}x.$$

若函数 $f(x)$ 在 $[a,c)$、$(c,b]$ 内连续,$x=c$ 为 $f(x)$ 瑕点,则定义无界函数的积分为

$$\int_a^b f(x)\mathrm{d}x = \lim_{\varepsilon_1\to 0^+}\int_a^{c-\varepsilon_1} f(x)\mathrm{d}x + \lim_{\varepsilon_2\to 0^+}\int_{c+\varepsilon_2}^b f(x)\mathrm{d}x.$$

其中 ε_1 和 ε_2 是彼此无关的正数,这里只有上式中两个极限同时存在,反常积分才是收敛的.

例 5　计算反常积分 $\int_0^a \dfrac{\mathrm{d}x}{\sqrt{a^2-x^2}}\ (a>0)$.

解　因为 $\lim\limits_{x\to a^-}\dfrac{1}{\sqrt{a^2-x^2}}=+\infty$,所以 a 为瑕点.

$$原式 = \lim_{\varepsilon\to 0^+}\int_0^{a-\varepsilon}\frac{\mathrm{d}x}{\sqrt{a^2-x^2}} = \lim_{\varepsilon\to 0^+}\arcsin\frac{x}{a}\Big|_0^{a-\varepsilon}$$

$$= \lim_{\varepsilon\to 0^+}\left(\arcsin\frac{a-\varepsilon}{a}-0\right)=\frac{\pi}{2}.$$

反常积分 $\int_0^a \dfrac{\mathrm{d}x}{\sqrt{a^2-x^2}}$ 的几何意义是:位于 $y=\dfrac{1}{\sqrt{a^2-x^2}}$ 的下方,x 轴上方,直线 $x=0$ 与 $x=a$ 之间的图形的面积(图 5-7).

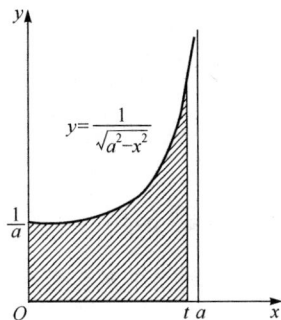

图 5-7

例 6　讨论反常积分 $\int_{-1}^1 \dfrac{1}{x^2}\mathrm{d}x$ 的敛散性.

解　被积函数 $f(x)=\dfrac{1}{x^2}$ 在区间 $[-1,1]$ 上除 $x=0$ 外连续,且 $\lim\limits_{x\to 0}\dfrac{1}{x^2}=+\infty$.由于

$$\lim_{\varepsilon \to 0^+} \int_{-1}^{0-\varepsilon} \frac{1}{x^2} dx = \lim_{\varepsilon \to 0^+} \left(-\frac{1}{x}\right)\Big|_{-1}^{\varepsilon} = \lim_{\varepsilon \to 0^+} \left(\frac{1}{\varepsilon} - 1\right) = +\infty,$$

即广义积分 $\int_{-1}^{0} \frac{dx}{x^2}$ 发散，所以反常积分 $\int_{-1}^{1} \frac{1}{x^2} dx$ 发散.

注　一般而言，判断无穷区间上的反常积分，一目了然，而瑕积分与定积分容易混淆.例 6 中如果忽略了 $\frac{1}{x^2}$ 在 $x=0$ 处无界而按定积分计算，则有错误结果

$$\int_{-1}^{1} \frac{1}{x^2} dx = -\frac{1}{x}\Big|_{-1}^{1} = -1 - 1 = -2.$$

另外，定积分的计算方法与性质，不能随意地直接应用到反常积分中，否则会出错.如 $\int_{-\infty}^{+\infty} \frac{x}{1+x^2} dx$ 是发散的，若此积分是对称区间上的奇函数，就会得出此积分为零的错误结果.

例 7　讨论反常积分 $\int_{0}^{1} \frac{1}{x^q} dx \ (q>0)$ 的敛散性.

证明　被积函数在积分区间上有瑕点 $x=0$

(1) 当 $q=1$ 时，$\int_{0}^{1} \frac{1}{x^q} dx = \int_{0}^{1} \frac{1}{x} dx = \ln x \Big|_{0}^{1} = +\infty.$

(2) 当 $q \neq 1$ 时，$\int_{0}^{1} \frac{1}{x^q} dx = \frac{x^{1-q}}{1-q}\Big|_{0}^{1} = \begin{cases} +\infty, & q > 1, \\ \dfrac{1}{1-q}, & 0 < q < 1. \end{cases}$

因此，当 $0 < q < 1$ 时，反常积分 $\int_{0}^{1} \frac{1}{x^q} dx$ 收敛，其值为 $\frac{1}{1-q}$；当 $q \geqslant 1$ 时，反常积分 $\int_{0}^{1} \frac{1}{x^q} dx$ 发散.

📖 习题 5.5

1. 判断下列反常积分的敛散性：

(1) $\int_{1}^{+\infty} \frac{dx}{x^4}$；

(2) $\int_{0}^{+\infty} e^{-x} dx$；

(3) $\int_{0}^{+\infty} \sin x dx$；

(4) $\int_{-\infty}^{0} \frac{e^x}{1+e^x} dx$；

(5) $\int_{-\infty}^{+\infty} \frac{1}{x^2 + 2x + 2} dx$；

(6) $\int_{1}^{+\infty} \frac{1}{x(1+x^2)} dx$；

(7) $\int_{-1}^{1} \frac{1}{x} dx$；

(8) $\int_{0}^{1} \frac{\ln x}{x} dx$；

(9) $\int_0^1 \dfrac{x}{\sqrt{1-x^2}}\mathrm{d}x$;　　　　　　　　(10) $\int_{-\frac{\pi}{2}}^{\frac{\pi}{2}} \dfrac{1}{\cos^2 x}\mathrm{d}x$.

2. 已知 $\lim\limits_{x\to\infty}\left(\dfrac{1+x}{x}\right)^{ax}=\int_{-\infty}^a te^t\mathrm{d}t\ (a>0)$, 求常数 a.

3. 当 λ 为何值时, 反常积分 $\int_2^{+\infty}\dfrac{\mathrm{d}x}{x\,(\ln x)^\lambda}$ 收敛? 当 λ 为何值时, 该反常积分发散?

4. 计算积分 $\int_1^{+\infty}\dfrac{\arctan x}{x^2}\mathrm{d}x$.

5.6　定积分在几何上的应用

定积分在自然科学和实际生活中有着广泛的应用, 有许多实际问题最后归结为定积分问题. 本节主要讲定积分在几何学上的应用, 如平面图形的面积、旋转体的体积、平行截面体的体积和平面曲线的弧长. 本节在讨论定积分的应用之前, 先介绍利用定积分解决实际问题时所用的方法——微元法.

5.6.1　定积分的元素法

先回顾本章 5.1 节中讨论过的求曲边梯形面积的几个步骤:

(1) 分割: 用一组分点将区间 $[a,b]$ 任意分成长度为 $\Delta x_i(i=1,2,\cdots,n)$ 的 n 个小区间. 相应地把曲边梯形分割成 n 个窄曲边梯形, 第 i 个窄曲边梯形的面积为 ΔA_i, 于是

$$A = \sum_{i=1}^n \Delta A_i.$$

(2) 作近似代替, 计算 ΔA_i 的近似值 $\Delta A_i \approx f(\xi_i)\Delta x_i (x_{i-1}\leqslant\xi_i\leqslant x_i)$.

(3) 求和, 得 A 的近似值 $A \approx \sum_{i=1}^n f(\xi_i)\Delta x_i$.

(4) 取极限, 得 A 的精确值 $A = \lim\limits_{\lambda\to 0}\sum_{i=1}^n f(\xi_i)\Delta x_i = \int_a^b f(x)\mathrm{d}x\ (f(x)\geqslant 0)$.

在上述问题中注意到以下几点:

(1) 所求量(面积 A)与区间 $[a,b]$ 有关;

(2) 所求量对于区间 $[a,b]$ 具有可加性. 如果把区间分成多个小区间, 则所求量相应地分成许多部分量(如 ΔA_i), 而所求量等于所有部分量之和 $\left(如\ A = \sum_{i=1}^n \Delta A_i\right)$.

(3) 以 $f(\xi_i)\Delta x_i$ 近似代替部分量 ΔA_i 时, 它们只相差一个 Δx_i 高阶的无穷小.

(4) 在满足上述条件后,所求量 A 即可表示为定积分 $A = \int_a^b f(x)\mathrm{d}x$.

在引出 A 的积分表达式的四个步骤中,主要是第(3) 步,得到 ΔA_i 的近似值 $f(\xi_i)\Delta x_i$,使得

$$A = \lim_{\lambda \to 0} \sum_{i=1}^{n} f(\xi_i)\Delta x_i = \int_a^b f(x)\mathrm{d}x.$$

为了简便,省略下标 i,用 ΔA 表示任一小区间 $[x, x+\mathrm{d}x]$ 上窄曲边梯形的面积,取 $[x, x+\mathrm{d}x]$ 的左端点 x 为 ξ,以 $f(x)$ 为高、$\mathrm{d}x$ 为底的矩形的面积 $f(x)\mathrm{d}x$ 作为 ΔA 的近似值(图 5-8),即 $\Delta A \approx f(x)\mathrm{d}x$.

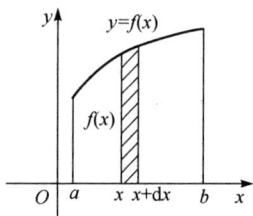

上式右端 $f(x)\mathrm{d}x$ 称为面积微元,事实上就是面积微分,记作

$$\mathrm{d}A = f(x)\mathrm{d}x,$$

则 $A = \int_a^b f(x)\mathrm{d}x$.

图 5-8

一般地,在实际问题中,将所求量 U(**总量**)表示为定积分的方法称为**微元法**,其主要步骤如下:

(1) **由分割写出微元**　根据具体问题,选取一个积分变量,例如 x 为积分变量,并确定它的变化区间 $[a, b]$,任取 $[a, b]$ 的一个区间微元 $[x, x+\mathrm{d}x]$,求出相应于这个区间微元上部分量 ΔU 的近似值,即求出所求总量 U 的**微元**

$$\mathrm{d}U = f(x)\mathrm{d}x.$$

(2) **由微元写出积分**　根据 $\mathrm{d}U = f(x)\mathrm{d}x$ 写出表示总量 U 的定积分

$$U = \int_a^b \mathrm{d}U = \int_a^b f(x)\mathrm{d}x.$$

应用微元法解决实际问题时,应注意如下两点.

(1) 所求总量 U 关于区间 $[a, b]$ 应具有可加性,即如果把区间 $[a, b]$ 分成许多部分区间,则 U 相应地分成许多部分量,而 U 等于所有部分量 ΔU 之和. 这一要求是由定积分概念本身所决定的;

(2) 使用微元法的关键是正确给出部分量 ΔU 的近似表达式 $f(x)\mathrm{d}x$,即使得 $f(x)\mathrm{d}x = \mathrm{d}U \approx \Delta U$. 在通常情况下,要检验 $\Delta U - f(x)\mathrm{d}x$ 是否为 $\mathrm{d}x$ 的高阶无穷小并非易事,因此,在实际应用中要注意 $\mathrm{d}U = f(x)\mathrm{d}x$ 的合理性.

5.6.2　平面图形的面积

1. 直角坐标系下平面图形的面积

根据定积分的几何意义,当 $f(x) \geqslant 0$ 时,$\int_a^b f(x)\mathrm{d}x$ 表示曲线 $y = f(x)$ 及直线 $x = a, x = b (a < b)$ 与 x 轴所围成的曲边梯形的面积. 如果函数 $y = f(x)$, $y = g(x)$

以及直线 $x=a$, $x=b$ 之间图形的面积微元素（图 5-9 中阴影部分）为 $\mathrm{d}A=[f(x)-g(x)]\mathrm{d}x$，则此图形的面积为

$$A = \int_a^b [f(x) - g(x)]\mathrm{d}x. \quad (5\text{-}6\text{-}1)$$

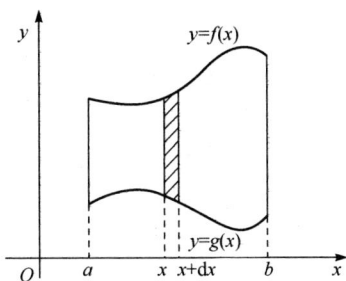

图 5-9

类似地，如果曲线 $x = \psi(y)$ 位于曲线 $x = \varphi(y)$ 的右边，那么由这两条曲线以及直线 $y=c$, $y=d$ 所围成平面图形的面积为

$$A = \int_c^d [\psi(y) - \varphi(y)]\mathrm{d}y.$$

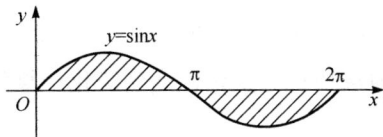

图 5-10

例 1 求正弦曲线 $y=\sin x$ 在区间 $[0, 2\pi]$ 上的一段与 x 轴所围成的平面图形的面积.

解 作出草图（图 5-10），根据公式 (5-6-1)，这里 $g(x) = 0$（即 x 轴），所求面积

$$A = \int_0^{2\pi} |\sin x| \mathrm{d}x = \int_0^{\pi} \sin x \mathrm{d}x + \int_{\pi}^{2\pi} (-\sin x)\mathrm{d}x$$
$$= -\cos x \big|_0^{\pi} + \cos x \big|_{\pi}^{2\pi} = 4.$$

例 2 求曲线 $y=x^2-1$ 与 $y=7-x^2$ 所围成的面积.

解 作出草图（图 5-11），由方程组

$$\begin{cases} y=x^2-1, \\ y=7-x^2, \end{cases}$$

解得两曲线的交点为 $(-2,3)$, $(2,3)$.

取 x 为积分变量，则 x 的变化范围是 $[-2,2]$，任取其上的一个区间微元 $[x, x+\mathrm{d}x]$，则可得到相应面积微元

$$\mathrm{d}A = [(7-x^2)-(x^2-1)]\mathrm{d}x = 2(4-x^2)\mathrm{d}x,$$

从而所求面积

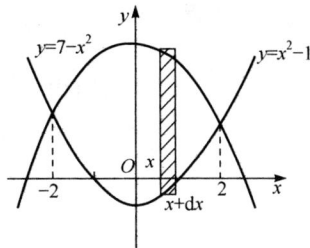

图 5-11

$$A = 2\int_{-2}^{2}(4-x^2)\mathrm{d}x = 4\int_0^2 (4-x^2)\mathrm{d}x = \frac{64}{3}.$$

例 3 求由 $y^2=2x$ 和 $y=x-4$ 所围成的图形的面积.

解 画出草图（图 5-12），由方程组

$$\begin{cases} y^2=2x, \\ y=x-4, \end{cases}$$

解得它们的交点为 $(2,-2)$, $(8,4)$.

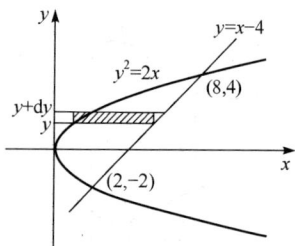

图 5-12

选 y 为积分变量,则 y 的变化范围是 $[-2,4]$,任取其上的一个区间微元 $[y,y+\mathrm{d}y]$,则可得到相应面积微元

$$\mathrm{d}A=\left(y+4-\frac{y^2}{2}\right)\mathrm{d}y.$$

于是所求面积

$$A=\int_{-2}^{4}\mathrm{d}A=\int_{-2}^{4}\left(y+4-\frac{y^2}{2}\right)\mathrm{d}y=18.$$

注 本题如果选 x 为积分变量,则计算过程将会复杂很多.

$$A=\int_{0}^{2}\left[\sqrt{2x}-(-\sqrt{2x})\right]\mathrm{d}x+\int_{2}^{8}\left[\sqrt{2x}-(x-4)\right]\mathrm{d}x=18.$$

因此,在实际应用中,应根据具体情况合理地选择积分变量以达到简化计算的目的.

例 4 求椭圆 $\dfrac{x^2}{a^2}+\dfrac{y^2}{b^2}=1$ 所围成的面积.

解 作出草图(图 5-13),根据椭圆的参数方程

$$\begin{cases}x=a\cos t,\\y=b\sin t,\end{cases}$$

应用定积分的微元法,由 $x=a\cos t$ 得:当 $x=0$ 时,$t=\dfrac{\pi}{2}$;当 $x=a$ 时,$t=0$. 又由椭圆的对称性可知,面积微元 $\mathrm{d}A_1=y\mathrm{d}x$,椭圆的面积 $A=4A_1$,

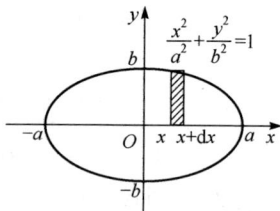

图 5-13

$$A=4\int_{0}^{a}y\mathrm{d}x=4\int_{\frac{\pi}{2}}^{0}b\sin t\mathrm{d}(a\cos t)$$

$$=4ab\int_{0}^{\frac{\pi}{2}}\sin^2 t\mathrm{d}t=\pi ab.$$

2. 极坐标系下平面图形的面积

设曲线的极坐标方程为 $r=r(\theta)$,且 $r(\theta)\geqslant0$ 连续,下面来求 $r=r(\theta)$ 与射线 $\theta=\alpha$ 和 $\theta=\beta\,(\alpha<\beta)$ 所围成的曲边扇形的面积 A(图 5-14).

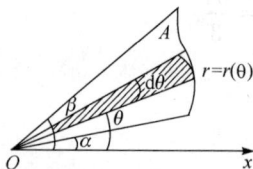

图 5-14

在 $[\alpha,\beta]$ 上任取一个子区间 $[\theta,\theta+\Delta\theta]$,则对应的小曲边扇形的面积 ΔA 就近似地等于以 O 为圆心,以 $r(\theta)$ 为半径的小圆扇形的面积

$$\Delta A\approx\mathrm{d}A=\frac{1}{2}\left[r(\theta)\right]^2\mathrm{d}\theta$$

于是所求曲边扇形的面积

$$A = \frac{1}{2} \int_a^\beta r^2(\theta) \, d\theta. \tag{5-6-2}$$

例 5 求双纽线 $r^2 = a^2 \cos 2\theta$ 所围平面图形的面积.

解 作出草图(图 5-15),由对称性及公式(5-6-2)得

$$A = 4 \int_0^{\frac{\pi}{4}} dA = 4 \int_0^{\frac{\pi}{4}} \frac{1}{2} a^2 \cos 2\theta \, d\theta = a^2.$$

例 6 求心形线 $r = a(1+\cos\theta)\,(a>0)$ 所围平面图形的面积.

解 作出草图(图 5-16),由对称性及公式(5-6-2)得

$$A = 2 \int_0^\pi dA = a^2 \int_0^\pi (1 + 2\cos\theta + \cos^2\theta) \, d\theta$$

$$= a^2 \left(\frac{3\theta}{2} + 2\sin\theta + \frac{1}{4}\sin 2\theta \right) \Big|_0^\pi = \frac{3}{2} \pi a^2.$$

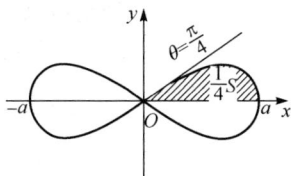

图 5-15

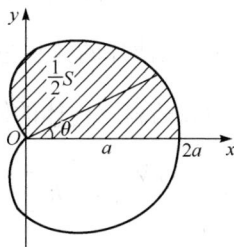

图 5-16

5.6.3 旋转体的体积

旋转体就是由一个平面图形绕着平面内一条直线旋转一周而成的立体. 这条直线称为旋转轴. 圆柱、圆锥、圆台、球体可以分别看成是由矩形绕它的一条边、直角三角形绕它的直角边、直角梯形绕它的直角腰、半圆绕它的直径旋转一周而成的立体,所以它们都是旋转体.

上述旋转体都可以看作是由连续曲线 $y = f(x)$,直线 $x = a$,$x = b$ 及 x 轴所围成的曲边梯形绕 x 轴旋转一周而成的立体.

取横坐标 x 为积分变量,它的变化区间为 $[a,b]$,相应于 $[a,b]$ 上的任一小区间 $[x, x+dx]$ 的窄曲边梯形绕 x 轴旋转而成的薄片的体积近似等于以 $f(x)$ 为底半径、以 dx 为高的扁圆柱体的体积(图 5-17),即体积微元

$$dV = \pi [f(x)]^2 dx.$$

于是旋转体的体积 $V = \pi \int_a^b [f(x)]^2 dx.$

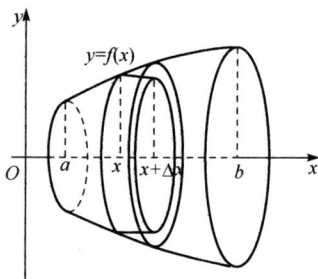

图 5-17

用类似的方法可以推出：由曲线 $x=\varphi(y)$ 和直线 $y=c,y=d(c<d)$ 及 y 轴所围成图形，绕 y 轴旋转一周所成的旋转体的体积为

$$V=\pi\int_c^d\left[\varphi(y)\right]^2\mathrm{d}y.$$

例 7　连接坐标原点 O 及点 $P(h,r)$ 的直线、直线 $x=h$ 及 x 轴围成一个直角三角形. 将它绕 x 轴旋转构成一个半径为 r，高为 h 的圆锥体，计算圆锥体的体积.

解　取 x 轴为旋转轴，建立如图 5-18 所示的坐标系，则过原点 O 及点 $P(h,r)$ 的直线方程为 $y=\dfrac{r}{h}x$，取横坐标 x 为积分变量，它的变化区间为 $[0,h]$. 圆锥体中相对应于 $[0,h]$ 上的任一小区间 $[x,x+\mathrm{d}x]$ 的薄片的体积近似等于 $\dfrac{r}{h}x$ 为底半径、以 $\mathrm{d}x$ 为高的扁圆柱体的体积，即体积微元

$$\mathrm{d}V=\pi\left(\frac{r}{h}x\right)^2\mathrm{d}x,$$

图 5-18

所求体积

$$V=\int_0^h\pi\left(\frac{r}{h}x\right)^2\mathrm{d}x=\frac{\pi r^2}{h^2}\cdot\frac{x^3}{3}\Big|_0^h=\frac{\pi hr^2}{3}.$$

例 8　计算由椭圆 $\dfrac{x^2}{a^2}+\dfrac{y^2}{b^2}=1(a>0,b>0)$ 围成的平面图形绕 x 轴旋转而成的旋转椭球体的体积（图 5-19）.

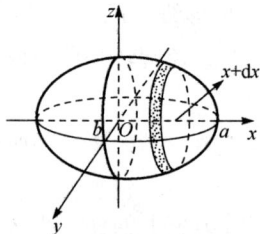

图 5-19

解　该旋转体可视为由上半椭圆 $y=\dfrac{b}{a}\sqrt{a^2-x^2}$ 及 x 轴所围成的图形绕 x 轴旋转而成的立体.

取 x 为自变量，其变化区间为 $[-a,a]$，任取其上一区间微元 $[x,x+\mathrm{d}x]$ 相应于该区间微元的小薄片的体积，近似等于底半径为 $\dfrac{b}{a}\sqrt{a^2-x^2}$ 高为 $\mathrm{d}x$ 的扁圆柱体的体积，即体积微元

$$\mathrm{d}V=\pi\frac{b^2}{a^2}(a^2-x^2)\mathrm{d}x.$$

故所求旋转椭球体的体积为

$$V = \int_{-a}^{a} \mathrm{d}V = \int_{-a}^{a} \pi \frac{b^2}{a^2}(a^2 - x^2)\mathrm{d}x = 2\pi \frac{b^2}{a^2}\int_0^a (a^2 - x^2)\mathrm{d}x$$

$$= 2\pi \frac{b^2}{a^2}\left(a^2 x - \frac{x^3}{3}\right)\Big|_0^a = \frac{4}{3}\pi ab^2.$$

特别地,当 $a=b=R$ 时,可得半径为 R 的球体的体积 $V = \frac{4}{3}\pi R^3$.

例 9 求由曲线 $y=x^2$ 及 $y=2-x^2$ 所围成的图形分别绕 x 轴和 y 轴旋转而成的旋转体的体积.

解 作草图 5-20,并求得曲线 $y=x^2$ 及 $y=2-x^2$ 的交点坐标分别为 $(-1,1)$ 及 $(1,1)$

$$V_x = 2\pi \int_0^1 [(2-x^2)^2 - x^4]\mathrm{d}x$$

$$= 8\pi \left(x - \frac{1}{3}x^3\right)\Big|_0^1 = \frac{16}{3}\pi,$$

$$V_y = \pi \int_0^1 (\sqrt{y})^2 \mathrm{d}y + \pi \int_1^2 (\sqrt{2-y})^2 \mathrm{d}y$$

$$= \pi \left(\frac{1}{2}y^2\right)\Big|_0^1 + \pi \left(2y - \frac{1}{2}y^2\right)\Big|_1^2 = \pi.$$

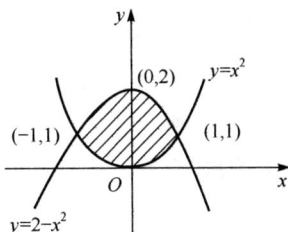

图 5-20

5.6.4 平行截面面积已知的立体体积

从计算旋转体体积的过程可以看出,如果一个立体不是旋转体,但知道该立体上垂直于一定轴的各个截面的面积,那么,这个立体的体积也可以用定积分来计算.

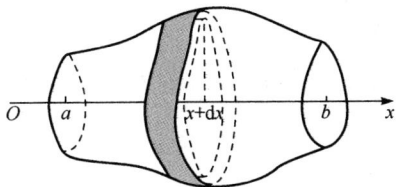

图 5-21

如图 5-21 所示,取上述定轴为 x 轴,并设该立体在过点 $x=a,x=b$ 且垂直于 x 轴的两个平面之间,以 $A(x)$ 表示过点 x 且垂直于 x 轴的截面面积,假定 $A(x)$ 为 x 的已知的连续函数. 这时,取 x 为积分变量,它的变化区间为 $[a,b]$;立体中相应于 $[a,b]$ 上的任一小区间 $[x,x+\mathrm{d}x]$ 的一薄片的体积,近似等于以 $A(x)$ 为底面积、以 $\mathrm{d}x$ 为高的扁圆柱体的体积,体积微元

$$\mathrm{d}V = A(x)\mathrm{d}x.$$

以 $A(x)\mathrm{d}x$ 为被积表达式,在闭区间 $[a,b]$ 上作定积分,于是所求立体的体积为

$$V = \int_a^b A(x)\mathrm{d}x.$$

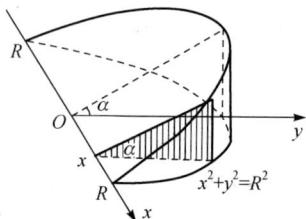

图 5-22

例 10　一平面经过半径为 R 的圆柱体的底圆中心，并与底面交成角 α（图 5-22），计算该平面截圆柱体所得立体的体积.

解　截面面积

$$A(x)=\frac{1}{2}(R^2-x^2)\tan\alpha.$$

体积微元

$$dV=A(x)dx.$$

所求体积

$$V=\frac{1}{2}\int_{-R}^{R}(R^2-x^2)\tan\alpha dx=\frac{2}{3}R^3\tan\alpha.$$

习题 5.6

1. 求下列曲线所围图形的面积：

(1) $y=8-2x^2$ 与 $y=0$；　　　　(2) $y=\sqrt{x}$ 与 $y=x$；

(3) $y=x^2$ 与 $y=2x+3$；　　　　(4) $y=\dfrac{1}{x}$，$y=x$ 与 $x=2$；

(5) $y=\ln x$，y 轴与 $y=\ln a$，$y=\ln b(b>a>0)$；

(6) $y=e^x$，$y=e^{-x}$ 与 $x=1$.

2. 曲线 $y=x^2$ 在点 $(1,1)$ 处的切线与 $x=y^2$ 所围成图形的面积.

3. 求下列极坐标表示的曲线所围图形的面积：

(1) $r=2a\cos\theta$；　　　　　　(2) $r=2a(2+\cos\theta)$；

(3) $r=3\cos\theta$ 与 $r=1+\cos\theta$ 所围图形的公共部分.

4. 求下列已知曲线所围成的图形，按指定的轴旋转所产生的旋转体的体积：

(1) $y=x^2$，$x=y^2$，分别绕 x 轴，y 轴；

(2) $y=\sqrt{x}$，$y=x-2$，$y=0$，分别绕 x 轴，y 轴；

(3) $y=x$，$x=2$，$y=\dfrac{1}{x}$，分别绕 x 轴，y 轴；

(4) $y=0$，$x=\dfrac{\pi}{2}$，$y=\sin x$，分别绕 x 轴，y 轴.

5. 计算由摆线 $x=a(t-\sin t)$，$y=a(1-\cos t)$ 的一拱，直线 $y=0$ 所围成的图形分别绕 x 轴和 y 轴旋转而成的旋转体的体积.

6. 求以半径为 R 的圆为底、平行且等于底圆直径的线段为顶、高为 h 的正劈锥体的体积（图 5-23）.

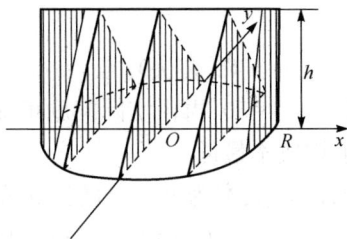

图 5-23

7. 证明：由平面图形 $0 \leqslant a \leqslant x \leqslant b, 0 \leqslant y \leqslant f(x)$ 绕 y 轴旋转所得旋转体的体积为

$$V = 2\pi \int_a^b x f(x) \mathrm{d}x.$$

5.7 积分在经济分析中的应用

5.7.1 由边际函数求原经济函数

在经济学中，把一个函数的导函数称为它的边际函数. 因此在经济问题中，由边际函数求原来的经济函数，可用积分来解决.

已知某一经济函数 $F(x)$（如需求函数 $Q(P)$、总成本函数 $C(x)$、总收入函数 $R(x)$ 和利润函数 $L(x)$ 等），它的边际函数就是它的导数 $F'(x)$. 作为导数（微分）的逆运算，若对已知的边际函数 $F'(x)$ 求不定积分，则可求得原经济函数

$$F(x) = \int F'(x) \mathrm{d}x.$$

利用所给的条件也可以通过定积分 $F(x) - F(x_0) = \int_{x_0}^{x} F'(x) \mathrm{d}x$，即

$$F(x) = \int_{x_0}^{x} F'(x) \mathrm{d}x + F(x_0),$$

求得原经济函数.

例 1 已知某产品生产 x 件时，边际成本 $C'(x) = 0.4x - 12$（元/件），固定成本 50 元.(1)求其成本函数；(2)求产量为多少时，平均成本最低.

解 (1) 由已知条件得

$$C'(x) = 0.4x - 12, \quad C(0) = 50.$$

因此生产 x 件商品的总成本为

$$C(x) = \int_0^x C'(t) \mathrm{d}t + C(0) = \int_0^x 0.4t - 12 \mathrm{d}t + 200 = 0.2x^2 - 12x + 50 \text{（元）}.$$

(2) $\bar{C}(x) = 0.2x - 12 + \dfrac{50}{x}$,

$$\overline{C}'(x)=0.2-\frac{50}{x^2}.$$

令 $\overline{C}'(x)=0$，得 $x_1=50(x_2=-50$ 舍去).

因此，$\overline{C}(x)$ 仅有一个驻点 $x_1=50$，再由实际问题可知 $\overline{C}(x)$ 有最小值.

故当产量为 50 吨时，平均成本最低.

例 2　设生产某产品的固定成本为 60，产量为 x 单位时的边际收入函数为 $R'(x)=100-2x$，边际成本函数为 $C'(x)=x^2-14x+111$.

(1) 求总收益函数、总成本函数、总利润函数；

(2) 求当产量为多少时利润最大并求最大利润.

解　(1) 总收益函数

$$R(x)=\int_0^x (100-2t)\mathrm{d}t=100x-x^2.$$

总成本函数

$$C(x)=\int_0^x (t^2-14t+111)\mathrm{d}t+C(0)=\frac{1}{3}x^3-7x^2+111x+60.$$

总利润函数

$$L(x)=R(x)-C(x)=100x-x^2-\left(\frac{1}{3}x^3-7x^2+111x+60\right)$$

$$=-\frac{1}{3}x^3+6x^2-11x-60.$$

(2) 令 $L'(x)=R'(x)-C'(x)=0$ 得 $x_1=1,x_2=11$. 又因为

$$L''(x)=R''(x)-C''(x)=-2-2x+14=12-2x.$$

于是 $L''(1)=10>0,L''(11)=-10<0$，所以当 $x=11$ 时利润最大，最大利润为

$$L(11)=-\frac{1}{3}\times 11^3+6\times 11^2-11\times 11-60\approx 101.3.$$

例 3　设生产某种机器的固定成本为 1.2 万元，每月生产 x 台的边际成本为 $C'(x)=0.6x-0.2$(万元)，每台售价为 1.6 万元，问每月生产多少台时利润最大，最大利润是多少？

解　设总成本函数、总收益函数、总利润函数分别为 $C(x),R(x),L(x)$，则

$$C(x)=\int_0^x (0.6t-0.2)\mathrm{d}t+C(0)=0.3x^2-0.2x+1.2,$$

$$R(x)=1.6x,$$

$$L(x)=R(x)-C(x)=1.6x-(0.3x^2-0.2x+1.2)$$

$$=-0.3x^2+1.8x-1.2.$$

令 $L'(x)=-0.6x+1.8=0$，得 $x=3$，又因 $L''(3)=-0.6<0$，所以每月生产 3 台时利润最大，最大利润为

$$L(3) = -0.3 \times 3^2 + 1.8 \times 3 - 1.2 = 1.5(万元).$$

5.7.2 资本现值与投资问题

设有 P 元货币,若按年利率 r 作连续复利计算,则 t 年后的价值为 Pe^{rt} 元;反之,若 t 年后要有货币 P 元,则按连续复利计算,现应有 Pe^{-rt} 元,称此为**资本现值**.

设在时间区间 $[0,T]$ 内 t 时刻的单位时间收入为 $f(t)$,称此为**收入率**,若按年利率 r 作连续复利计算,则在时间区间 $[t,t+\Delta t]$ 内的收入现值为 $f(t)e^{-rt}dt$. 按照定积分的微元法的思想,则在 $[0,T]$ 内的到得总收入现值为

$$y = \int_0^T f(t)e^{-rt}dt.$$

若收入率 $f(t) = a(a$ 为常数),称其为**均匀收入率**,若年利率 r 也为常数,则总收入的现值为

$$y = \int_0^T ae^{-rt}dt = a \cdot \frac{-1}{r}e^{-rt} \Big|_0^T = \frac{a}{r}(1 - e^{-rT}).$$

例 4 现对某企业给予一笔投资 A,经测算,该企业在 T 年中可以按每年 a 元的均匀收入率获得收入,若年利润为 r,试求:

(1) 该投资的纯收入贴现值;

(2) 收回该笔投资的时间.

解 (1) 因收入率为 a,年利润为 r,故投资后的 T 年中获总收入的现值为

$$y = \int_0^T ae^{-rt}dt = \frac{a}{r}(1 - e^{-rT}),$$

从而投资所获得的纯收入的贴现值为

$$R = y - A = \frac{a}{r}(1 - e^{-rT}) - A.$$

(2) 收回投资,即为总收入的现值等于投资,

$$\frac{a}{r}(1 - e^{-rT}) = A.$$

于是

$$T = \frac{1}{r}\ln\frac{a}{a - Ar}.$$

即收回投资的时间为

$$T = \frac{1}{r}\ln\frac{a}{a - Ar}.$$

例如,若对某企业投资 $A = 800$(万元),年利率为 5%,设在 20 年中的均匀收入率为 $a = 200$(万元/年),则有投资回收期为

$$T = \frac{1}{0.05} \ln \frac{200}{200 - 800 \times 0.05} = 20\ln 1.25 \approx 4.46(\text{年}).$$

由此可知,该投资在 20 年中可得纯利润为 1728.2 万元,投资回收期约为 4.46 年.

📖 习题 5.7

1. 某企业生产 x 吨产品时的边际成本为

$$C'(x) = \frac{1}{50}x + 30(\text{元}/\text{吨}),$$

且固定成本为 900 元,试求产量为多少时平均成本最低?

2. 若一企业生产某产品的边际成本是产量 x 的函数

$$C'(x) = 2e^{0.2x},$$

固定成本 $C_0 = 90$,求总成本函数.

3. 已知某产品生产 x 件时,边际成本 $C'(x) = 0.4x - 12(\text{元}/\text{件})$,固定成本 200 元.

(1) 求其成本函数;

(2) 若此种商品的售价为 20 元且可全部售出,求其利润函数 $L(x)$,并求产量为多少时所获得的利润最大.

4. 某种商品的成本函数 $C(x)$(万元),其边际成本为 $C'(x) = 1$,边际收益是生产量 x(百台)的函数,即 $R'(x) = 5 - x$.

(1) 求生产量为多少时,总利润最大?

(2) 从利润量最大的生产量又生产了 100 台,总利润减少了多少?

5. 已知对某商品的需求量是价格 P 的函数,且边际需求 $Q'(P) = -4$,该商品的最大需求量为 80(即 $P = 0$ 时,$Q = 80$),求需求量与价格的函数关系.

6. 有一个大型投资项目,投资成本为 $A = 10000$(万元),投资年利率为 5%,每年的均匀收入率为 $a = 2000$(万元),求该投资为无限期时的纯收入的贴现值(或称为投资的资本价值).

人 物 介 绍

◎ **莱布尼茨**(Leibniz,1646~1716 年),德国哲学家、数学家.研究领域涉及法学、力学、光学、语言学等 40 多个领域,被誉为 17 世纪的亚里士多德.在数学上最重要的贡献是和牛顿分别独立地发明了微积分.

1665 年牛顿创始了微积分,莱布尼茨在 1673~1676 年间也发表了微积分思想的论著.以前,微分和积分作为两种数学运算、两类数学问题,是分别地加以研究的. 只有莱布尼茨和牛顿将积分和微分真正沟通起来, 明确地找到了两者内在的直接联系: 微分和积分是互逆的两种运算. 而这是微积分建立的关键所在.

然而关于微积分创立的优先权, 在数学史上曾掀起了一场激烈的争论. 实际上, 牛顿在微积分方面的研究虽早于莱布尼茨, 但莱布尼茨成果的发表则早于牛顿. 1684 年, 莱布尼茨在《教师学报》上发表的论文《一种求极大极小的奇妙类型的计算》, 是最早的微积分文献. 这篇简短论文内容并不丰富, 说理也比较含糊, 但却有着划时代的意义. 1687 年, 牛顿在《自然哲学的数学原理》的第一版和第二版也写道: "十年前在我和最杰出的几何学家莱布尼茨的通信中, 我表明我已经知道确定极大值和极小值的方法、作切线的方法以及类似的方法, 但我在交换的信件中隐瞒了这方法……这位最卓越的科学家在回信中写道, 他也发现了一种同样的方法. 并诉述了他的方法, 它与我的方法几乎没有什么不同, 除了他的措词和符号而外" (但在第三版及以后再版时, 这段话被删掉了).

牛顿从物理学出发, 运用集合方法研究微积分, 其应用上更多地结合了运动学, 造诣高于莱布尼茨. 莱布尼茨则从几何问题出发, 运用分析学方法引进微积分概念、得出运算法则, 其数学的严密性与系统性是牛顿所不及的.

莱布尼茨认识到好的数学符号能节省思维劳动, 运用符号的技巧是数学成功的关键之一. 因此, 他所创设的微积分符号远远优于牛顿的符号, 这对微积分的发展有极大影响. 1713 年, 莱布尼茨发表了《微积分的历史和起源》一文, 总结了自己创立微积分学的思路.

◎ **黎曼**(Riemann, 1826~1866 年), 德国数学家, 非欧几里得几何的创始人之一.

1851 年, 黎曼给出了一个复变函数可微的充分必要充分条件(即柯西-黎曼方程). 他借助狄利克雷原理阐述了黎曼映射定理, 成为函数的几何理论的基础. 1853 年定义了黎曼积分并研究了三角级数收敛的准则. 1854 年, 黎曼发展了高斯关于曲面的微分几何研究, 提出用流形的概念理解空间的实质, 用微分弧长度的平方所确定的正定二次型理解度量, 建立了黎曼空间的概念, 把欧氏几何、非欧几何包进了他的体系之中. 1857 年发表的关于阿贝尔函数的研究论文, 引出黎曼曲面的概念, 将阿贝尔积分与阿贝尔函数的理论带到新的转折点并做系统的研究. 其中对黎曼曲面从拓扑、分析、代数几何各角度作了深入研究. 创造了一系列对代数、拓扑发展影响深远的概念, 阐明了后来为 G. 罗赫所补足的黎曼-罗赫定理. 黎曼对微积分的发展做出了重要的贡献, 黎曼给出了定积分严格定义, 所以定积分也被称为黎曼积分.

黎曼猜想是一个困扰数学界多年的难题, 迄今为止仍未有人给出一个令人完全信服的合理证明. 2000 年 5 月 24 日, 美国克雷(Clay)数学研究所公布了 7 个千禧数学问题, 每个问题的奖金均为 100 万美元. 其中黎曼假设被公认为目前数学中

(而不仅仅是这 7 个)最重要的猜想.

德国数学家克莱因(Klein)这样的评价他:"黎曼具有很强的直观,他超越了当代的数学家,在他的兴趣被激发的领域,他不管当局是否会接受对他的研究,也不让传统来误导他……他像流星一样出现然后消失,他活跃的时间只不过 15 年,1851 年他完成论文,1862 年他生病,1866 年他去世……黎曼的思想,对现代函数论发展的影响是缓慢和逐渐的,他的工作不会在当代引起突然的革命.这主要是由于黎曼的工作是不容易明白,另外是他提出的想法是非常新且奇特的……"

📖复习题 5

1. 填空题.

(1) 设 $f(x)$ 为连续函数,则 $\int_2^3 f(x)\mathrm{d}x + \int_3^1 f(u)\mathrm{d}u + \int_1^2 f(t)\mathrm{d}t =$ _____.

(2) $\lim\limits_{x\to 0}\dfrac{\int_0^x \sin^2 t\mathrm{d}t}{x^3} =$ _____.

(3) 函数 $F(x) = \int_1^x (1-\ln\sqrt{t})\mathrm{d}t\,(x>0)$ 的递减区间为_____.

(4) 已知 $\int_0^1 f(x)\mathrm{d}x = 1, f(1) = 0$,则 $\int_0^1 xf'(x)\mathrm{d}x =$ _____.

(5) 设 $\lim\limits_{x\to+\infty} f(x) = 1, a$ 为常数,$\lim\limits_{x\to+\infty}\int_x^{x+a} f(x)\mathrm{d}x =$ _____.

2. 选择题.

(1) 在下列积分中,其值为 0 的是(　　).

(A) $\int_{-1}^1 |\sin 2x|\,\mathrm{d}x$　(B) $\int_{-1}^1 \cos 2x\mathrm{d}x$　(C) $\int_{-1}^1 x\sin x\mathrm{d}x$　(D) $\int_{-1}^1 \sin 2x\mathrm{d}x$

(2) 设 $f(x)$ 在 $[a,b]$ 上非负,在 (a,b) 内 $f''(x)>0, f'(x)<0$. $I_1 = \dfrac{b-a}{2}[f(b)+f(a)]$, $I_2 = \int_a^b f(x)\mathrm{d}x, I_3 = (b-a)f(b)$,则 I_1, I_2, I_3 的大小关系为(　　).

(A) $I_1\leqslant I_2\leqslant I_3$　　(B) $I_2\leqslant I_3\leqslant I_1$　(C) $I_1\leqslant I_3\leqslant I_2$　(D) $I_3\leqslant I_2\leqslant I_1$

(3) 设 $\Phi(x) = \int_0^x \sin(x-t)\mathrm{d}t$,则 $\Phi'(x)$ 等于(　　).

(A) $\cos x$　　(B) $-\sin x$　　(C) $\sin x$　　(D) 0

(4) 定积分 $\int_{-1}^1 x^{2002}(\mathrm{e}^x - \mathrm{e}^{-x})\mathrm{d}x$ 的值为(　　).

(A) 0　(B) $2002!\left(\mathrm{e}-\dfrac{1}{\mathrm{e}}\right)$　(C) $2003!\left(\mathrm{e}-\dfrac{1}{\mathrm{e}}\right)$　(D) $2001!\left(\mathrm{e}-\dfrac{1}{\mathrm{e}}\right)$

(5) 设 $f(x) = \int_0^{\sin x}\sin t^2\mathrm{d}t, g(x) = x^3+x^4$,则当 $x\to 0$ 时,$f(x)$ 是 $g(x)$ 的

(　　)无穷小量.

(A) 等价　　　　(B) 同阶但非等价　　　(C) 高阶　　　　(D) 低阶

3. 求极限：

(1) $\lim\limits_{n \to \infty} \sum\limits_{k=1}^{n} \dfrac{n}{n^2 + 3k^2}$；

(2) $\lim\limits_{n \to \infty} \dfrac{1}{n} \sum\limits_{i=1}^{n} \sqrt{1 + \dfrac{i}{n}}$；

(3) $\lim\limits_{x \to a} \dfrac{x}{x - a} \int_a^x f(t)\mathrm{d}t$，其中 $f(x)$ 连续；

(4) $\lim\limits_{x \to 0} \dfrac{\displaystyle\int_{2x}^0 \mathrm{e}^{t^2}\mathrm{d}t}{\mathrm{e}^x - 1}$.

4. 估计积分 $\displaystyle\int_{\pi/4}^{\pi/2} \dfrac{\sin x}{x}\mathrm{d}x$ 的值.

5. 求下列函数的导数：

(1) $\dfrac{\mathrm{d}}{\mathrm{d}x} \displaystyle\int_0^x \sin(x - t)^2 \mathrm{d}t$；

(2) $\dfrac{\mathrm{d}}{\mathrm{d}x} \displaystyle\int_0^x t f(x^2 - t^2)\mathrm{d}t$，其中 $f(x)$ 是连续函数.

6. 设函数 $y = y(x)$ 由方程 $\displaystyle\int_0^{y^2} \mathrm{e}^{-t}\mathrm{d}t + \int_x^0 \cos t^2 \mathrm{d}t = 0$ 所确定，求 $\dfrac{\mathrm{d}y}{\mathrm{d}x}$.

7. 设 $f(x)$ 连续且满足 $\displaystyle\int_0^{x^2(1+x)} f(t)\mathrm{d}t = x$，求 $f(2)$.

8. 已知 $f(x) = x^2 - x \displaystyle\int_0^2 f(x)\mathrm{d}x + 2 \int_0^1 f(x)\mathrm{d}x$，求 $f(x)$.

9. 设 $F(x) = \displaystyle\int_0^x \mathrm{e}^{-\frac{t^2}{2}}\mathrm{d}t, x \in (-\infty, +\infty)$，求曲线 $y = F(x)$ 在拐点处的切线方程.

10. 设 $f(x)$ 和 $g(x)$ 均为 $[a, b]$ 上的连续函数，证明：至少存在一点 $\xi \in (a, b)$，使

$$f(\xi) \int_\xi^b g(x)\mathrm{d}x = g(\xi) \int_a^\xi f(x)\mathrm{d}x.$$

11. 设 $f(x)$ 在 $(-\infty, +\infty)$ 内连续且 $f(x) > 0$. 证明函数

$$F(x) = \frac{\displaystyle\int_0^x t f(t)\mathrm{d}t}{\displaystyle\int_0^x f(t)\mathrm{d}t}$$

在 $(0, +\infty)$ 内为单调增加函数.

12. 求下列定积分：

(1) $\displaystyle\int_0^\pi (\sin^2 x - \sin^3 x)\mathrm{d}x$；

(2) $\displaystyle\int_0^3 \dfrac{\mathrm{d}x}{(1+x)\sqrt{x}}$；

(3) $\displaystyle\int_{-\sqrt{2}}^{\sqrt{2}} \sqrt{8 - 2x^2}\,\mathrm{d}x$；

(4) $\displaystyle\int_0^1 \dfrac{\ln(1+x)}{(2-x)^2}\mathrm{d}x$.

13. 设 $\int_0^\pi \dfrac{\cos x}{(x+2)^2}\mathrm{d}x = A$，求 $\int_0^{\frac{\pi}{2}} \dfrac{\sin x \cos x}{x+1}\mathrm{d}x$.

14. 设 $f(x)$ 在 $[0,2a]$ 上连续，则 $\int_0^{2a} f(x)\mathrm{d}x = \int_0^a [f(x)+f(2a-x)]\mathrm{d}x$.

15. 证明 $\int_x^1 \dfrac{\mathrm{d}x}{1+x^2} = \int_1^{\frac{1}{x}} \dfrac{\mathrm{d}x}{1+x^2}\ (x>0)$.

16. 设 $f(x),g(x)$ 在区间 $[-a,a]\ (a>0)$ 上连续，$g(x)$ 为偶函数，且 $f(x)$ 满足条件 $f(x)+f(-x)=A$（A 为常数）．(1) 证明：$\int_{-a}^a f(x)g(x)\mathrm{d}x = A\int_0^a g(x)\mathrm{d}x$；

(2) 利用(1) 结论计算定积分 $\int_{-\frac{\pi}{2}}^{\frac{\pi}{2}} |\sin x|\arctan\mathrm{e}^x\mathrm{d}x$.

17. 设 $f(x)$ 是以 T 为周期的连续函数，证明对任意实数 a，有 $\int_a^{a+T} f(x)\mathrm{d}x = \int_0^T f(x)\mathrm{d}x$. 并计算 $\int_0^{100\pi} \sqrt{1-\cos 2x}\,\mathrm{d}x$.

18. 设 $f(x)$ 是以 π 为周期的连续函数，证明：
$$\int_0^{2\pi}(\sin x + x)f(x)\mathrm{d}x = \int_0^\pi (2x+\pi)f(x)\mathrm{d}x.$$

19. 设 $f(x),g(x)$ 都是 $[a,b]$ 上的连续函数，且 $g(x)$ 在 $[a,b]$ 上不变号，证明：至少存在一点 $\xi \in [a,b]$，使等式成立
$$\int_a^b f(x)g(x)\mathrm{d}x = f(\xi)\int_a^b g(x)\mathrm{d}x.$$

这一结果称为积分第一中值定理.

20. 已知 $\int_0^{+\infty} \dfrac{\sin x}{x}\mathrm{d}x = \dfrac{\pi}{2}$，求 $\int_0^{+\infty} \dfrac{\sin^2 x}{x^2}\mathrm{d}x$.

21. 判断积分 $\int_{2/\pi}^{+\infty} \dfrac{1}{x^2}\sin\dfrac{1}{x}\mathrm{d}x$ 的收敛性.

22. 判断积分 $\int_0^3 \dfrac{\mathrm{d}x}{(x-1)^{2/3}}$ 的收敛性.

23. 求抛物线 $y=-x^2+4x-3$ 及其在点 $(0,-3)$ 和 $(3,0)$ 处的切线所围成的图形的面积.

24. 求曲线 $y=-x^3+x^2+2x$ 与 x 轴所围成的图形的面积.

25. 求位于曲线 $y=\mathrm{e}^x$ 下方，该曲线过原点的切线的左方以及 x 轴上方之间的图形的面积.

26. 求由下列已知曲线所围成的图形，按指定的轴旋转所产生的旋转体的体积：

(1) $y=\mathrm{e}^x$ 与 $x=1$，$y=1$ 所围成的图形，分别绕 x 轴，y 轴；

(2) $x^2 + (y-5)^2 \leqslant 16$, 绕 x 轴.

27. 求曲线 $y = 4 - x^2$ 及 $y = 0$ 所围成的图形绕直线 $x = 3$ 旋转所得旋转体的体积.

28. 设抛物线 $L: y = -bx^2 + a (a > 0, b > 0)$, 确定常数 a, b 的值, 使得

(1) L 与直线 $y = x + 1$ 相切;

(2) L 与 x 轴所围图形绕 y 轴旋转所得旋转体的体积最大.

29. 已知生产某产品 x 单位时的边际收入为 $R'(x) = 100 - 2x$ (元/单位), 求生产 40 单位时的总收入及平均收入, 并求再增加生产 10 个单位时所增加的总收入.

30. 已知某产品的边际收入 $R'(x) = 25 - 2x$, 边际成本 $C'(x) = 13 - 4x$, 固定成本为 $C_0 = 10$, 求当 $x = 5$ 时的毛利和纯利.

31. 已知需求函数 $D(Q) = (Q-5)^2$ 和消费函数 $S(Q) = Q^2 + Q + 3$,

(1) 求平衡点;

(2) 求平衡点处的消费者剩余;

(3) 求平衡点处的生产者剩余.

参 考 文 献

Avner Friedman. 2007. Advanced Calculus. New York：Dover Publications Inc.

曹定华，方涛，李建平. 2006. 微积分. 上海：复旦大学出版社.

大连理工大学应用数学系. 2007. 工科微积分. 2 版. 大连：大连理工大学出版社.

李忠，周建莹. 2009. 高等数学. 2 版. 北京：北京大学出版社.

同济大学数学系. 2007. 高等数学. 6 版. 北京：高等教育出版社.

王立冬，周文书. 2012. 微积分. 大连：大连理工大学出版社.

课后习题答案

习题 1.1

1. (1) $\{x \mid -3 \leqslant x \leqslant 3\}$；$[-3,3]$. (2) $\{x \mid x>2$ 或 $x<0\}$；$(-\infty,0)\bigcup(2,+\infty)$. (3) $\{x \mid -2<x<1\}$；$(-2,1)$.

2. (1) $[-2,2]$. (2) $[-2,1)\bigcup(1,3)\bigcup(3,+\infty)$. (3) $[\dfrac{10}{e},10e]$.

   (4) $\left\{x \mid x \in \mathbf{R} \text{ 且 } x \neq k\pi + \dfrac{\pi}{2} - 1, k=0,\pm 1,\pm 2,\cdots\right\}$.

   (5) $D=(-1,0)\bigcup(0,+\infty)$. (6) $D=(1,5]$.

3. (1) $D=[-1,1]$; (2) $D=[2k\pi,(2k+1)\pi], k\in\mathbf{Z}$; (3) $D=[-a,1-a]$.

   (4) 当 $0<a<\dfrac{1}{2}$ 时,$D=[a,1-a]$；当 $a=\dfrac{1}{2}$ 时,$D=\{\dfrac{1}{2}\}$；当 $a>\dfrac{1}{2}$ 时,$D=\varnothing$.

4. $f(3)=2, f(2)=1, f(0)=2, f(\dfrac{1}{2})=2, f(-\dfrac{1}{2})=2^{-\frac{1}{2}}$.

5. 故 $f(x-1)+f(x+1)=\begin{cases}2x^2+10, & x<-1, \\ x^2+8, & -1\leqslant x<1, \\ 4x+2, & x\geqslant 1.\end{cases}$

6. $f(x)=4x^2-x+c$.

7. (1) 偶函数； (2) 非奇非偶函数； (3) 奇函数； (4) $f(x)$ 为奇函数.

8-10. 略.

11. (1) 在 $(-1,0)$ 内单调减少； (2) 在 $(-\dfrac{\pi}{2},\dfrac{\pi}{2})$ 内单调增加；

   (3) 在 $(-1,+\infty)$ 内是单调增加的.

12. $C=\begin{cases}14.4, & 0<x\leqslant 5, \\ 14.4+1.4(x-5), & 5<x<10.\end{cases}$

13. (1) $y=\dfrac{1-x}{1+x}$； (2) $y=\dfrac{1}{3}\arcsin\dfrac{x}{2}$； (3) $y=\log_2\dfrac{x}{1-x}$.

14-15. 略.

16. 无界； 如 $\{x \mid x=2k\pi+\dfrac{\pi}{2}, k\in\mathbf{Z}\}$.

习题 1.2

1. (1) $y=\sqrt[3]{u}, u=\arcsin v, v=a^x$；　(2) $y=u^3, u=\sin v, v=\ln x$；

　(3) $y=a^u, u=\tan v, v=x^2$；　　(4) $y=\ln u, u=v^2, v=\ln w, w=t^3, t=\ln x$.

2. (1) $y=u^{20}, u=1+x$；　(2) $y=2^u, u=v^2, v=\sin x$.

3. $f[g(x)]=\begin{cases}1, & |e^x|<1, \\ 0, & |e^x|=1 \\ -1, & |e^x|>1,\end{cases} = \begin{cases}1, & x<0, \\ 0, & x=0, \\ -1, & x>0.\end{cases}$

4. $f[f(x)]=1$.

5. (1) $y=\begin{cases}2, & x=0, \\ 1, & x\neq 0;\end{cases}$　(2) $y=\begin{cases}x+1, & x>0, \\ x-1, & x<0.\end{cases}$

习题 1.3

1. $TR(x)=-\dfrac{1}{2}x^2+4x$.

2. $TR(x)=\begin{cases}130x, 0\leqslant x\leqslant 700, \\ 91000+117x, 700<x\leqslant 1000.\end{cases}$

3. $L=50-4Q; \bar{L}=\dfrac{50}{Q}-4$.

4. 5.

习题 1.4

1. (1) 发散的；　(2) 收敛于 0；　(3) 发散的；　(4) 是收敛于 1；

　(5) 0；　(6) 2；　(7) 不存在；　(8) 不存在.

2. (1) (错)；　(2) (对)；　(3) (对)；　(4) (对)；　(5) (错)；　(6) (错).

3. 略.

4. 例如, 数列 $1,-1,1,-1\cdots$, $\lim\limits_{n\to\infty}|(-1)^{n-1}|=1$, 但 $\lim\limits_{n\to\infty}(-1)^{n-1}$ 不存在.

5—8. 略.

9. 2.

10. $\lim\limits_{n\to\infty}\dfrac{1-e^{-nx}}{1+e^{-nx}}=\begin{cases}1, & x>0, \\ 0, & x=0, \\ -1, & x<0.\end{cases}$

11—12. 略.

习题 1.5

1—2. 略.

3. $\delta=0.05$.

4. 不存在.

5. 略.

6. 不存在.

7—8. 略.

习题 1.6

1. (1) D；　(2) B；　(3) D；　(4) D；　(5) D.

2. (1) $\dfrac{3^{70}8^{30}}{5^{100}}$；　(2) $\dfrac{1}{4}$；　(3) 1；　(4) $2x$；　(5) $\dfrac{1}{2}$；　(6) 3；　(7) $-\dfrac{1}{2}$；

　(8) 2；　(9) $\dfrac{1}{2}$；　(10) -1；　(11) $\dfrac{1}{2}$；　(12) $\dfrac{1}{24}$.

3. $a=4,m=10$.

4. $a=25,b=20$.

5. $a=-3$.

6. $\lim\limits_{x\to0}f(x)=-1$. $\lim\limits_{x\to+\infty}f(x)=0$；　$\lim\limits_{x\to-\infty}f(x)=-\infty$.

习题 1.7

1. (1) ω；　(2) $\dfrac{3}{5}$；　(3) 1；　(4) 2；　(5) $\cos a$；　(6) 1；　(7) $-\dfrac{1}{3}$；

　(8) 4.

2. (1) 2；　(2) $\sqrt{e}$；　(3) e^2；　(4) e；　(5) e^2；　(6) 1.

3. (1) 1；　(2) 1；　(3) $\dfrac{1}{2}$；　(4) 3；　(5) 0；　(6) 0；　(7) 1.

4. (1) 1；　(2) $\dfrac{2}{\pi}$；　(3) e^3；　(4) e^{-4}；　(5) 1；　(6) $\dfrac{1}{4}$；　(7) 2；　(8) e.

5. $a=\ln2$.

习题 1.8

1. 略.

2. （1）错误； （2）正确； （3）错误； （4）正确； （5）错误； （6）正确；
   （7）正确； （8）错误.

3. （1）无穷大量；

   （2）当 $x \rightarrow 0^+$ 时，$x \rightarrow +\infty$ 时，$f(x) = \ln x$ 是无穷大量； 当 $x \rightarrow 1$ 时，$f(x) =$ $\ln x$ 是无穷小量.

   （3）当 $x \rightarrow 0^+$ 时，$f(x) = e^{\frac{1}{x}}$ 是无穷大量； 当 $x \rightarrow 0^-$ 时，$f(x) = e^{\frac{1}{x}}$ 是无穷小量.

   （4）当 $x \rightarrow +\infty$ 时，$f(x) = \dfrac{\pi}{2} - \arctan x$ 是无穷小量.

   （5）当 $x \rightarrow \infty$ 时，$\dfrac{1}{x} \sin x$ 是无穷小量.

   （6）当 $x \rightarrow \infty$ 时，$\dfrac{1}{x^2} \sqrt{1 + \dfrac{1}{x^2}}$ 是无穷小量.

4. 略.

5. 0.

6. （1）是 x 的 $\dfrac{1}{2}$ 阶无穷小 ； （2）是 x 的 $\dfrac{1}{2}$ 阶无穷小； （3）是 x 的 $\dfrac{1}{3}$ 阶无穷小.

7. （1）$\dfrac{1-x}{1+x} \sim 1 - \sqrt{x}$. （2）$(1 - \cos x)^2$ 为比 $\sin^2 x$ 高阶的无穷小； （3）同阶无穷小.

8. （1）2； （2）$\dfrac{3}{2}$； （3）$\dfrac{3}{4}$； （4）0； （5）2； （6）$\dfrac{1}{3}$； （7）0；

   （8）$= -\dfrac{1}{a^2}$.

9. 6.

10－12. 略.

习题 1.9

1－2. 略.

3. (1) 在$[0,2]$上连续；　(2) 在$(-\infty,-1)\bigcup(-1,+\infty)$上连续.

4. $C=\dfrac{1}{3}$.

5. $a=1$.

6. 当$k=f(0)=\lim\limits_{x\to0}f(x)=2$时，$f(x)$在点$x=0$处连续.

7. 当且仅当$a=1$时，函数$f(x)$在$x=0$处连续.

8. 略.

9. (1) $x=0$为第一类间断点. $x=1$为可去间断点，补充定义$y(1)=\dfrac{1}{2}$，则函数在$x=1$处连续，$x=-1$为第二类间断点；

　　(2) $x=1$为第一类间断点断. 以$x=0$为第二类间断点；

　　(3) $x=1$为可去间断点，补充$y(1)=-2$，则函数在$x=1$处连续；$x=2$为无穷间断点；

　　(4) 当$k=0$时，$x=0$为可去间断点，补充$y(0)=1$，则函数在$x=0$处连续；当$k\neq0$时，$x=k\pi$是无穷间断点；补充$y(k\pi+\dfrac{\pi}{2})=0$，则函数在$x=k\pi+\dfrac{\pi}{2}$处连续；

　　(5) $x=0$是函数的第二类间断点；

　　(6) $x_1=0$是$f(x)$的第二类间断点（无穷间断点）；$x_2=1$处无定义，因此$x_2=1$是$f(x)$的可去间断点；$x_3=2$是$f(x)$的连续点.

10—11. 略.

12. $x=1$为函数的跳跃间断点；　$x=-1$为函数的跳跃间断点.

13—22. 略.

23. (1) 0；　(2) $\tan(2\ln2)$；　(3) e^6；　(4) $\dfrac{e^2}{5}$.

复习题 1

1. (1) $\checkmark$；　(2) $\times$；　(3) $\times$；　(4) $\checkmark$；　(5) $\times$.

2. (1) 1；　(2) $10\ln3$；(3) e^3；　(4) 2；　(5) $1,-2$.

3. (1) C；　(2) D；　(3) C；　(4) C；　(5) A.

4. 略.

5. (1) $\dfrac{1}{2\sqrt[3]{2}}$；　(2) 1；　(3) $\dfrac{1}{2}$；　(4) 2；　(5) 1.

6. $a=\sqrt[5]{8}$.

7. $b=-1$.

8. $x=0$ 是 $f(x)$ 的间断点. $x=0$ 为 $f(x)$ 的第一类不可去间断点(跳跃间断点),所以 $x=1$ 为 $f(x)$ 的无穷间断点.

9. (1) 当 $x=-1$ 为第二类间断点;　(2) $x=0$,为第一类断点;　(3) $x=0$, $\pm1,\pm2,\cdots$,均为第一类间断点;　(4) $x=0$ 为第一类间断点.

10. (1) $a=1$.　(2) $a>0$ 且 $a\neq1$ 时 $x=0$ 是 $f(x)$ 的间断点.　(3) 连续区间为 $(-\infty,0)$ 及 $[0,+\infty)$.

11. (1) $x=0$ 为可去间断点,改变 $f(x)$ 在 $x=0$ 的定义为 $f(0)=4$,即可使 $f(x)$ 在 $x=0$ 连续.　(2) $x=2$ 为第一类间断点.　(3) 类似地易得 $x=-2$ 为第一类间断点.

12. 当 $\alpha\leqslant0$ 时, $x=0$ 为第二类间断点;　当 $\alpha>0$, $\beta=-1$ 时,在 $x=0$ 连续, $\beta\neq-1$ 时, $x=0$ 为第一类跳跃间断点.

13—17. 略.

习题 2.1

1. (1) $\dfrac{\mathrm{d}y}{\mathrm{d}x}=a$;　(2) $f'(1)=-8,f'(2)=0,f'(3)=0$;　(3) $f'(1)=\dfrac{\pi}{4}$;
(4) $f'(0)=0$;　(5) $f'(0)=0$.

2. (1) $A=f'(x_0)$;　(2) $A=f'(0)$;　(3) $A=2f'(x_0)$;　(4) $A=f'(x_0)$.

3. 证明:(1) 由于 $f'(0)$ 存在,则 $f'_+(0)$ 与 $f'_-(0)$ 存在且相等;
(2) 设 $x>0$,有
$$f'_+(0)=\lim_{x\to0^+}\frac{f(x)-f(0)}{x-0},f'_-(0)=\lim_{-x\to0^-}\frac{f(-x)-f(0)}{-x-0};$$
由于 $f(x)$ 为偶函数,显然 $f'_+(0)$ 与 $f'_-(0)$ 异号;
综上则有 $f'_+(0)=f'_-(0)=f'(0)=0$.

4. $\begin{cases}a=2c\\b=-c^2\end{cases}$.

5. $f'(2)=\lim\limits_{x\to2}\dfrac{f(x)-f(0)}{x-2}=\lim\limits_{x\to2}\dfrac{f(x)}{x-2}=3$.

6. (1) $f'_-(0)=1,f'_+(0)=1$,故有 $f'(0)=1$.
(2) $f'_-(0)=1,f'_+(0)=0$,故有 $f'(0)$ 不存在.

7. 切线方程为 $y=\dfrac{1}{2}x+\dfrac{1}{2}$;法线方程为 $y=-2x+3$.

8. 割线的斜率 $k=4$,切点为 $(2,4)$.

习题 2.2

1. (1) $y'=3x^2-\dfrac{20}{x^5}+\dfrac{1}{x^2}$；

 (2) $y'=20x^4-2^x\ln2+3\mathrm{e}^x$；

 (3) $y'=\sec^2x-2\sec x\tan x$；

 (4) $y'=\cos^2x-\sin^2x=\cos2x$；

 (5) $y'=\ln x+1-2x$；

 (6) $y'=3\mathrm{e}^x(\cos x-\sin x)$；

 (7) $y'=\dfrac{(x-2)\mathrm{e}^x}{x^3}$；

 (8) $y'=\dfrac{1-\cos x}{\sin^2x}$；

 (9) $y'=(x+1)\tan x+x\tan x+x(x+1)\sec^2x$.

2. (1) $y'|_{x=\frac{\pi}{6}}=\dfrac{1+\sqrt3}{2}$，　$y'|_{x=\frac{\pi}{4}}=\sqrt2$；

 (2) $\dfrac{\mathrm{d}\rho}{\mathrm{d}\theta}\Big|_{\theta=\frac{\pi}{4}}=\dfrac{\sqrt2}{4}\left(1+\dfrac{\pi}{2}\right)$；

3. (1) $y'=8\,(2x+5)^3$；

 (2) $y'=3\sin(4-3x)$；

 (3) $y'=-6x\mathrm{e}^{-3x^2}$；

 (4) $y'=\dfrac{2x}{1+x^2}$；

 (5) $y'=2\sin x\cos x=\sin2x$；

 (6) $y'=\dfrac{\mathrm{e}^x}{1+\mathrm{e}^{2x}}$；

 (7) $y'=2\arcsin x\,\dfrac{1}{\sqrt{1-x^2}}$；

 (8) $y'=\dfrac{-\sin x}{\cos x}=-\tan x$.

4. (1) $y'=\dfrac{1}{\sqrt{1-(2x+5)^2}}\cdot2$；

 (2) $y'=\dfrac{x}{(1-x^2)^{\frac{3}{2}}}$；

(3) $y'=-2e^{-3x^2}(3x\cos 2x+\sin 2x)$;

(4) $y'=\dfrac{1}{\sqrt{1-x}}\cdot\dfrac{1}{2\sqrt{x}}$;

(5) $y'=\dfrac{1}{\sqrt{a^2+x^2}}$;

(6) $y'=\sec x$;

(7) $y'=\csc x$.

5. (1) $y'=-\dfrac{1}{x^2}e^{\tan\frac{1}{x}}\sec^2\dfrac{1}{x}$;

(2) $y'=\dfrac{1}{\tan 2x}\cdot\sec^2 2x\cdot 2$;

(3) $y'=e^{\arctan\sqrt{x}}\cdot\dfrac{1}{1+x}\cdot\dfrac{1}{2\sqrt{x}}$;

(4) $y'=\dfrac{1}{\ln\ln x}\cdot\dfrac{1}{\ln x}\cdot\dfrac{1}{x}$

(5) $y'=2\sin x\cos x\sin^2 x+\sin x^2\cos x^2\cdot 2x$

(6) $y'=\dfrac{1}{2\sqrt{x+\sqrt{x}}}\cdot(1+\dfrac{1}{2\sqrt{x}})$;

(7) $y'=\dfrac{1}{\sqrt{3x}}\cdot\dfrac{1}{2\sqrt{1-3x}}\cdot(-3)-2^{-\frac{1}{x}}\ln 2\cdot\dfrac{1}{x^2}$;

$\qquad y'=\dfrac{3}{2\sqrt{3x(1-3x)}}-\dfrac{1}{x^2}2^{-\frac{1}{x}}\ln 2$;

(8) $y'|_{x=2}=-\dfrac{\sqrt{3}}{3}$.

6. $a=d=1, b=c=0$.

7. $y+7=-3(x-1)$

8. $\dfrac{dy}{dx}\Big|_{x=0}=\dfrac{3\pi}{25}$.

9. 略.

习题 2.3

1. (1) $y'=4x+\dfrac{1}{x}$, $y''=4-\dfrac{1}{x^2}$;

(2) $y'=2\mathrm{e}^{2x-1}$，$y''=4\mathrm{e}^{2x-1}$；

(3) $y'=\cos x-x\sin x$，$y''=-2\sin x-x\cos x$；

(4) $y'=\mathrm{e}^{-t}(\cos t-\sin t)$，$y''=-2\mathrm{e}^{-t}\cos t$；

(5) $y'=\dfrac{1+x^2}{(1-x^2)^{\frac{3}{2}}}$，$y''=\dfrac{2x(1-x^2)+3}{(1-x^2)^{\frac{5}{2}}}$；

(6) $y'=2x\arctan x+1$，$y''=2\arctan x+\dfrac{2x}{1+x^2}$.

2. $\dfrac{\mathrm{d}^2y}{\mathrm{d}x^2}=f''(x\varphi(x))(\varphi(x)+x\varphi'(x))^2+f'(x\varphi(x))(2\varphi'(x)+x\varphi''(x))$.

3. $f'''(a)$存在，$f'''(a)=6\varphi(a)$；

4. 解：$f'(x)=nx^{n-1}\sin\dfrac{1}{x}+\dfrac{1}{x^2}x^n\cos\dfrac{1}{x}$；

$$f'(0)=\lim_{x\to0}\frac{f(x)-f(0)}{x}=\lim_{x\to0}x^{n-1}\sin\frac{1}{x}=0,n\geqslant2；$$

$$f''(0)=\lim_{x\to0}\frac{f'(x)-f'(0)}{x}=\lim_{x\to0}\left(nx^{n-2}\sin\frac{1}{x}-x^{n-3}\cos\frac{1}{x}\right),$$

若 $f''(0)$存在，则有 $n\geqslant4$.

5. (1) $y^{(n)}=2^{n-1}\sin(2x+(n-1)\dfrac{\pi}{2})$；

(2) $y^{(n)}=(-1)^{n-2}(n-2)!\ x^{-(n-1)}$；

(3) $y^{(n)}=(-1)^n n!\ \left(\dfrac{1}{(x-2)^{n+1}}-\dfrac{1}{(x-1)^{n+1}}\right)$；

(4) $y^{(n)}=(n+x)\mathrm{e}^x$.

6. (1) $y^{(50)}=-3^{50}x^2\sin3x+2x\cdot3^{49}\cdot\cos3x+2\cdot3^{48}\sin3x$；

(2) $y^{(4)}=\mathrm{e}^x(\cos x-\sin x)$.

7. $y^{(n)}=4^{n-1}\left(\cos4x+\dfrac{n\pi}{2}\right)$.

习题 2.4

1. (1) $\dfrac{\mathrm{d}y}{\mathrm{d}x}=-\dfrac{y}{x+y}$；

(2) $\dfrac{\mathrm{d}y}{\mathrm{d}x}=\dfrac{ay-x^2}{y^2-ax}$；

(3) $\dfrac{\mathrm{d}y}{\mathrm{d}x}=\dfrac{\cos(x+y)-y}{x-\cos(x+y)}$；

$(4)\dfrac{\mathrm{d}y}{\mathrm{d}x}=-\dfrac{\mathrm{e}^{y}}{1-x\mathrm{e}^{y}}.$

2. $\dfrac{\mathrm{d}y}{\mathrm{d}x}=\dfrac{x+y}{x-y},\ \dfrac{\mathrm{d}^{2}y}{\mathrm{d}x^{2}}=\dfrac{2(x^{2}+y^{2})}{(x-y)^{3}}.$

3. $\dfrac{\mathrm{d}y}{\mathrm{d}x}=\dfrac{y^{2}}{1-xy},\ \dfrac{\mathrm{d}y}{\mathrm{d}x}\Big|_{x=0}=1;\quad \dfrac{\mathrm{d}^{2}y}{\mathrm{d}x^{2}}\Big|_{x=0}=3.$

4. $(1)\ y'=(1+x^{2})^{\sin x}(\cos x\ln(1+x^{2})+\dfrac{2x\sin x}{x^{2}+1});$

$(2)\ y'=(\dfrac{x}{1+x})^{x}(\ln\dfrac{x}{1+x}-\dfrac{x}{1+x});$

$(3)\ y'=\dfrac{\sqrt{x+2}(3-x)^{4}}{(x+1)^{5}}(\dfrac{1}{2(x+2)}-\dfrac{4}{3-x}-\dfrac{5}{x+1});$

$(4)\ y'=\sqrt{x\sin x\sqrt{1-\mathrm{e}^{x}}}\cdot\dfrac{1}{2}(\dfrac{1}{x}+\cot x-\dfrac{\mathrm{e}^{x}}{2(1-\mathrm{e}^{x})}).$

5. $(1)\dfrac{\mathrm{d}y}{\mathrm{d}x}\Big|_{x=\frac{\pi}{4}}=-2\sqrt{2};$

$(2)\ \dfrac{\mathrm{d}y}{\mathrm{d}x}=-\dfrac{\tan\theta}{\alpha},\ \dfrac{\mathrm{d}^{2}y}{\mathrm{d}x^{2}}=\dfrac{\tan\theta}{\alpha^{2}};$

$(3)\ \dfrac{\mathrm{d}y}{\mathrm{d}x}=t;\quad \dfrac{\mathrm{d}^{2}y}{\mathrm{d}x^{2}}=\dfrac{1}{f''(t)}.$

习题 2.5

1. $\mathrm{d}y\big|_{\substack{x=1\\ \Delta x=0.01}}=(2x\Delta x)\big|_{\substack{x=1\\ \Delta x=0.01}}=0.02.$

2. $\mathrm{d}y\big|_{x=2}=12\mathrm{d}x.$

3. $(1)\ \mathrm{d}y=(3+2x)x^{2}\mathrm{e}^{2x}\mathrm{d}x;$

$(2)\ \mathrm{d}y=\dfrac{x\cos x-\sin x}{x^{2}}\mathrm{d}x;$

$(3)\ \mathrm{d}y=2\cos(2x+1)\mathrm{d}x;$

$(4)\ \mathrm{d}y=\dfrac{2x\mathrm{e}^{x^{2}}}{1+\mathrm{e}^{x^{2}}}\mathrm{d}x;$

$(5)\ \mathrm{d}y=\dfrac{1}{\sqrt{1+x^{2}}}\mathrm{d}x;$

$(6)\ \mathrm{d}y=\dfrac{2\mathrm{e}^{2x}(x-1)}{x^{3}}\mathrm{d}x.$

4. (1) $\dfrac{1}{\omega}\sin\omega t$;

   (2) $4(\sqrt{x})^{3}\cos x^{2}$.

5. $\mathrm{d}y=\dfrac{2-y\mathrm{e}^{xy}}{x\mathrm{e}^{xy}-3y^{2}}\mathrm{d}x$.

6. $\sqrt[3]{25}\approx 2.9262$.

7. (1) $f(x)=\sqrt[3]{x}$, $f'(x)=\dfrac{1}{3\sqrt[3]{x^{2}}}$;

   $f(998)-f(1000)\approx f'(1000)(998-1000)$,

   $f(998)\approx f(1000)+f'(1000)(998-1000)=10+\dfrac{-2}{300}$.

   (2) $\mathrm{e}^{-0.03}\approx 0.97$.

复习题 2

1. (1) ×；　(2) √；　(3) ×；　(4) ×；　(5) √；　(6) ×.

2. (1) $\dfrac{1}{2}$;　(2) $y=x+1$;　(3) $f'(3)=27+27\ln 3$;　(4) $\dfrac{\Delta y}{\Delta x}=\dfrac{2.1^{3}-2^{3}}{0.1}$;

   (5) $\lim\limits_{n\to\infty}n\left[f\left(x+\dfrac{1}{n}\right)-f(x)\right]=f'(x)$;　(6) $-\dfrac{1}{f'(x_{0})}$;　(7) $y'=-\dfrac{x}{y}$;

   (8) $\mathrm{d}\left(-\dfrac{\cos 3x}{3}\right)=\sin 3x\mathrm{d}x$.

3. (1) C；　(2) A；　(3) D；　(4) A；　(5) D；　(6) A；　(7) D；　(8) D.

4. (1) $y'=2x\mathrm{e}^{\frac{1}{x}}-\mathrm{e}^{\frac{1}{x}}$;

   (2) $y'=\dfrac{3}{2}\sqrt{x}+\tan x$;

   (3) $\dfrac{\mathrm{d}y}{\mathrm{d}x}=\dfrac{1}{7}x^{-\frac{6}{7}}+\sqrt[x]{7}\ln 7\cdot\left(-\dfrac{1}{x^{2}}\right)$;

   (4) $\dfrac{\mathrm{d}y}{\mathrm{d}x}=\dfrac{\cos x}{\sqrt{1-\sin^{2}x}}$;

   (5) $\dfrac{\mathrm{d}y}{\mathrm{d}x}=\dfrac{1}{\tan\dfrac{x}{2}}\cdot\sec^{2}\dfrac{x}{2}\cdot\dfrac{1}{2}-\sin x\ln\tan x-\sec x$.

5. 切线方程为 $y-2=-4\left(x-\dfrac{1}{2}\right)$，法线方程为 $y-2=\dfrac{1}{4}\left(x-\dfrac{1}{2}\right)$.

6. 切线方程为 $y-2=\dfrac{1}{4}(x-2)$.

7. $f'(x)=\begin{cases} \cos x, & x>0, \\ 1, & x<0. \end{cases}$

8. $y'=1+x^x(1+\ln x)$.

9. $\dfrac{\mathrm{d}y}{\mathrm{d}x}=\dfrac{2x-y}{x-2y}$；$\dfrac{\mathrm{d}^2 y}{\mathrm{d}x^2}=\dfrac{-4x^2-xy+6y^2}{(x-2y)^3}$.

10. $\dfrac{\mathrm{d}y}{\mathrm{d}x}=\dfrac{\sin(x+y)}{\mathrm{e}^y-\sin(x+y)}$，

$\dfrac{\mathrm{d}^2 y}{\mathrm{d}x^2}=\dfrac{\mathrm{e}^x[\mathrm{e}^x\cos(x+y)-\mathrm{e}^x\sin(x+y)+\sin^2(x+y)]}{(\mathrm{e}^y-\sin(x+y))^3}$.

11. $\dfrac{\mathrm{d}y}{\mathrm{d}x}=\dfrac{\mathrm{e}^x-y}{x-\mathrm{e}^y}$，$\dfrac{\mathrm{d}^2 y}{\mathrm{d}x^2}=1$.

12. 切线方程为 $y-1=\dfrac{1}{2}(x-1)$.

13—22. 略.

习题 3.1

1. $\xi=\dfrac{\pi}{2}$.

2. (1) $f(-1)=f(1)=\mathrm{e}-1$,且连续、可导,满足罗尔定理中的三个条件.
$f'(x)=2x\mathrm{e}^{x^2}$,若令 $f'(\xi)=0$,则有 $\xi=0$.

(2)函数在 $x=1$ 点的导数不存在,故不满足罗尔定理的条件.

(3)函数在 $x=0$ 点不连续,故不满足罗尔定理的条件.

3. $f'(x)=0$ 的两个实根分别为 $\xi_1\in(1,2)$,$\xi_2\in(2,3)$.

4. 略.

5. 构造函数 $F(x)=\mathrm{e}^x f(x)$.

6—12. 略.

习题 3.2

1. (1)$-\dfrac{3}{5}$；　(2) $\dfrac{1}{2}$；　(3) 2；　(4) $-\dfrac{1}{8}$；　(5) $\cos a$；　(6) 2；　(7) 0；

(8) $\dfrac{m}{n}a^{m-n}$；　(9) -1；　(10) 3；　(11) 0；　(12) 0；　(13) $\dfrac{1}{2}$；

(14) $+\infty$； (15) $\dfrac{1}{2}$； (16) $\dfrac{3}{2}$； (17) 1； (18) 1； (19) 1； (20) 1；

(21) e； (22) $e^{\frac{2}{\pi}}$； (23) e^{-1}； (24) e^{a}．

2. $m=3$； $n=-4$．

3. 略．

4. $f''(x)$．

5. 解：当 $x\neq 0$ 时，$g'(x)=\dfrac{f'(x)x-f(x)}{x^{2}}$，显然 $g'(x)$ 连续；

当 $x=0$ 时，$g'(0)=\lim\limits_{x\to 0}\dfrac{\dfrac{f(x)}{x}-f'(0)}{x}\xrightarrow{\text{洛必达法则}}\lim\limits_{x\to 0}\dfrac{f'(x)-f'(0)}{2x}\xrightarrow{\text{导数定义}}\dfrac{1}{2}f''(0)$；

$\lim\limits_{x\to 0}g'(x)=\lim\limits_{x\to 0}\dfrac{f'(x)x-f(x)}{x^{2}}=\lim\limits_{x\to 0}\dfrac{f''(x)x+f'(x)-f'(x)}{2x}=\lim\limits_{x\to 0}\dfrac{f''(x)}{2}=\dfrac{1}{2}f''(0)$．

$g'(x)$ 在 $x=0$ 点的函数值和极限值相等，故在 $x=0$ 点也连续；

综上得到 $g(x)$ 可导，且导函数连续．

6. $\lim\limits_{x\to 0}\left[\dfrac{1}{e}(1+x)^{\frac{1}{x}}\right]^{\frac{1}{x}}=e^{-\frac{1}{2}}$，连续．

习题 3.3

1. $f(x)=x+x^{2}+\dfrac{x^{3}}{2}+\cdots+\dfrac{x^{n}}{(n-1)!}+\dfrac{(n+1+\xi)e^{\xi}}{n!}x^{n+1}$．

2. $8+10(x-1)+9(x-1)^{2}+4(x-1)^{3}+(x-1)^{4}$．

3. $-[1+(x+1)+(x+1)^{2}+\cdots+(x+1)^{n}]+(-1)^{n+1}\dfrac{(x+1)^{n+1}}{[-1+\theta(x+1)]^{n+2}}$

$(0<\theta<1)$．

4. $\ln x=\ln 2+\dfrac{1}{2}(x-2)-\dfrac{1}{2^{3}}(x-2)^{2}+\dfrac{1}{3\cdot 2^{3}}(x-2)^{3}+\cdots+(-1)^{n-1}\dfrac{1}{n\cdot 2^{n}}$

$(x-2)^{n}+o[(x-2)^{n}]$．

5. (1) $\dfrac{1}{6}$； (2) $\dfrac{1}{2}$； (3) $\dfrac{7}{12}$．

习题 3.4

1. (1) 单调增区间为 $(-\infty,-1),(3,+\infty)$；单调减区间为 $(-1,3)$；

(2) 单调增区间为$(1,+\infty)$;　单调减区间为$(0,1)$;

(3)单调增区间为$(-\infty,2)$;　单调减区间为$(2,+\infty)$;

(4)单调增区间为$(1,+\infty)$;　单调减区间为$(0,1)$.

2—4. 略.

5. $f'(x)=a\cos x+\cos 3x$,令 $f'\left(\dfrac{\pi}{3}\right)=0$,则 $a=2$;$f''\left(\dfrac{\pi}{3}\right)=-\sqrt{3}<0$,该点是极大点.

习题 3.5

1—3. 略.

4. $P=15$.

5. $x=\left(\dfrac{Q}{cP\alpha}\right)^{\frac{1}{\alpha-1}}$.

6—11. 略.

习题 3.6

1. (1) $y''=2-6x=0,x=\dfrac{1}{3}$.

当 $x\in\left(-\infty,\dfrac{1}{3}\right)$时,$y''>0$,函数下凸;当 $x\in\left(\dfrac{1}{3},+\infty\right)$时,$y''<0$,函数上凸;拐点为$\left(\dfrac{1}{3},\dfrac{2}{27}\right)$.

(2) $y''=\dfrac{2(1-x^2)}{(1+x^2)^2}=0,x=\pm 1$.

当 $x\in(-\infty,-1)$ 和 $x\in(1,+\infty)$ 时,$y''<0$,函数上凸;当 $x\in(-1,1)$时,$y''>0$,函数下凸;拐点为$(-1,\ln 2)$,$(1,\ln 2)$.

(3) $y''=(2+x)\mathrm{e}^x=0,x=2$;当 $x\in(-\infty,2)$时,$y''<0$,函数上凸;当 $x\in(2,+\infty)$时,$y''>0$,函数下凸;拐点为$(-2,-2\mathrm{e}^{-2})$.

(4) $y''=12(x+1)^2\geqslant 0$, 函数下凸.

(5) $y''=\dfrac{2x-12}{(x+3)^4}=0,x=6$. 当 $x\in(-\infty,-3)$时,$y''<0$,函数上凸;当 $x\in(-3,6)$时,$y''<0$,函数上凸;当 $x\in(3,+\infty)$时,$y''>0$,函数下凸;拐点为$\left(6,\dfrac{2}{27}\right)$.

(6) 上凸区间 $\left(-\infty,\dfrac{1}{2}\right)$；下凸区间 $\left(\dfrac{1}{2},+\infty\right)$；拐点 $\left(\dfrac{1}{2},\mathrm{e}^{\arctan\frac{1}{2}}\right)$.

2. 略.

3. $a=-\dfrac{3}{2}$, $b=\dfrac{9}{2}$.

4. (1) $x=0$ 铅直渐近线；

　 (2) $y=0$ 水平渐近线；

　 (3) $x=\pm\sqrt{3}$ 铅直渐近线，$y=0$ 水平渐近线；

　 (4) $x=\dfrac{1}{2}$ 铅直渐近线，$y=\dfrac{1}{2}x+\dfrac{1}{4}$ 斜渐近线.

5. 略.

习题 3.7

1. $L'(x)=-0.2x+60$，

　 $x=150$ 时,$L'=30$，

　 $x=150$,当产量增加 1 个单位,利润增加 30 个单位.

　 $x=400$ 时,$L'=-20$，

　 $x=400$,当产量增加 1 个单位,利润减少 20 个单位.

2. (1) $\dfrac{EQ}{EP}=-P\ln 4$；

　 (2) $P=10$ 时,若价格增加 1％,则需求量下降 $10\ln 4$％.

3. $\varepsilon(50)=0.5$；

　 $P=50$ 时,若价格增加 1％,则需求量增加 0.5％；

　 $P=120$ 时,若价格增加 1％,则需求量下降 3％.

4. 明年降价 10％时,销售量预期增加 18％～24％,总收益增加 6％～12％.

复习题 3

1. (1) 1 ； (2) 充分； (3) $\dfrac{2}{3}$ ； (4) 2 ； (5) $\dfrac{1}{3}$ ； (6) $\left[\mathrm{e}^{\frac{\pi}{4}},\dfrac{\sqrt{2}}{2}\mathrm{e}^{\frac{\pi}{4}}\right]$ ；

　 (7) $[1,\mathrm{e}^{2}]$,$(0,1]\bigcup[\mathrm{e}^{2},+\infty)$, 1 ,$y|_{x=1}=0$,e^{2},$y|_{x=\mathrm{e}^{2}}=\dfrac{4}{\mathrm{e}^{2}}$； (8) $\dfrac{1}{2}$；

　 (9) $\sqrt{ab}$； (10) $a=-4,b=16$.

2. (1) B； (2) C； (3) D； (4) C； (5) B； (6) B； (7) C； (8) B；
   (9) A； (10) B．

3. 证明 由泰勒展式 $\forall a \in (a,b)$，有

$$f(x)=f(a)+\frac{1}{2}f''(\xi_1)(x-a)^2, a<\xi_1<x,$$

$$f(x)=f(b)+\frac{1}{2}f(\xi_2)(x-b)^2, x<\xi_2<b.$$

令 $x=\dfrac{a+b}{2}$，得

$$f\left(\frac{a+b}{2}\right)=f(a)+\frac{1}{2}f''(\xi_1)\frac{(b-a)^2}{4},$$

$$f\left(\frac{a+b}{2}\right)=f(b)+\frac{1}{2}f''(\xi_2)\frac{(b-a)^2}{4}.$$

于是

$$f(b)-f(a)=\frac{1}{8}(b-a)^2[f''(\xi_2)-f''(\xi_1)].$$

令 $|f''(\xi)|=\max\{|f''(\xi_1)|,|f''(\xi_2)|\}$，则

$$|f(b)-f(a)|\leqslant\frac{1}{8}(b-a)^2\{|f''(\xi_2)|+|f''(\xi_1)|\}\leqslant\frac{1}{4}(b-a)^2|f''(\xi)|$$

故结论成立.

4—5. 略.

6. (1) 原式 $\overset{\frac{0}{0}型}{=}\lim\limits_{x\to0}\dfrac{1-\dfrac{1}{1+x}}{2x}=\lim\limits_{x\to0}\dfrac{1}{2(1+x)}=\dfrac{1}{2}$；

(2) 原式 $=\lim\limits_{x\to0}\dfrac{x-\ln(1+x)}{x\ln(1+x)}\overset{\frac{0}{0}型}{=}\lim\limits_{x\to0}\dfrac{1-\dfrac{1}{1+x}}{\ln(1+x)+\dfrac{x}{1+x}}$

$=\lim\limits_{x\to0}\dfrac{x}{(1+x)\ln(1+x)+x}\overset{\frac{0}{0}型}{=}\lim\limits_{x\to0}\dfrac{1}{\ln(1+x)+2}=\dfrac{1}{2}$；

(3) 原式 $\overset{\frac{0}{0}型}{=}\lim\limits_{x\to0}\dfrac{-2\cos x}{-3\sin3x}=\dfrac{\sqrt{3}}{3}$；

(4) 令 $y=(1+x^2)^{\frac{1}{x}}$，则 $\ln y=\dfrac{\ln(1+x^2)}{x}$ $\lim\limits_{x\to0}\dfrac{\ln(1+x^2)}{x}\overset{\frac{0}{0}型}{=}\lim\limits_{x\to0}\dfrac{2x}{1+x^2}=0.$

原式 $=e^0=1.$

7. $(-\infty,-1]$及$[3,+\infty)$为单增区间,$[-1,3]$为单减区间.

8. $y'=\dfrac{(2-\ln x)\ln x}{x^2}$,令 $y'=0$,得 $x=1$ 或 e^2.故可疑极值点为 $1,e^2$.

x	$(0,1)$	1	$(1,e^2)$	e^2	$(e^2,+\infty)$
y'	$-$		$+$		$-$
y	↘	极小值 0	↗	极大值$\dfrac{4}{e^2}$	↘

9. $y'=2e^x-e^{-x}$令 $y'=0$ 得 $x=-\dfrac{1}{2}\ln 2$,当 $x<-\dfrac{1}{2}\ln 2$ 时,$y'<0$,从而 y 单减,当 $x>-\dfrac{1}{2}\ln 2$ 时,$y'>0$,从而 y 单增,故 $x=-\dfrac{1}{2}\ln 2$ 时,y 取极小值 0.

10. $y'=3ax^2+2bx+c$,因 $a>0$,则 y' 是开口向上的抛物线,要使 y 没有极值,则必须使 y 在 $(-\infty,+\infty)$ 是单增或单减,即必须满足 $y'>0$ 或 $y'<0$,只有 $(2b)^2-4\cdot 3ac<0$ 时,才能使 $y'>0$ 成立,即 $b^2<3ac$ 时,y 没有极值.

12. $e^\pi>\pi^e$.

13. 略.

14. 设矩形在第一象限的顶点坐标为 (x,y),则 $\begin{cases} x=a\cos\theta \\ y=b\sin\theta \end{cases}$ $\left(0<\theta<\dfrac{\pi}{2}\right)$故矩形面积为 $S=4xy=4ab\sin\theta\cos\theta=2ab\sin2\theta$ 当 $\theta=\dfrac{\pi}{4}$ 时,S 取最大值 $2ab$,矩形边长分别为 $2x=\sqrt{2}a$ 和 $2y=\sqrt{2}a$.

15—附加题. 略.

习题 4.1

1. $(2x+1)e^{-x^2}+C$.

2. $\sin x+C$.

3. (1) $x-\dfrac{6}{5}x^{\frac{5}{3}}+\dfrac{3}{7}x^{\frac{7}{3}}+C$; (2) $\dfrac{x^2}{4}-\ln|x|-\dfrac{2}{x^2}+C$;

(3) $\dfrac{2^x}{\ln 2}+\dfrac{x^3}{3}+3\ln|x|+C$; (4) $\ln|x|-3\arcsin x+C$;

(5) $-\dfrac{1}{x}-\arctan x+C$; (6) $-\dfrac{1}{x}+\arctan x+C$; (7) $\dfrac{2^x e^{-x}}{\ln 2-1}+C$;

(8) e^x+x+C;　　　(9) $-\cot x-x+C$;　(10) $2x-\dfrac{5\,(2/3)^x}{\ln(2/3)}+C$;

(11) $\dfrac{x}{2}-\dfrac{\sin x}{2}+C$;　　(12) $\sin x-\cos x+C$;　(13) $\dfrac{1}{2}\tan x+C$;

(14) $\dfrac{1}{2}\tan x+\dfrac{1}{2}x+C$.

4. $y=\ln x+1$.

5. $f(x)=x-\dfrac{x^2}{2}+\dfrac{1}{2}$.

6. $F(x)=-\dfrac{1}{4}(\cot x+\tan x+2)$.

习题 4.2

1. (1) $\dfrac{1}{5}$;　(2) $\dfrac{1}{3}$;　(3) $\dfrac{1}{20}$;　(4) $\dfrac{1}{3}$;　(5) $\dfrac{1}{14}$;　(6) $-\dfrac{1}{2}$;　(7) $\dfrac{1}{3}$;

(8) $\dfrac{1}{2}$;　(9) $\dfrac{1}{3}$.

2. (1) $-\dfrac{1}{22}(3-2x)^{11}+C$;　(2) $-\dfrac{1}{2}(2-3x)^{\frac{2}{3}}+C$;　(3) $\dfrac{1}{3}e^{3x-1}+C$;

(4) $-\dfrac{1}{5}\ln|1-5x|+C$;　(5) $e^{-\frac{1}{x}}+C$;　　　(6) $-2\cos\sqrt{t}+C$;

(7) $\ln|\ln\ln x|+C$;　　(8) $\dfrac{1}{2}\sin x^2+C$;　　(9) $-\dfrac{1}{3}\sqrt{2-3x^2}+C$;

(10) $\ln|\sin x+\cos x|+C$;(11) $\arctan e^x+C$;　(12) $-\dfrac{3}{4}\ln|1-x^4|+C$;

(13) $\dfrac{1}{5}\ln|2+5\ln x|+C$;　　　　(14) $-\dfrac{1}{3}(\arccos x)^3+C$;

(15) $\dfrac{1}{\ln 2-\ln 3}\arctan\left(\dfrac{2}{3}\right)^x+C$;　(16) $\dfrac{1}{2\cos^2 x}+C$;

(17) $\sin x-\dfrac{\sin^3 x}{3}+C$;　(18) $\dfrac{10^{\arctan x}}{\ln 10}+C$;　(19) $x-\ln(1+e^x)+C$;

(20) $-\sqrt{2-x-x^2}+\dfrac{1}{2}\arcsin\dfrac{2x+1}{\sqrt{3}}+C$;　(21) $-\dfrac{1}{\arcsin x}+C$;

(22) $-\dfrac{1}{x\ln x}+C$;　　　　　　(23) $\dfrac{1}{2}\arctan(\sin^2 x)+C$;

(24) $-\dfrac{1}{97}\dfrac{1}{(x-1)^{97}}-\dfrac{1}{49}\dfrac{1}{(x-1)^{98}}-\dfrac{1}{99}\dfrac{1}{(x-1)^{99}}+C.$

3. (1) $\arcsin x-\dfrac{1+\sqrt{1-x^2}}{x}+C;$　(2) $\sqrt{x^2-9}-3\arccos\dfrac{3}{|x|}+C;$

(3) $-\dfrac{\sqrt{1+x^2}}{x}+C;$　　　　　(4) $-\dfrac{\sqrt{a^2-x^2}}{x}-\arcsin\dfrac{x}{a}+C;$

(5) $\dfrac{1}{a^2}\dfrac{x}{\sqrt{x^2+a^2}}+C;$　　　(6) $\dfrac{9}{2}\arcsin\dfrac{x+2}{3}+\dfrac{x+2}{2}\sqrt{5-4x-x^2}+C.$

习题 4.3

1. (1) $\dfrac{x}{2}\sin2x+\dfrac{1}{4}\cos2x+C;$　　　　(2) $-xe^{-x}-e^{-x}+C;$

(3) $x\ln(x^2+1)-2x+2\arctan x+C;$　(4) $x\arccos x-\sqrt{1-x^2}+C;$

(5) $x\arctan x-\dfrac{1}{2}\ln(1+x^2)+C;$　　(6) $x\ln^2 x-2x\ln x+2x+C;$

(7) $\dfrac{1}{4}x^2+\dfrac{1}{4}x\sin2x+\dfrac{1}{8}\cos2x+C;$

(8) $\dfrac{1}{2}(x^2-1)\ln(x-1)-\dfrac{1}{4}x^2-\dfrac{1}{2}x+C;$　(9) $\dfrac{x}{2}(\sin\ln x+\cos\ln x)+C;$

(10) $e^{\sqrt{2x+1}}(\sqrt{2x+1}-1)+C;$　(11) $\dfrac{1}{2}e^x-\dfrac{1}{10}(\cos2x+2\sin2x)e^x+C;$

(12) $x(\arcsin x)^2+2\sqrt{1-x^2}\arcsin x-2x+C;$

(13) $-\cot x\ln\sin x-\cot x-x+C;$

(14) $\dfrac{1}{2-x}\ln(1+x)+\dfrac{1}{3}\ln\left|\dfrac{2-x}{1+x}\right|+C;$　(15) $-\sqrt{1-x^2}\arcsin x+x+C.$

2. $(x\cos x+x\sin x-\sin x)e^x+C.$

3. $\cos x-\dfrac{2\sin x}{x}+C.$

习题 4.4

1. (1) $3\ln(x^2+4)+\dfrac{5}{2}\arctan\dfrac{x}{2}+C;$

(2) $2\ln|x+4|+\dfrac{5}{x+4}+C;$　　(3) $\ln\left(\dfrac{x+3}{x+2}\right)^2-\dfrac{3}{x+3}+C;$

(4) $2\ln|x+2|-\dfrac{1}{2}\ln|x+1|-\dfrac{3}{2}\ln|x+3|+C;$

(5) $\dfrac{1}{12}\ln|x-2|-\dfrac{1}{24}\ln(x^2+2x+4)-\dfrac{1}{4\sqrt{3}}\arctan\dfrac{x+1}{\sqrt{3}}+C;$

(6) $\ln|x|-\dfrac{1}{2}\ln(x^2+1)+C;$

(7) $\ln|x|-3\ln|x+1|+\ln(x^2+1)-\arctan x+C;$

(8) $\ln|x|-\dfrac{1}{6}\ln(x^6+4)+C;$

(9) $-\dfrac{1}{7x^7}-\dfrac{1}{5x^5}-\dfrac{1}{3x^3}-\dfrac{1}{x}-\dfrac{1}{2}\ln\left|\dfrac{1-x}{1+x}\right|+C.$

2. (1) $2\sqrt{x+2}-2\arctan\sqrt{x+2}+C;$ (2) $-\dfrac{5}{2}\left(\dfrac{x+1}{x}\right)^{\frac{2}{5}}+C;$

(3) $2\sqrt{x}-4\sqrt[4]{x}+4\ln(\sqrt[4]{x}+1)+C;$

(4) $a\ln\left|\sqrt{\dfrac{a+x}{a-x}}-1\right|-a\ln\left|\sqrt{\dfrac{a+x}{a-x}}+1\right|-2a\arctan\sqrt{\dfrac{a+x}{a-x}}+C;$

(5) $x-4\sqrt{x+1}+4\ln(\sqrt{x+1}+1)+C;$

(6) $\dfrac{4}{3}\sqrt[4]{\dfrac{x-2}{x+1}}+C.$

复习题 4

1. (1) $2-e^{-x};$ $x^2-e^{-x}+2;$ (2) $xf'(x)-f(x)+C;$ (3) $x\cos x-\sin x+C;$
   (4) 存在； (5) 0.

2. (1) (D)； (2) (D)； (3) (A)； (4) (C)； (5) (D).

3. $\dfrac{2}{3}x^3+C.$

4. $\dfrac{1}{x}+C$

5. $-\dfrac{1}{3}\sqrt{(1-x^2)^3}+C.$

6. $x+2\ln|x-1|+C.$

7. $\dfrac{1}{2}\left[\dfrac{f(x)}{f'(x)}\right]^2+C.$

8. $f(x)=x\ln x+C.$

9.　$-\dfrac{\ln(e^x+1)}{e^x}+x-\ln(e^x+1)+C.$

10.　(1) $-\sqrt{1-x^2}-\dfrac{1}{2}(\arccos x)^2+C$;　　(2) $\dfrac{1}{9}\left[x-\dfrac{2}{3}\arctan\left(\dfrac{3}{2}x\right)\right]+C;$

　　(3) $\dfrac{1}{102}(1+x)^{102}-\dfrac{1}{101}(1+x)^{101}+C;$ (4) $\dfrac{1}{2}e^{-\frac{1}{x^2}}+C;$

　　(5) $2\arctan e^x+C;$　　　　　　　　(6) $\dfrac{1}{3}\left(\sqrt{x^2+1}\right)^3+\dfrac{1}{3}x^3+C;$

　　(7) $\dfrac{1}{2(\ln3-\ln2)}\ln\left|\dfrac{3^x-2^x}{3^x+2^x}\right|+C;$　　(8) $\dfrac{1}{2}\ln|x|-\dfrac{1}{20}\ln(x^{10}+2)+C;$

　　(9) $x+\ln|5\cos x+2\sin x|+C;$　　(10) $\dfrac{1}{4}\ln\left|\dfrac{\sqrt{4-x^2}-2}{\sqrt{4-x^2}+2}\right|+C;$

　　(11) $\sqrt{x^2-4}-2\arccos\dfrac{2}{x}+C;$　　(12) $\dfrac{1}{2}\ln\dfrac{\sqrt{1+x^4}-1}{x^2}+C.$

11.　(1) $\ln\dfrac{|x|}{\sqrt{1+x^2}}-\dfrac{\ln(1+x^2)}{2x^2}+C;$

　　(2) $x\arctan x-\dfrac{1}{2}\ln(1+x^2)-\dfrac{1}{2}(\arctan x)^2+C;$

　　(3) $\ln x[\ln(\ln x)-1]+C;$　　(4) $x\ln(x+\sqrt{1+x^2})-\sqrt{x^2+1}+C;$

　　(5) $2x\sqrt{e^x-3}-4\sqrt{e^x-3}+4\sqrt{3}\arctan\dfrac{\sqrt{e^x-3}}{\sqrt{3}}+C;$　　(6) $e^x\tan\dfrac{x}{2}+C.$

12.　$\dfrac{1}{4}\tan^4 x-\dfrac{1}{2}\tan^2 x-\ln|\cos x|+C.$

13.　(1) $\dfrac{3}{2}\ln|x^2-4x+8|+\dfrac{5}{2}\arctan\dfrac{x-2}{2}+C;$　(2) $\dfrac{1}{4}x^4+\ln\dfrac{\sqrt[4]{x^4+1}}{x^4+2}+C;$

　　(3) $\ln|x|-\dfrac{1}{4}\ln(1+x^8)+C;$　　　　(4) $\dfrac{1}{6}\ln\left(\dfrac{x^2+1}{x^2+4}\right)+C;$

　　(5) $-\dfrac{1}{2}\ln\dfrac{x^2+x+1}{x^2+1}+\dfrac{\sqrt{3}}{3}\arctan\dfrac{2x+1}{\sqrt{3}}+C;$

　　(6) $x^{\frac{3}{2}}+x^{\frac{1}{2}}-(x+1)^{\frac{3}{2}}+(x+1)^{\frac{1}{2}}+C;$　(7) $-\arcsin\dfrac{2-x}{\sqrt{2}(x-1)}+C;$

　　(8) $\dfrac{2}{3}\left(\sqrt{3x+2}\sin\sqrt{3x+2}+\cos\sqrt{3x+2}\right)+C;$

　　(9) $\dfrac{4}{3}\left(\sqrt[4]{x^3}-\ln(\sqrt[4]{x^3}+1)\right)+C;$

(10) $2\sqrt{1+\ln x}+\ln\left|\dfrac{\sqrt{1+\ln x}-1}{\sqrt{1+\ln x}+1}\right|+C.$

14. $2[\sqrt{x}\arcsin\sqrt{x}+\sqrt{1-x}+\sqrt{x}\ln x-2\sqrt{x}]+C.$

15. $-2\sqrt{1-x}\arcsin\sqrt{x}+2\sqrt{x}+C.$

16. $\dfrac{1-\cos 4x}{2\sqrt{x-\dfrac{1}{4}\sin 4x+1}}.$

习题 5.1

1. (1) 1； (2) $e-1.$

2. (1) 0； (2) 0； (3) 1； (4) $\dfrac{\pi}{8}-\dfrac{1}{4}.$

3. (1) $\displaystyle\int_0^1\sin(\pi x)\mathrm{d}x$； (2) $\displaystyle\int_0^1\ln(1+x)\mathrm{d}x.$

习题 5.2

1. (1) $\displaystyle\int_0^1 x^2\mathrm{d}x>\int_0^1 x^3\mathrm{d}x$；

(2) $\displaystyle\int_3^4(\ln x)^2\mathrm{d}x<\int_3^4(\ln x)^3\mathrm{d}x$；

(3) $\displaystyle\int_0^1 e^x\mathrm{d}x>\int_0^1 e^{x^2}\mathrm{d}x$；

(4) $\displaystyle\int_0^{\frac{\pi}{2}}x\mathrm{d}x>\int_0^{\frac{\pi}{2}}\sin x\mathrm{d}x.$

2. (1) $6\leqslant\displaystyle\int_1^4(x^2+1)\mathrm{d}x\leqslant 51$；

(2) $\pi\leqslant\displaystyle\int_0^\pi(1+\sin x)\mathrm{d}x\leqslant 2\pi$；

(3) $2e^{-\frac{1}{4}}\leqslant\displaystyle\int_0^2 e^{x^2-x}\mathrm{d}x\leqslant 2e^2$；

(4) $\dfrac{3}{2}\leqslant\displaystyle\int_0^1\dfrac{x^2+3}{x^2+2}\mathrm{d}x\leqslant\dfrac{4}{3}$；

(5) $0\leqslant\displaystyle\int_0^1\sqrt{2x-x^2}\mathrm{d}x\leqslant 1$；

(6) $\dfrac{\pi}{4}\leqslant\displaystyle\int_0^\pi\dfrac{1}{3+\sin^3 x}\leqslant\dfrac{\pi}{3}.$

3-5. 略.

习题 5.3

1. (1) $\sin e^x$； (2) $2xe^{-x^4}$； (3) $\cos(\pi\sin^2 x)(\sin x-\cos x)$；

(4) $\displaystyle\int_0^x f(t)\mathrm{d}t+xf(x).$

2. $-\dfrac{\cos x}{1-\sin x}$.

3. $\cot t$.

4. (1) $\dfrac{1}{2}$; (2) $\dfrac{1}{2e}$; (3) $\dfrac{1}{2}$; (4) $\dfrac{\pi^2}{4}$.

5. (1) $\dfrac{81}{8}$; (2) $\dfrac{\pi}{6}$; (3) $\dfrac{\pi}{3}$; (4) $\dfrac{1}{2}$; (5) 4; (6) $1-\dfrac{\pi}{4}$.

6. $\dfrac{8}{3}$.

7. $f(x)=x-1$.

8. $\varPhi(x)=\begin{cases} \dfrac{x^3}{3}, & 0\leqslant x\leqslant 1, \\[2mm] -\dfrac{x^2}{2}+2x-\dfrac{7}{6}, & 1<x\leqslant 2. \end{cases}$

9. $F(x)$在 $x=0$ 处连续,但不可导.

10. 略.

习题 5.4

1. (1) $\dfrac{\pi}{2}$; (2) $\dfrac{\pi}{16}$; (3) $\sqrt{2}-\dfrac{2}{3}\sqrt{3}$; (4) $\dfrac{1}{6}$; (5) $\dfrac{22}{3}$; (6) $\dfrac{2}{5}$;

  (7) $\dfrac{1}{2}(1-e^{-1})$; (8) $\dfrac{3}{2}$; (9) 1; (10) $\arctan e-\dfrac{\pi}{4}$.

2. $\tan\dfrac{1}{2}-\dfrac{1}{2}e^{-4}+\dfrac{1}{2}$.

3. (1) 0; (2) $\dfrac{\pi^3}{324}$; (3) $4-\pi$; (4) $\ln 3$.

4. (1) $\pi-2$; (2) $\dfrac{e^2}{4}+\dfrac{1}{4}$; (3) $\dfrac{\pi}{4}-\dfrac{1}{2}$; (4) $\dfrac{\pi}{12}+\dfrac{\sqrt{3}}{2}-1$; (5) $\dfrac{\pi}{8}-\dfrac{\ln 2}{4}$;

  (6) $2-2e^{-1}$; (7) $\dfrac{1}{2}(e\sin 1-e\cos 1+1)$; (8) $\dfrac{e}{2}-1$.

5. 极值点 $x=0$,拐点为 $\left(\pm\dfrac{\sqrt{2}}{2},\ \dfrac{1}{2}\left(1-\dfrac{1}{\sqrt{e}}\right)\right)$.

6. $f(x)=xe^{-x}+4e^{-1}-2$;

7. 提示:作变量替换,令 $x=a+(b-a)t$.

8. 提示:作变量替换,令 $x=1-t$.

9. $\dfrac{\pi-1}{4}$.

10—11. 略.

习题 5.5

1. (1) $\dfrac{1}{3}$；　(2) 1；　(3) 发散；　(4) ln2；　(5) π；　(6) $\dfrac{1}{2}$ln2；　(7) 发散；

(8) 发散；　(9) 1；　(10) 发散.

2. 2.

3. 当 $\lambda>1$ 时收敛于 $\dfrac{1}{(\lambda-1)(\ln2)^{\lambda-1}}$；　当 $\lambda\leqslant1$ 时发散.

4. $\dfrac{\pi}{4}+\dfrac{1}{2}$ln2.

习题 5.6

1. (1) $\dfrac{64}{3}$；　(2) $\dfrac{1}{6}$；　(3) $\dfrac{32}{3}$；　(4) $\dfrac{3}{2}-\ln2$；　(5) $b-a$；　(6) $\mathrm{e}+\dfrac{1}{\mathrm{e}}-2$.

2. $\dfrac{9}{16}$.

3. (1) πa^2；　(2) $18\pi a^2$；　(3) $\dfrac{5\pi}{4}$.

4. (1) $\dfrac{3}{10}\pi,\dfrac{3}{10}\pi$；　(2) $\dfrac{16}{3}\pi,\dfrac{184}{15}\pi$；　(3) $\dfrac{11}{6}\pi,\dfrac{8}{3}\pi$；　(4) $\dfrac{1}{4}\pi^2,2\pi$.

5. $5\pi^2a^3$；　$6\pi^3a^3$.

6. $\dfrac{1}{2}\pi a^2 h$.

7. 略.

习题 5.7

1. 300.

2. $C(x)=10\mathrm{e}^{0.2x}+80$.

3. (1) $C(x)=0.2x^2-12x+200$；　(2) $L(x)=-0.2x^2+32x-200$,最大利润 $L(80)=1080$ 元.

4. (1) 4(百台)；　(2) 0.5(万元).

5. $Q(P) = -4P + 80$.

6. 3 亿元.

复习题 5

1. (1) 0；　(2) $\dfrac{1}{3}$；　(3) $(e^2, +\infty)$；　(4) -1；　(5) a.

2. (1) (D)；　(2) (D)；　(3) (C)；　(4) (A)；　(5) (B).

3. (1) $\dfrac{\sqrt{3}\pi}{9}$；　(2) $\dfrac{4}{3}\sqrt{2} - \dfrac{2}{3}$；　(3) $af(a)$；　(4) -2.

4. $\dfrac{1}{2} \leqslant \displaystyle\int_{\frac{\pi}{4}}^{\frac{\pi}{2}} \dfrac{\sin x}{x} \mathrm{d}x \leqslant \dfrac{\sqrt{2}}{2}$.

5. (1) $\sin x^2$；　(2) $xf(x^2)$.

6. $\dfrac{e^{y^2}\cos x^2}{2y}$ $(y \neq 0)$.

7. $\dfrac{1}{5}$.

8. $f(x) = x^2 - \dfrac{4}{3}x + \dfrac{1}{3}$.

9. $y = x$.

10－11. 略.

12. (1) $\dfrac{\pi}{2} - \dfrac{4}{3}$；　(2) $\dfrac{2}{3}\pi$；　(3) $\sqrt{2}(\pi + 2)$；　(4) $\dfrac{1}{3}\ln 2$.

13. $\dfrac{1}{2}\left(\dfrac{1}{2} + \dfrac{1}{\pi+2} - A\right)$.

14－15. 略.

16. (1) 略；　(2) $\dfrac{\pi}{2}$.

17. 略；　$200\sqrt{2}$.

18－19. 略.

20. $\dfrac{\pi}{2}$.

21. $3(1 + \sqrt[3]{2})$.

22. 1.

23. $\dfrac{9}{4}$.

24. $\dfrac{37}{12}$.

25. $\dfrac{e}{2}$.

26. （1）$\dfrac{\pi}{2}e^2 - \dfrac{1}{2} - \pi, \pi$；　（2）$160\pi^2$.

27. 64π.

28. $a = \dfrac{2}{3}, b = \dfrac{3}{4}$.

29. 2400；　60；　100.

30. 75.

31. （1）$(2,9)$；　（2）14.67；　（3）7.33.